肖建力 编著

人工智能

怎么学

上海科学技术出版社

内 容 提 要

本书为读者可视化地呈现了人工智能领域的知识架构、学习路线、常用教材、在线课程、学习工具和常用网站，从而全方位地为读者学习人工智能提供指引，帮助读者精准而高效地学习人工智能，达到快速入门和进阶的目的。

本书内容包括 7 个部分：第 1 部分阐述"人工智能是什么"的问题；第 2 部分解决"人工智能学什么"的问题，即要从理论基础、编程技术、专业领域知识三个层面进行人工智能的学习；第 3～第 5 部分为第 2 部分的具体展开，描述"人工智能怎么学"的问题，即分别描述了人工智能的理论基础、编程技术、专业领域知识这三个层面该怎么学；第 6 部分解决"人工智能前沿信息获取"的问题；第 7 部分解决"人工智能论文写作与发表"的问题。

本书读者对象主要包括入门人工智能或者转行从事人工智能的人士、人工智能领域的开发人员，以及人工智能的基础研究人员等。

图书在版编目（ＣＩＰ）数据

人工智能怎么学 / 肖建力编著. -- 上海 ： 上海科学技术出版社，2022.9
ISBN 978-7-5478-5682-6

Ⅰ．①人… Ⅱ．①肖… Ⅲ．①人工智能 Ⅳ.①TP18

中国版本图书馆CIP数据核字(2022)第093827号

人工智能怎么学

肖建力　编著

上海世纪出版（集团）有限公司 出版、发行
上海科学技术出版社
（上海市闵行区号景路159弄A座9F-10F）
邮政编码201101　www.sstp.cn
上海雅昌艺术印刷有限公司印刷
开本 787×1092　1/16　印张 17.5
字数 320千字
2022年9月第1版　2022年9月第1次印刷
ISBN 978-7-5478-5682-6 / TP·75
定价：118.00元

本书如有缺页、错装或坏损等严重质量问题，请向印刷厂联系调换

人工智能是一个交叉性非常强的学科，它包含了数学、物理、神经科学、心理学、伦理学等多方面的理论知识，也用到了计算机方面的很多技术，同时它还包含了专业领域知识。所谓专业领域知识，是指人工智能与具体应用领域相结合时所需要的该领域的知识。人工智能包含的知识实在是又多又杂！对于初入人工智能领域的人来说，真正的困难不是如何去学好这一领域中的某门课程或者某些具体知识点，而是对该领域有一个清晰、宏观的了解，理解其知识架构，形成明确的学习路线。否则，就会有"只见树木而不见森林"之感，抑或是如管中窥豹而不得见人工智能之全貌。这好比去逛一座有很多楼层的商场，为了快速找到想要的东西，最需要的是一份楼层导览图；又好比去一个非常大的景区游玩，为了尽快找到想要玩的景点，最需要的是一份景区地图。类似地，为了尽快入门人工智能，最需要的是了解人工智能的知识架构和学习路线。

　　基于上述想法，本书尽量以可视化的方式为读者提供一份系统而专业的学习人工智能的导览图，或者说一份学习路线图；同时，本书还为读者提供基本的、必不可少的学习方法和工具，例如学会人工智能前沿信息的获取方法，掌握文献智能管理工具、论文写作和发表技巧、提高论文影响力的方法等。总之，写作本书的目的，是使读者拿到这本书就像拿到一份人工智能的学习指南，可以轻松上手学习人工智能；此外，通过查阅本书，读者还能获得必备的学习工具及其使用方法，能够非常方便地解决学习中遇到的问题。笔者期待通过此书，尽可能地为读者学习人工智能提供一些可供参考的方法和指引，真正做到"授人以渔"。

　　本书的写作风格和定位是尽量采用可视化的写作方式以及简洁明快的语言，使全书通俗易懂、读起来赏心悦目。具有全局指导性、有用性、可操作性、检索性并易于查询，是本书的写作目标，为此本书将根据下图所示组织架构进行呈现，具体安排如下：

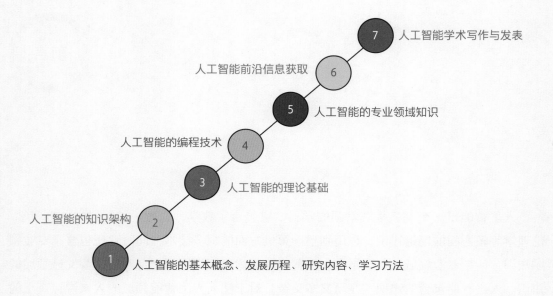

- **第 1 部分：**本部分为综述内容，主要介绍人工智能的基本概念、发展历程、研究内容，重点描述人工智能的快速入门方法及学习要点。本部分主要解决"**人工智能是什么**"的问题。

- **第 2 部分：**本部分清晰明了地为读者解构人工智能的宏观知识架构，使读者对人工智能的知识体系有一个清晰而完整的把握，明确要从理论基础、编程技术、专业领域知识三个层面进行人工智能的学习，并了解这三个层面各需要学习哪些宏观内容。本部分主要阐述"**人工智能学什么**"的问题。

- **第 3～第 5 部分：**这三部分是对第 2 部分内容的具体展开，描述自底向上地搭建人工智能知识架构的具体过程，即分别详细地描述人工智能的理论基础、编程技术、专业领域知识这三个层面需要学习哪些内容，并给出学习的具体路线，推荐常用的教材和在线课程，以便提高读者的学习效率。此三部分主要解决"**人工智能怎么学**"的问题。

- **第 6 部分：**在解决了人工智能是什么、学什么、怎么学的问题后，本部分给读者介绍高效、准确、快速地获取人工智能前沿信息的方法和工具。本部分主要解决"**人工智能前沿信息获取**"的问题。

- **第 7 部分：**本部分重点阐述了人工智能论文的风格特点和写作技巧，呈现了如何使用 Word 和 LaTeX 进行论文自动化排版的方法，描述了论文的投稿技巧以及提升论文影响力的方法。本部分主要解决"**人工智能论文写作与发表**"的问题。

本书的写作特色如下：

（1）**采用逐层深入的写作方式**。本书先用图形呈现出总体架构，然后针对总体架构的每一部分用文字展开深入描述，全书写作思路清晰，使读者易于阅读和理解。

（2）**充分考虑读者学习过程中的各种需求，为读者学习人工智能提供全方位的帮助**。对于人工智能理论基础、编程技术、专业领域知识的学习均给出了供参考的学习路线，推荐了常用的教材和在线课程，方便读者进行目的明确且高效的学习。对此说明有二：一是推荐的常用教材均未指明版本，是考虑其版本更新非常频繁，读者可以根据书名和作者姓名自行查找教材的最新版本进行学习。二是推荐的在线课程中，有些课程的视频并非作者本人上传，可能是一些学习者转载到视频网站，所以可能会被上传者后来删除，所以笔者不能保证书中所有在线课程链接都是有效的；如果有网址无法打开，读者可以通过搜索引擎自行搜索该课程，然后进行学习。

（3）**对于人工智能理论基础、编程技术、专业领域知识的学习，给出了实用的学习方法和工具**。这些学习方法中，有些是对该领域学者或专家学习经验的直接引用，有些是笔者学习和教学经验的总结，仅供读者参考。读者可以根据自己的实际情况，实事求是地进行取舍和吸收，并可进一步地改进本书给出的学习方法，使自己的学习更加高效。特别地，在编程技术的学习部分，本书提供了一些编程技术的主流网站，介绍了编程使用的主流软件和工具，同时也给出了帮助文档的获取方法，以便读者快速解决编程中遇到的问题。

（4）**充分考虑了人工智能的入门者、项目开发人员、基础研究人员学习目标和要求的不同，有针对性地为其学习人工智能进行指引**。对于人工智能入门者，可重点关注本书给出的学习路线中初级入门级别的内容，能够对整个人工智能的知识体系形成清晰的认知，对人工智能理论基础、编程技术、专业领域知识比较熟悉，能够运用人工智能的知识初步解决一些实际问题；对于人工智能项目开发者，可重点关注本书给出的学习路线中初级入门和中级提高两个级别的内容，对人工智能的宏观架构理解透彻，熟练掌握人工智能的理论基础、编程技术、专业领域知识，能够熟练进行人工智能项目的开发并能够创造经济价值和社会价值；对于人工智能基础研究人员，可全面关注本书给出的学习路线中初级入门、中级提高以及高级进阶三个级别的内容，对人工智能的宏观架构融会贯通，全面掌握人工智能的理论基础、编程技术、专业领域知识，能够创新性地提出人工智能中的新理论、新算法、新技术，以及独立进行人工智能前沿领域的研究或开辟人工智能领域的新方向。

（5）**图形可视化呈现，使本书通俗易懂。** 通过图形对本书内容进行可视化呈现，激发读者的阅读兴趣，使书中内容通俗易懂，增强了图书的可读性。

（6）**栏目设置思路清晰，提高学习效率。** 为了使读者学习人工智能时思路清晰、抓住重点、提高效率，本书在每一部分开头均给出了"阅读提示"与"学习重点"两个栏目。"阅读提示"简明扼要地描述了本部分的主要内容和行文思路，使读者快速理解本部分的组织架构，从而具备清晰的学习思路；"学习重点"列出了本部分的学习要点，从而使读者的学习更具针对性。

本书的出版得到了国家一流专业建设项目资助以及学校现代产业技术学院的支持，在此对相关部门致以诚挚感谢。同时，对各位师长、亲友、同事、同行、朋友、笔者学生给予的鼓励和帮助表示万分感谢。

本书的内容更新和相关信息，请读者密切留意网站 https://bigdatamininglab.github.io，如有任何建议可以通过网站反馈。

肖建力

目录

1 人工智能概述及其快速入门

2 人工智能的知识架构

3　人工智能的理论基础学习

4　人工智能的编程能力和技能训练

5　人工智能的专业领域知识体系构建

6　人工智能的前沿信息获取

7　人工智能学术写作和学术影响力提升

索引

1 人工智能概述及其快速入门

阅读提示

本部分首先给出人工智能（AI）的常见定义，使读者对 AI 的基本概念有一个初步的了解；同时，带领读者回顾 AI 的发展过程及标志性历史事件，使读者对 AI 的发展历程有一个清晰的认识；接下来，给出 AI 的主要研究内容和基本流派，使读者明确学习 AI 的主要目标；最后，为读者呈现快速入门 AI 的方法及其要领。

学习重点

- ◆ 理解 AI 的基本概念
- ◆ 了解 AI 的发展历程
- ◆ 明确 AI 的研究内容和基本流派
- ◆ 熟悉快速入门 AI 的方法及其要领

1.1 人工智能的基本概念

到目前为止，人们对人工智能（artificial intelligence，AI）还没有一个统一、清晰、严格的定义，这主要是因为人工智能是一门快速发展的学科，其边界和应用正在被不断拓展，因此对其给出一个明确的定义比较困难。另外，人工智能又是一门交叉性非常强的学科，其研究者甚为广泛，包括应用数学、自动化、计算机、心理学、脑科学等不同学科的研究人员。不同学科的研究者对人工智能的理解千差万别，要给出一个令大家都能接受的定义非常困难[1]。综合各种关于人工智能的理解，可以从能力和学科两方面对人工智能进行定义：从能力的角度看，人工智能是指用人工的方法在机器（例如计算机等）上实现的智能；从学科的角度看，人工智能是一门研究如何构造智能机器或智能系统，使其能够模拟、延伸和扩展人类智能的学科[2]。

通俗地说，人工智能是指组建一个这样的机器或系统，它能够实现数据的感知，并基于感知的数据进行预测或决策，实现类似人脑的功能。

就感知来说，是指通过传感器实现人的看、听、闻、触等知觉信息的采集。例如，通过摄像头或者摄像机采集图像或视频，实现眼睛的视觉功能；通过音频采集设备采集声音信息，实现耳朵的听觉功能；通过嗅觉传感器采集气味信息，实现鼻子的嗅觉功能；通过触觉传感器采集温度、湿度、硬度、压力、粗糙度等信息，实现手的触摸功能，等等。

就预测来说，是指基于感知的数据构建预测模型，对感知数据接下来的变化提前做出预测。例如，通过感知运动物体的位置信息来预测物体的运动轨迹，通过采集环境的温度数据来预测温度的变化等。

就决策来说，是指基于人工智能系统建模分析得到的结果，制定系统接下来执行的动作或者策略。例如，门禁系统通过对当前采集到的人脸进行识别从而决定是否开门，智能车根据对障碍物的检测结果制定合理的避障策略，等等。

人工智能在现代社会中扮演的角色非常重要，学界一致认为人工智能是推动新工业革命的核心技术。世界各国都推出国家层面的战略计划来抢占人工智能的技术高地，以便在新的技术浪潮中占据有利位置，保证本国的发展处于技术链的顶端。对于个人而言，掌握好人工智能技术，不管是从寻求好的人生发展机会，还是从方便自己的生活角度来说，都是至关重要的。这是因为人工智能在未来的作用就好比现在的电力或者互联网，有谁能够说在现代的工作和生活中可以离得开这两者呢？可以设想如下：机器人作为人工智能技术的一个典型代表，将来可以应用于生活中的各种场合，可以帮助人们扫地、做饭、看门、办公、照看老人等；毫不夸张地说，机器人在将来可能是人手一个或多个的必备工具，类似于现在的手机一样。又比如，人工智能领域的无人驾驶汽车会成为人类新一代的交通工具，它可以具备运输、娱乐、上网等各种功能，将来可能成为人们必备的一种多功能生活工具；各大厂商都非常看好其应用前景，正拼尽全力互相争夺市场份额。在生物学领域，科学家们利用人工智能中的数据挖掘、机器学习技术分析各个基因的功能；技术一旦成熟，科学家们可以通过修改相关基因来实现人类梦寐以求的目标，诸如让人长生不老或者智慧超群，那么出现科幻电影中拥有超能力的人就不再只是幻想，而将成为现实，这将颠覆人类生物学的技术极限。此外，通过人工智能中的脑机接口技术将智慧芯片植入人脑，就可以获得超越人类极限的智商。在教育领域，人工智能能够根据你学习的兴趣和学习记录自动为你推荐学习课程和学习资料，使你学习起来事半功倍。

为行文简洁起见，本书后文中除层级标题及某些书名等特定用法外，将统一使用缩略语"AI"指代"人工智能"。

看完本节，估计你对 AI 的概念和重要性已经有了一个非常深刻的认识。AI 技术对人类生活的颠覆程度即使还没有让你深受震撼，估计也已经使你下定决心要学习好 AI 技术，因为你已经深深明白：**有 AI，有未来**。那么，就请开始认真学习后续内容吧。

1.2 人工智能的发展历程

最原始的关于 AI 的研究，可以追溯到古希腊时期，以哲学家亚里士多德创立形式逻辑这一新学科为代表[1]。数学家怀特海（Whitehead）和罗素（Russell）在其名著《数学原理》中提出了数理逻辑理论，即符号逻辑。该理论用数学中的符号方式研究人类思维形式化的规律。形式逻辑理论和数理逻辑理论奠定了 AI 最原始的理论基础。随后维纳（Wiener）、香农（Shannon）、图灵（Turing）等为 AI 的创立做出了杰出的贡献。1956 年，在美国的达特茅斯会议上正式提出了"人工智能"这一概念并逐渐被大家广泛接受[3]。

随后 AI 的发展出现了多次的低谷和复苏，经历了许多波折，在广大研究人员的共同努力下，不断突破其瓶颈，近年来其发展达到了增长和爆发期，大致的发展过程可以参见图 1-1。目前有非常多介绍 AI 发展历史的图书，虽然其中大部分不是专业从事 AI 研究的

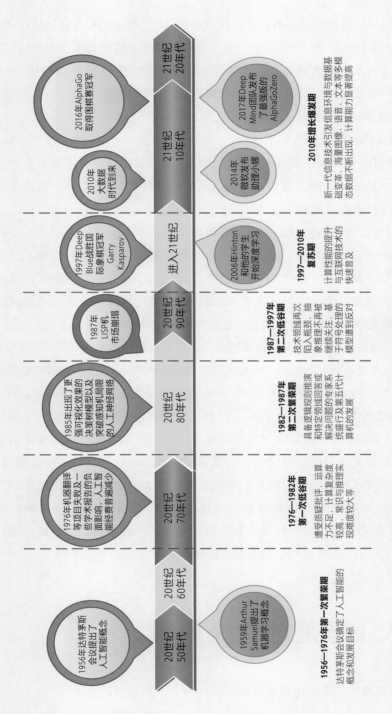

图 1-1　AI 发展历程图

人员所撰写，但是从科普角度来看，这些图书对于 AI 的普及化和大众化具有非常重要的意义。如果还想更加深入了解 AI 的发展历史，有两本非常不错的书值得一读：一本是北京大学谭营撰写的《人工智能之路》[4]，该书按照时间顺序给出了 AI 的发展历程，条理清晰、可读性强；另一本是尼克撰写的《人工智能简史》[5]，该书全面介绍了 AI 的发展历程，对 AI 的大部分领域都进行了回顾，视野开阔、语言生动。

从 AI 的发展历程可以得到如下启示：

（1）AI 的发展目前还远未达到成熟期，它仅仅是处于起步阶段。需要更多的人加入进来进行研究，拓展其边界，更新其架构。尤其应当注意，AI 不等于机器学习，更加不是深度学习；这些充其量只是 AI 的冰山一角。

（2）AI 是一门交叉性学科，它与数学、物理学、心理学、医学、电子学、计算机科学等学科广泛融合、深度交叉。因此，AI 的发展离不开这些技术的突破和助力，如果没有物联网技术的进步、GPU（graphic processing unit，图形处理器）技术的出现，那么就没有这次以深度学习为代表的 AI 技术的爆发。所以学习 AI 技术的人，不能仅仅满足学习 AI 本身的内容，还应当对其他学科广泛了解。

（3）AI 的发展历程是一个不断突破自我的过程。可想而知，未来 AI 技术的发展也不可能一帆风顺，也需要不断突破瓶颈。对这一点必须有清醒的认识。这意味着 AI 的研究者必须不断更新自己的知识结构和前沿技术，时刻做到与时俱进，否则就容易落伍和被淘汰。

（4）AI 是一门理论与应用并重的学科。AI 技术的发展是在解决一个又一个实际问题中得以实现的，AI 研究者既要学习其底层的理论，同时也要去解决现实生活中的具体应用问题，要在实践中检验理论的正确性并突破其局限性，从而不断改进已有的理论。如果仅仅停留在理论层面的研究，那就不能发挥 AI 改造世界、提升生产力的巨大威力，也就失去了 AI 本身的巨大魅力。总而言之，AI 技术最终要落地，如果不能落地，那 AI 就是空中楼阁、镜花水月，研究者就不能拥有自己的一席之地。一个优秀的 AI 研究人员，必然是一个理论与实践并重的人。

1.3 人工智能的研究内容

AI 究竟研究哪些内容？可以从数据和应用两个视角加以讨论。

1.3.1　从数据角度看人工智能的研究内容

AI 系统所使用的常见数据可以划分为多媒体数据（图像和视频）、语音数据、嗅觉数据、触觉数据等类型。相应地，根据 AI 系统所使用的数据类型，可以将 AI 的研究内容分为计算机视觉[6-7]、自然语言处理[8-9]、计算机嗅觉[10]、计算机触觉[11]等。具体可以参见图 1-2。

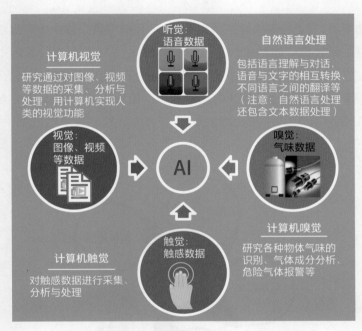

图 1-2　从数据类型的角度看 AI 的研究内容

计算机视觉研究是指通过视觉传感器采集数据，然后交由计算机系统进行分析和处理，希望用计算机实现人类的视觉功能。目前已经普及的计算机视觉应用包括人脸识别、交通监控、三维动画、游戏的自动生成等。

自然语言处理的研究内容主要包括语音识别、字符识别、文本翻译、人机对话等。自然语言处理是 AI 比较难的研究领域之一，主要的困难在于语义信息的歧义性。对于同样一段文字，不同的人有不同的理解；对于同样的对话，不同的人有不同的反应：这些都是因为对于语义的理解存在歧义性。人去理解尚且困难，何况是机器。

计算机嗅觉是 AI 领域一个比较新的方向。其主要研究内容是通过嗅觉传感器采集气味分子的信息，从而分析气体的成分和特性。最典型的应用就是有毒气体的检测和报警。

计算机触觉是指通过触觉传感器检测物体表面的温度、湿度、硬度、粗糙度等触感信息并进行分析处理。其典型应用是可以帮助触觉神经有障碍的人士恢复触觉信息的感知。

1.3.2 从应用角度看人工智能的研究内容

从应用的角度看，AI 的研究就是指利用 AI 的相关理论去解决生产生活中具体应用领域的问题。用现在比较流行的说法就是"AI+"。例如，"AI+ 农业"就衍生出一个新的研究领域——智慧农业，而 AI 分别和交通、医疗、教育、金融等相结合就衍生出智能交通、智慧医疗、智慧教育、智慧金融等新的研究领域。图 1-3 形象地描述了上述过程。需要指出的是，图 1-3 只是从应用的角度给出 AI 研究内容的部分示例，AI 的研究内容远远不止图中所列。

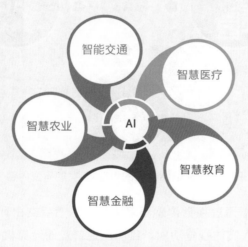

图 1-3 从应用的角度看 AI 的研究内容示例

1.3.3 人工智能的主要学派

根据王万森的著作《人工智能原理及其应用》[2]，AI 的主要流派可分为符号主义、连接主义、行为主义。

人工智能怎么学

符号主义是一种基于逻辑推理的智能模拟方法，又称为逻辑主义、心理学派或计算机学派。它是基于物理符号系统假设和有限合理性原理的 AI 学派。符号主义学派认为，AI 起源于数理逻辑，人类认识（智能）的基本元素是符号，认识过程则是符号表示上的一种运算。

连接主义又称为仿生学派或生理学派，是基于神经网络及网络间的连接机制与学习算法的 AI 学派。这一学派认为 AI 源于仿生学，特别是人脑模型的研究。

行为主义又称为进化主义或控制论学派，是基于控制论和"感知—动作"控制系统的 AI 学派。行为主义认为，AI 起源于控制论，提出智能取决于感知和行为，取决于对外界复杂环境的适应，而不是表示和推理。

1.4 快速入门人工智能的方法与精要

要进入 AI 的一个应用领域且有所成就，其难度还是比较大的。其根本原因在于：AI 对于数学基础、编程技能、专业领域知识等方面的能力要求都很高。因此，建议读者有一个系统的学习计划，全面地进行学习。AI 的入门是一个系统、持续的过程，必须有耐心和信心。正因为 AI 入门的门槛较高，所以企业招聘时比较慎重、考察比较全面，一旦决定录用也愿意支付较高的薪酬。

由于系统学习 AI 所需要的时间较长，不少人或许因为冗长的学习过程而缺乏耐心，迫切希望找到可以快速入门 AI 的方法。如何才能快速入门 AI？这个问题就与怎样快速学会游泳、怎样快速学会开车等类似。其实答案很简单，要想快速学会游泳，那就下决心早点下水；要想快速学会开车，那就让教练尽早带你上马路开着试试。所以，要想快速入门 AI，那就要尽快利用 AI 技术试着解决几个你所从事专业的具体问题。实践出真知，千里之行始于足下。下面就讨论一下如何通过解决专业领域的具体问题快速入门 AI。

1.4.1 快速入门人工智能的方法

想要快速入门 AI，建议采用"自顶向下"的方法。何谓自顶向下？也就是说从顶端由自己所要解决的问题逐渐向下层发散开去，一层一层地找到自己需要 AI 的哪些工具、

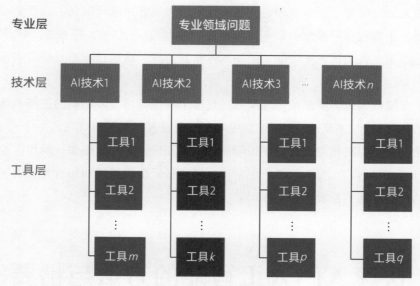

图 1-4　快速入门 AI 的方法

技能和知识。该方法的具体过程如图 1-4 所示，其具体步骤如下：

（1）在专业层面，确定自己需要解决的专业领域问题的具体内容。

（2）在技术层面，确定要解决的问题需要哪些技术。

（3）在工具层面，确定到底要使用各个技术中的哪些工具，以便能够最终解决该专业领域的问题。

　　假设你需要解决一个智能交通领域中基于监控视频的道路交通状态预测问题。围绕此具体问题来阐述一下自顶向下快速入门 AI 方法的具体应用。

　　首先在专业层，确定需要解决的专业领域问题为：基于监控视频的道路交通状态预测。

　　然后在技术层，确定解决该问题需要的 AI 技术：技术 1 为 AI 中的计算机视觉技术；技术 2 为机器学习中的预测技术。

　　随后在工具层，确定各种技术中到底需要采用哪些工具：

（1）技术 1（计算机视觉技术）需要使用两种工具，即工具 1（目标检测工具）和工具 2（目标定位工具）。首先通过工具 1（目标检测工具）来检测场景中的车辆，然后通过工具 2（目标定位工具）来定位检测到车辆的位置，在不同时刻均可对同一辆车进行定位获得其位置数据；再通过同一车辆在不同时刻的位置可以计算出在此段时间内车辆行驶的距离，用距离除以时间则可以得到此车辆在此段时间内的车速；仿此可以计算此段时间内不同车辆的车速，再对多辆车的车速求平均值则得到平均速度，以平均速度作为此道路的速度。

（2）技术2（机器学习中的预测技术）需要使用支持向量机工具。基于路段速度的历史数据，使用支持向量机对该道路将来时刻的速度进行预测，然后根据道路速度与道路状态之间的转换规则将道路的速度转换为道路的交通状态，从而实现基于监控视频的道路交通状态预测。

通过上述步骤，即完成了针对 AI 领域某一具体问题的自顶向下的逐层分解。采用自顶向下方法快速入门 AI 的好处在于，不必过分聚焦于 AI 底层的理论基础，而是将重点放在解决问题本身。实际上，创造新的 AI 技术的最终目的，还是解决应用领域中的具体问题，为社会创造价值。此外，自顶向下的学习方法是一种由问题找工具的方法，这是一种直接而高效的入门方法。在逐步解决实际问题的过程中，对 AI 技术的掌握就能够快速提高。

这里需要指出的是：强调快速入门 AI 的同时，也要高度重视系统地学习 AI。学习 AI 必须将通过解决具体问题实现快速入门与从底层理论开始进行全面学习这两种方式结合起来。这样既能够保证学习的效率，又能够打下全面的基础。

1.4.2 快速入门人工智能的精要

学习 AI 有没有一些注意事项或者说诀窍呢？肯定是有的。掌握这些诀窍能够起到事半功倍的效果，同时，也可以避免初学者进入误区。下面逐一介绍。

◆ **既要重视 AI 理论知识的学习，又要重视专业领域知识的学习**
大部分初学者可能比较重视 AI 理论知识的学习而轻视专业领域知识的学习，导致工作中利用 AI 技术解决专业领域的实际问题时牛头不对马嘴，做出来的结论根本不符合专业领域的常识。必须明确一点，AI 理论是为解决专业领域内的具体问题服务的，能够解决专业领域的具体问题才是学习 AI 的终极目标。只有对专业领域知识做到非常精通，才能够在该专业领域内找到好的亟待解决的具体问题；解决了这些具体问题，才能够发挥 AI 的巨大威力，产生重大的社会价值。
◆ **高度重视编程技术的训练**
由于计算机是实现 AI 理论的必备工具，AI 理论只有通过一行一行的代码才能转化为现实的技术，所以 AI 离不开编程技术。初学者往往轻视编程技术的训练，企图任何代码都通过在线下载解决。天下没有免费的午餐，能够解决实际问题而又能够创造经济价值的代码，为什么要首先开源供你免费下载呢？再者，你要解决的可能是一个全新的、无人解决的问题，那就更不会有现成的代码可供下载。

◆ **关注前沿，注重效率**

在打好理论基础的同时，尽量学习最新的理论、技术和框架，学习过程要注重学习的效率。AI 技术的迭代非常快，当你学习其中一种技术的时候，可能发现又有更加新颖的技术出现，转而放弃现在学的东西，而去追逐更加新颖的技术；在学习新的技术的过程中，又会发现有更加新颖的技术……这一过程不断循环，没有尽头。你可能就像一个骑着自行车追赶 AI 这趟高铁的人，越追被甩得越远，越追越累。怎么办？

笔者的建议是想清楚两点：一是 AI 中什么是不变或者变化最慢的，那就是最底层的数学、物理这些 AI 基础理论，因此，如果这些底层的理论你能够非常精通，就能够以不变应万变；二是工具的选择问题，为什么骑自行车追不上高铁，因为自行车这个工具不行。所以学 AI 时应该对你学习的教材、编程的工具等加以仔细选择，尽量选择最适合的教材、最先进的编程工具和框架。另外，高质量的在线 AI 课程会对你的学习大有益处。例如，如果美国麻省理工学院（MIT）的在线 AI 课程质量更好，那你为何不去学习呢？你要做的事情就是找到最适合且最新的教材、编程工具、框架、课程等，集中精力猛攻，火力全开地学习。总之，应当避免不断地更改学习内容，使整个学习过程过于发散，从而导致学习效率低下。如果重复几次更改学习内容的过程，你可能就会身心疲惫，逐渐失去学习的耐心。

◆ **高度重视 AI 技术的实战**

AI 是一门偏应用的学科，学习就是为了最终的实战。如果不去实战，是学不好 AI 的。只有在实战中不断领悟，找到自己的不足，从而进一步通过学习来弥补不足，这样循环往复，才能不断快速提高。切忌眼高手低，看书学习时什么都懂，干起活来却啥也不会。越实战信心越强，信心越强越愿意学习，越学习越进步，越进步越乐意实战：这样才能够形成一个正向的循环。

◆ **加入或组建自己的 AI 学习小组**

学习 AI 要避免闭门造车和单打独斗。如果能够加入或组建一个学习小组，大家相互督促、共同进步，每周用固定的时间分享最新的文章和技术、交流实战中的经验，这样就能够使自己的 AI 水平得到快速提升。AI 的研究领域太广泛、技术迭代更新太快，一个人的精力和时间是有限的，一个人进行学习肯定比不上多个人一起学习的效率，后者能够以最快的速度消化和吸收 AI 的最新技术。再者，学习需要一个良好的氛围，只有在一个良好的氛围中才能够有更好的学习激情，才能够相互促进。

◆ **必须每天坚持学习**

AI 技术更新迭代的速度，是一周一变样，一个月就大变样，半年不学习跟不上，一年不学习从山顶掉到半山上，所以要坚持学习 AI 的最前沿技术。可以通过 AI 领域的顶级会议论文和期刊论文来获取 AI 的前沿信息。现在也有一些做得非常不错的自媒体平台，会非常及时地更新和推送 AI 领域的最前沿信息，也可对其进行关注。

参考文献

[1] 徐洁磐 . 人工智能导论 [M] .2 版 . 北京：中国铁道出版社，2021.

[2] 王万森 . 人工智能原理及其应用 [M] .4 版 . 北京：电子工业出版社，2018.

[3] 李德毅 . 人工智能导论 [M] . 北京：中国科学技术出版社，2018.

[4] 谭营 . 人工智能之路 [M] . 北京：清华大学出版社，2019.

[5] 尼克 . 人工智能简史 [M] .2 版 . 北京：人民邮电出版社，2021.

[6] 马颂德，张正友 . 计算机视觉：计算理论与算法基础 [M] . 北京：科学出版社，1998.

[7] 郑南宁 . 计算机视觉与模式识别 [M] . 北京：国防工业出版社，1998.

[8] 宗成庆 . 统计自然语言处理 [M] .2 版 . 北京：清华大学出版社，2013.

[9] 刘开瑛，郭炳炎 . 自然语言处理 [M] . 北京：科学出版社，1991.

[10] 高大启，杨根兴 . 嗅觉模拟技术综述 [J] . 电子学报，2001（S1）：1749–1752.

[11] 王党校，焦健，张玉茹，等 . 计算机触觉：虚拟现实环境的力触觉建模和生成 [J] . 计算机辅助设计与图形学学报，2016，28（6）：881–895.

2 人工智能的知识架构

阅读提示

本部分分别从系统和知识的视角给出 AI 的知识架构，篇幅虽短却非常重要。主要解决"**AI 学什么**"的问题，使读者快速地对 AI 的知识架构形成一个整体、清晰的认识，从而避免学习多年 AI，却"只见树木不见森林"、只知局部不知整体。通过本部分的学习，读者将获得一张学习 AI 的进阶路线图，使之后的学习过程方向明确、目标清晰。学习本部分，只需从宏观的视角对 AI 的知识架构形成整体的认识，不必纠结于 AI 需要学习哪些课程以及需要学习课程中的哪些具体知识点，因为在本书随后的第 3 ~ 第 5 部分中将对如何构建 AI 知识架构中的理论基础、编程技术、专业领域知识分别进行详细阐述。另外，在本书写作中为了通俗易懂，将一些概念进行了泛化，例如编程技术往往是指计算机技术的方方面面而不是仅仅指编写代码的技术，读者宜结合语境灵活理解。

学习重点

◆ 从系统角度理解 AI 的知识架构
◆ 从知识角度理解 AI 的知识架构

2.1 从系统角度看人工智能的知识架构

从系统的角度看，人工智能的知识架构可以拆分为人工智能理论、人工智能算法、人工智能软件、人工智能硬件等，具体参见图 2-1。

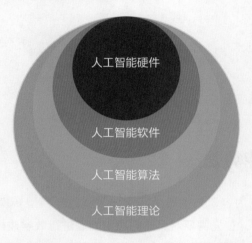

图 2-1　从系统角度看人工智能的知识架构

2.1.1　人工智能理论

人工智能（AI）理论所涉及内容如图 2-2 所示，主要包括数学、神经科学、心理学、物理学、专业理论、伦理学等[1]。AI 中的数学理论主要包括分析学、概率论与统计学、线性代数与矩阵论、运筹学与最优化等，当然一些更高阶的内容例如向量微积分、测度论等也是必需的。神经科学对 AI 研究有着特别重要的理论意义，例如神经科学中与大脑相关的部分是 AI 领域中神经网络、深度学习的重要理论基础；此外，计算机视觉作为 AI 的一个重要领域，其创始人 David Marr 就是英国剑桥大学神经生物学博士毕业。心理学中与决策相关的部分对于 AI 的研究有重要指导意义，如何决策也是 AI 的研究内容之一。物理学对 AI 的发展也具有显著意义，例如光学成像就是 AI 中计算机视觉领域一个重要的研究内容，又比如物理学中熵的概念[2-3]被引入 AI 中，从而发明了最大熵模型。专业理论则是指 AI 具体应用领域的相关理论，例如将 AI 应用于金融分析中，则必须学习与金融学有关的理论。伦理学主要解决 AI 技术的安全性及合法性等方面的问题，例如隐私保护等。

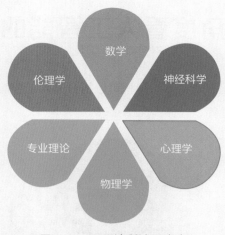

图 2-2　AI 理论所涉及内容

2.1.2　人工智能算法

关于 AI 算法的研究内容，其本质是研究如何将数学模型转换为计算机能够执行的步骤。在 AI 的研究过程中，首先需要对具体的应用问题进行数学建模，但这些数学模型往往是高度抽象的。要将抽象的数学模型转变为生产力去解决物理世界中的实际问题，就必须借助计算机或者机器，让它们去执行相关的指令。这就必须通过程序去实现。在将数学模型转换为具体代码的过程中必须要有一个连接两者的桥梁，这个桥梁就是算法，图 2-3 展示了将数学理论转变成算法，再用代码对算法进行实现的过程。需要注意的是，该图仅仅

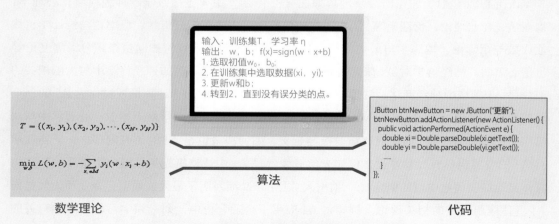

图 2-3　数学理论、算法和代码之间关系的示意图

是一个示意图，读者不可拿图中的代码去严格对应给出的算法。算法研究人员通常是利用数学理论对具体问题进行建模，然后将模型转换为算法。相比数学模型，算法能够更容易被程序员理解，进而写成代码。程序员可能看不懂数学公式，却能够很容易地理解算法。

2.1.3　人工智能软件

　　AI 软件的研究是指为 AI 系统建立一套程序运行的框架或者架构，它是 AI 算法的载体，是包含一系列算法的集合。比如无人机软件就是无人机运行的一个软件架构，它里面包含了与无人机操作相关的一系列算法。AI 软件的研究非常重要，它需要考虑代码的可扩展性、稳定性、高效性等一系列至关重要的问题。因此，AI 软件的研究是 AI 研究内容的一个重点。虽然市面上有一些开源的 AI 软件可以解燃眉之急，但为长远考虑，还是要高度重视 AI 软件的研究和开发，避免被 AI 软件卡脖子的问题出现。

2.1.4　人工智能硬件

　　AI 硬件的研究内容主要包括数据的采集与感知模块、数据的处理与建模单元、决策指令的执行机构等，比如分布式数据存储器、GPU、机器人、无人驾驶汽车等，如图 2-4 所示。AI 软件和硬件的关系，好比人的大脑和四肢的关系。只有大脑，而没有四肢，就无法发挥人的作用；同样地，只有 AI 软件而没有 AI 硬件，就无法发挥 AI 的巨大威力。因此，对 AI 硬件的研究也必须高度重视。

GPU　　　　　　　机器人

无人驾驶汽车

图 2-4　常见的 AI 硬件设备

2.2 从知识角度看人工智能的知识架构

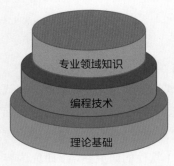

图 2-5 从知识角度看 AI 的知识架构

如图 2-5 所示，从知识的角度可以将 AI 的知识体系拆解为最底层的理论基础、中间层的编程技术、最上层的专业领域知识[4]。注意，千万不要将编程技术狭隘地理解为仅仅是写代码，它其实包含广泛的计算机知识甚至是哲学知识。例如，顶级程序员之间的比拼，到最后往往比拼的是编程的思想、理解客观物理世界的思维方式。这一观点似乎不易理解，将放在本书第 4 部分深入讨论。下面将逐层解析图 2-5 所示架构的内容。

2.2.1 人工智能理论基础

本小节从知识角度来考察 AI 的知识架构。基于这一视角，AI 的理论基础所包含的内容主要有数学、神经科学、心理学、物理学、伦理学等。需要指出的是：从这一视角来考察人工智能的知识架构，理论基础部分不包含专业理论，这是因为特意将专业理论单独拿出来作为专业领域知识放在架构的最上层。也就是说，此架构中的基础理论所包含的内容与 2.1 节中讨论的 AI 理论比较接近，其差别在于 2.1 节中讨论的 AI 理论包含专业理论，而本架构下的理论基础部分则不包含专业理论。同时，由于受限于篇幅，本书中关于 AI 理论基础的讨论将只局限在数学理论方面，关于神经科学、心理学、物理学、伦理学等方面的理论基础暂不做讨论。

2.2.2 人工智能编程技术

编程技术实际上指的是编程的技能以及支撑这一技能所需要的全部计算机知识，例如编程语言、编译原理、计算机网络、数据库系统、数据结构、算法导论、操作系统原理等，具体如图 2-6 所示。要学好 AI，则应全面地掌握好这些知识，否则再好的 AI 理论也无法通过编程技术得以应用。编程技术是 AI 领域"干活"的必备工具，必须高度重视其学习。

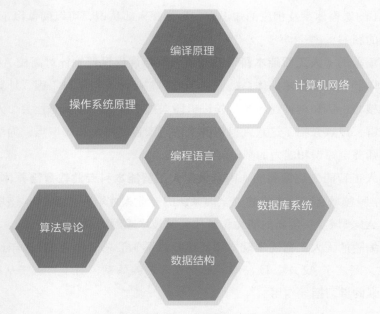

图 2-6　编程技术需要的知识体系

2.2.3　人工智能专业领域知识

专业领域知识是指 AI 与具体应用领域相结合时所需要的该领域的知识。具体学习哪个领域的专业知识，取决于你从事哪个专业领域的具体工作、解决哪个专业领域的实际问题[5]。比如说，如果从事金融行业的工作，则需要学习金融领域的专业知识。学习 AI 的最终目的是要解决专业领域的问题，这是进行 AI 学习的落脚点，所以必须掌握足够的专业领域知识。本书将在第 5 部分论述常见的专业领域知识的学习方法。

从知识的角度对 AI 知识体系进行分解的方式，特别适合全面、系统地学习 AI，可以称之为"自底向上"的方式。该方式类似于搭建房子，一层一层地往上建。如图 2-5 所示，自底向上的学习方式将首先学习 AI 基础理论，然后学习编程技术，最后学习专业领域知识，将 AI 技术与专业领域知识相结合，解决专业领域的具体问题。接下来本书第 3 ～ 第 5 部分将根据自底向上的方式分别论述如何构建 AI 中的理论基础、编程技术、专业领域知识。

本部分主要从不同角度介绍了 AI 的知识架构。如果读者需要对其有更加详细的了解或者需要对 AI 的课程体系及相应的知识点有更加深入的认识，可以阅读以下三本介绍 AI 专业培养方案的图书：

郑南宁等编著的《**人工智能本科专业知识体系与课程设置**》针对高校 AI 本科专业人才培养的专业内涵、定位和知识体系，设置了数学与统计、科学与工程、计算机科学与技术、人工智能核心、认知与神经科学、先进机器人技术、人工智能与社会、人工智能工具与平台等课程群，重点介绍了这八大课程群中各门课程的概况和知识点，为培养具有科学家素养的工程师奠定知识和能力的基础[1]。

南京大学人工智能学院编著的《**南京大学人工智能本科专业教育培养体系**》，介绍了该校根据 AI 学科领域自身特点来建立全面系统的专业人才培养体系[4]。该培养体系侧重于使学生具备 AI 领域源头创新的能力和解决关键技术难题的能力。

焦李成等编著的《**人工智能学院本硕博培养体系**》汇总了作者 10 余年科教结合探索和实践的经验，阐述了 AI 本、硕、博一体化人才培养体系，对于有志于从事 AI 专业学习的人员有较强的学习指导作用[5]。

参考文献

[1] 郑南宁 . 人工智能本科专业知识体系与课程设置［M］. 北京：清华大学出版社，2019.

[2] 晋宏营 . 最大熵原理导出理想气体分子的速度和速率分布［J］. 科学技术与工程，2012，12（30）：7989-7992.

[3] 李素建，刘群，杨志峰 . 基于最大熵模型的组块分析［J］. 计算机学报，2003，26（12）：1722-1727.

[4] 南京大学人工智能学院 . 南京大学人工智能本科专业教育培养体系［M］. 北京：机械工业出版社，2019.

[5] 焦李成，李阳阳，侯彪，等 . 人工智能学院本硕博培养体系［M］. 北京：中国铁道出版社，2019.

3 人工智能的理论基础学习

阅读提示

本部分首先给出数学学科的总体架构以及学好数学的总的指导原则，在此基础上论述构建 AI 理论基础分别需要分析学、线性代数与矩阵论、概率论与统计学、运筹学与最优化等数学分支的哪些知识，并给出其对应的常用教材及学习路线，方便读者进行系统学习。本部分列举出的知识点是构建 AI 理论基础所必须具备的最核心知识，而不是全部知识。推荐的教材仅供参考，读者可以根据自己的学习风格选择合适的教材。

学习重点

◆ 了解数学领域的总体架构以及通用的学习准则
◆ 理解 AI 中的核心数学知识体系
◆ 掌握构建 AI 理论基础所需要的分析学、线性代数与矩阵论、概率论与统计学、运筹学与最优化等课程的知识点

3.1 数学学科总体架构与人工智能中的核心数学知识体系

本节重点解决三个比较关键的问题：

（1）整个数学学科的宏观体系由哪几部分组成？

（2）学好数学总的指导原则是什么？

（3）AI 用到了数学体系中的哪些核心知识？

3.1.1 数学学科总体架构

先来看第一个问题：**整个数学学科的宏观体系由哪几部分组成？**

这一问题的回答属于数学史的范畴。数学史的研究属于整个数学领域的一个分支。研究数学史的人来回答这样的问题是轻而易举的，但是对于非数学史专业的人来说就比较困难。这好比要问整个刘姓家族分为哪几个分支，这个问题找姓刘的人来回答比较合适，若非得找一个不是姓刘的人来回答，估计此人会觉得难乎其难。不过对于非数学专业的人来说，了解一下数学学科的架构还是很有必要的。谁让数学是科学之母呢！尤其学习 AI 的人更是离不开数学。比如下面这个问题就与数学史有关。

一个人从小学开始学习数学，一直到高中，学了十几年的数学，到底学了些什么呢？如果用一两句话来概括一下，该怎么回答？

碰到上面的问题，估计一般人都有点"发晕"，这个还真是不好回答呢！还是得多读书啊。下面两本有关数学史的书就给出了答案，一本是张文俊撰写的《**数学欣赏**》[1]，这是一本介绍数学历史和数学文化的书，从数学之魂、数学之功、数学之旅、数学之美、数学之趣、数学之妙、数学之奇、数学之问等多方面介绍了数学的面貌，能让读者对数学的领域形成全面了解，同时该书还有对应的在线课程视频数学文化赏析，非常值得一看，网址为 https://www.bilibili.com/video/BV1v54y1i7Sx?p=1。还有一本是李文林撰写的《**数学史概论**》[2]，该书以重大数学思想的发展为主线，阐述了从远古到现代数学的历史，当前已经到第三版。让我们回忆一下从小学到高中学习数学的过程：刚开始我们会学到各种各样的数，例如整数、小数、分数等；然后学习数与数之间的运算，例如 +、-、×、÷ 等；接下来可以把若干个数进行打包后放在一起，就得到了集合，例如所有的正整数就是一个集合；随后对于不同的集合就要研究它们之间的关系，那么就产生了函数。好了，这基本上就是我们从小学一直到高中所能够学到的初等代数内容了。聪明的你，自然会联想到，我们应该还学过几何。是的，确实如此。来看看我们学了哪些几何方面的内容：首先会接触到点的坐标，然后是直线和曲线，接下来是平面和曲面，最后是各种立体图形。现在如果让你回答一下从小学到高中都学了哪些数学内容，你一定脱口而出："代数和几何！"

上面以一个生动的例子呈现了小学到高中数学学习的大致内容。回归正题，整个数学学科的宏观体系由哪几部分组成呢？宏观上，可以将整个数学领域粗略地划分为基础数学、应用数学、数学史等部分，据此可以将数学学科的总体架构近似表示为如图 3-1 所示。下面根据图 3-1 对数学学科的各组成部分做大致介绍。

基础数学又称为纯粹数学，其研究从客观世界中抽象出来的数学规律的内在联系，也可以说是研究数学本身的规律。基础数学包含代数学、几何学、分析学等主要领域。代数学是研究数、数量、关系、结构与代数方程的数学分支，可以形象地说成是解决"数"的问题。几何学则是研究空间结构形状及性质的一门学科，也就是解决"形"的问题。分析学是一种较复杂的专业数学分支，涉及微积分、复分析、泛函分析等诸多内容。

应用数学是应用目的明确的数学理论和方法的总称，其研究如何应用数学理论解决其他领域的问题，其概念与基础数学相对。应用数学包含计算数学、运筹学、统计学、控制论、信息论等诸多领域。

数学史是研究数学科学的起源、发展及其规律的科学。通俗地说，数学史就是研究数学的历史。数学史的研究内容包括追溯数学内容、思想和方法的产生、演变、发展过程，以及影响这些过程的各种因素。除此之外，数学史还研究数学科学的发展给人类文明所带来的重要影响。数学史属于交叉学科，其研究对象不仅包括具体的数学内容，同时还涉及哲学、历史学、宗教学、文化学等社会科学与人文科学内容。数学史主要涵盖世界数学史、中国数学史等领域。

图 3-1 是对数学学科总体架构的大致描述，可能不是非常严谨和全面，却可以看出整个数学领域的大致结构。为什么要去呈现这样一个结构呢？主要是帮助读者解决"数学是什么"以及"学数学到底学什么"的问题。

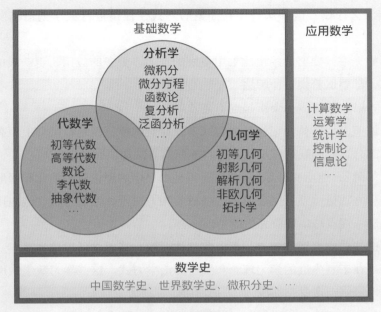

基础数学

分析学
微积分
微分方程
函数论
复分析
泛函分析
…

代数学
初等代数
高等代数
数论
李代数
抽象代数
…

几何学
初等几何
射影几何
解析几何
非欧几何
拓扑学
…

应用数学

计算数学
运筹学
统计学
控制论
信息论
…

数学史
中国数学史、世界数学史、微积分史、…

图 3-1　数学学科的总体架构

3.1.2　学好数学总的指导原则

接下来看第二个问题：**数学这么有用且重要，那么学好数学总的指导原则是什么？** 或者说，如何才能成为一名数学高手呢？

估计大部分人还是希望自己数学能力很强的，尤其是学理工科的学生。下面引用方开泰先生自传中关于数学学习的体会来对该问题进行回答[3]。方先生是许宝騄先生的得意弟子，而许宝騄先生是中国统计学的"开山鼻祖"。方先生在多元统计方面做出了开创性的贡献，尤其在均匀试验设计以及广义多元分析方面独树一帜。

方先生出版过一本口述形式的自传**《漫漫修远攻算路：方开泰自述》**[3]，在此书中他指出，学好数学总的原则在于：

（1）如果学到一个抽象的概念，要举一反三；如果学到一个比较具体的例子，要将它抽象到一般的情形。前半句的意思是说对于数学中比较抽象的概念，要能够举出一些具体的实例。比如说，线性代数里有空间的概念，那就可以举出很多实际的例子，例如复数空间、函数空间等。后半句是说对于具体的例子要善于抽象出其本质，例如关于二维平面点的距离计算，如果推广到三维空间、四维空间、…，一直到 n 维空间，该怎么计算？这种从具体到抽象的方式往往是进行数学创造和发明的最有效途径。

（2）全信书不如无书，要努力给出比书中更好的证明、更多的应用、更一般的定理。每做完一道题，都要试着换一种解法。

（3）每看完一本书，都要找一个新起点（突破点）。

（4）不满足于按照书中的体例记忆其内容或者推导其内容，而是打乱书上原有的顺序，自己找出各部分之间的联系和规律，并将不同的方法加以比较。

（5）要将书变"薄"，然后变"厚"。即先要将整本书中的理论进行消化和吸收，内化成自己的框架和方法论体系，然后再将这套框架和方法论体系进行推广或应用，产生出新的内容。这一观点与华罗庚先生的不谋而合。

纵观上面这些总的原则或要点，可以深刻体会到：高手之所以成为高手，之所以能够独具一格，还是在于其先进的学习理念和独特的治学方式。这些学习数学的原则读者如果能够认真借鉴，相信一定受益匪浅。

关于如何在统计理论上有所创造，许宝騄先生有一段"金玉良言"[3]，现引用如下：

"发展统计理论有三种方法：解析的方法、代数的方法、概率的方法。解决一个统计问题，如果能够用概率的方法，一定是最好的方法。所谓概率的方法，是指直接处理随机变量（包括随机向量和随机矩阵）。对一个问题只要概率的方法能够用上，就表明已经找到了最好、最简便的方法。"

关于如何学好数学，结合笔者自身的学习体会，有些经验可以与读者分享如下，供大家参考：笔者觉得"纸上得来终觉浅，绝知此事要躬行"，学习数学还需要注重实践。即学习完书中的理论和推导，你可能暂时没有特别深刻的体会，可以通过 MATLAB、Python 或 R 语言编程将课后的习题做一做。如果你能够通过代码实现课本中的数学理论，那就算是彻底搞懂了。现在国内外很多著名大学专门为数学课程配备一定的数学实验课时，为学生提供这方面的训练，效果很不错。相信随着时代的进步，这种学习数学的新理念和方式，会越来越被大家所接受。

3.1.3　人工智能中的核心数学知识体系

下面看第三个问题：**AI 用到了数学体系中的哪些核心知识？**

当你成为一个 AI 领域的熟手之后，每当遇到难以解决的问题时，其实最常见的问题多半是找不到解决当前问题的思路，即没有好的算法解决当前遇到的问题。有时，甚至需要自己创造一个全新的算法来加以解决。而算法从哪里来呢？自然是从数学理论中来。换言之，如果你在 AI 的研究中遇到了瓶颈，可能多半是数学理论不足，可见学好 AI 所需的数学理论是多么重要。

AI 用到的最相关的数学知识体系包括分析学、线性代数与矩阵论、概率论与统计学、运筹学与最优化等，如图 3-2 所示。下面各节将分别就这几个方面展开详细论述。此外，机器学习是 AI 的核心理论，是连接 AI 理论基础与专业领域知识之间的桥梁，也将放在"人工智能的理论基础学习"这一部分中介绍。

图 3-2　AI 中的核心数学知识体系

3.2　分析学

本节安排如下：

（1）在知识体系构成部分，将详细介绍 AI 所需的分析学核心知识，即微积分知识；其他内容（诸如数学分析、实分析、复分析、傅里叶分析、泛函分析等）不做展开和深入讨论。

（2）在教材推荐、学习路线以及在线课程推荐部分，将针对微积分、数学分析、实分析、复分析、傅里叶分析、泛函分析等分析学的各个方面做全面介绍，以便对分析学能力有更高要求的读者获得全方位的学习资源，方便自学。

首先，搞明白一个问题：为什么要学习微积分，它是干什么用的？简单来说，微积分是一门关于变化的学问。比如，众所周知物体的质量 = 体积 × 密度，如果密度是不变的，知道体积后，直接两者相乘就 OK 了。但是，如果物体的密度是根据空间位置而变化的呢？这样会有无数个密度，那么该用哪个密度去乘体积呢？显然就没有那么简单了。再比如，求车辆行驶的距离时用公式"距离 = 速度 × 时间"，如果速度是不断变化的，也不能简单这样计算。你可以看到，当研究某些不断变化的情形时，派微积分这个"高手"上场，则能一击即中。

其次，微积分到底学些啥？估计会有人脱口而出："微分学和积分学！"好了，那微分学和积分学又到底学些什么呢？图 3-3 大致描绘了微积分的主要内容。先看微分学，微分学主要分为一元函数微分学和多元函数微分学等内容。一元函数微分学中包含一元函数的导数、微分等重要内容，而多元函数微分学中则包含多元函数的偏导数、全微分、极值等重要内容。再看积分学，积分学主要包含一元函数积分学和多元函数积分学等内容。一元函数积分学主要由一元函数的不定积分、定积分等内容构成，多元函数积分学主要由二重积分、三重积分等内容构成。

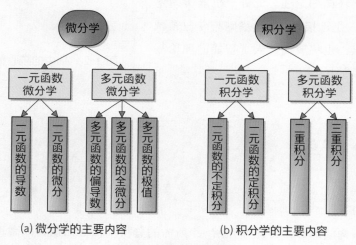

图 3-3　微积分的主要内容

3.2.1　知识体系构成

上面讨论了微积分的主要内容，那么微积分的哪些知识是 AI 所必需的呢？图 3-4 列出学习 AI 必须知道的微积分知识。图中所列导数的基本概念、常见的求导方法和求导公式、积分的基本概念、常见的求积分方法及求积分的公式等内容，在一般的微积分或数学分析教材中都有阐述，且比较容易理解，这里不再赘述。下面论述其余几个重要内容。

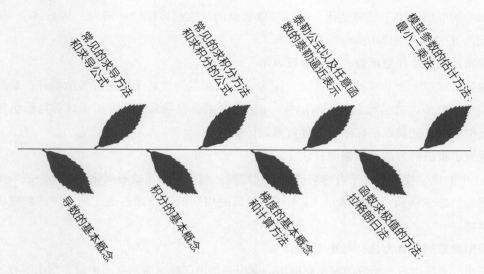

常见的求导方法
和求导公式

导数的基本概念

常见的求积分方法
和求积分的公式

积分的基本概念

泰勒公式以及任意函
数的泰勒逼近表示

梯度的基本概念
和计算方法

模型参数的值估计方法:
最小二乘法

函数求极值的方法:
拉格朗日法

图 3-4　学习 AI 必须知道的微积分知识

◆ **梯度的基本概念和计算方法**

对于给定的一个点，梯度表示某一函数在该点处的方向导数沿着梯度方向取得最大值，即函数在该点处沿着梯度方向变化最快，变化率最大（为该梯度的模）。注意，梯度是一个向量。

梯度的作用在于：它可以帮助我们找到一个物理量或者函数值变化最快的方向，并能够告诉我们其变化的快慢。如果需要考察某一物理量或者函数值变化最快的方向和变化的快慢，就可以用梯度来描述，所以梯度可以应用和推广的范围非常广泛。

梯度在 AI 的很多领域都有着广泛的应用，最常见的应用包括：

（1）在最优化领域求函数的极值。例如，在机器学习中评价一个模型参数的好坏，往往通过计算该模型在不同参数下的损失函数值，如果哪一组参数的损失函数值达到最小，则该组参数即为最优。

（2）寻找图像中物体的边缘。如图 3-5 所示，图像中有黑白两个区域。怎样才能检测到黑色矩形的四条边缘 AB、BC、CD、DA？其基本原理是：边缘上各像素点的灰度梯度幅值非常大，而非边缘上各像素点的灰度梯度幅值接近于 0。简单地说，对于 AB、BC、CD、DA 上的各像素点，由于其左右或者上下像素

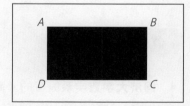

图 3-5　利用灰度梯度检测物体的边缘

点的灰度值发生了显著变化，导致该像素点的灰度梯度幅值非常大，从而 AB、BC、CD、DA 被检测为边缘。

◆ **泰勒公式以及任意函数的泰勒逼近表示**

泰勒公式是一个非常神奇的公式，因为它可以在某一点对函数进行多阶展开，最终实现用一个多项式函数来逼近原函数。在 AI 领域，泰勒公式经常用于计算目标函数的近似梯度，尤其在目标函数的导数难以计算时。

◆ **函数求极值的方法：拉格朗日法**

AI 中的数学模型往往是有约束的最优化问题。对于有约束的最优化问题，一般采用拉格朗日法求极值。该方法是 AI 领域求极值时用到的最普遍方法之一，读者需要认真掌握。

◆ **模型参数的估计方法：最小二乘法**

最小二乘法由著名的数学家高斯提出。据相关传记记载，高斯在高中时头脑中即有了最小二乘法的雏形，在后来进行大地测量工作时，高斯用此方法消除测量数据中的误差，至此最小二乘法得以成熟[4]。高斯在大地测量中的成功与他发明的最小二乘法密不可分。可以将最小二乘法拆分为"二乘"+"最小"两部分来理解：首先构造二乘项也即完全平方表达式，用得最多的是误差的平方和；接下来对此二乘项求最小值，即可解得模型的待估计参数。在统计分布模型的参数估计、GPS 坐标与城市坐标转换模型的参数估计等许多 AI 应用领域都用到最小二乘法，所以此方法非常重要。

3.2.2　常用教材推荐

分析学方面特别是微积分方面的教材非常多，这里推荐几本国内外常用的教材，以供大家参考。国外的教材写得比较生动详尽，将理论的来龙去脉交代得非常清楚；国内的教材则写得比较简洁，框架比较清晰；两者各具特色，可以结合着读。

分析学入门教材

- **同济大学数学系**编写的《**高等数学**》[5]是中国高校普遍使用的教材。该书特色是框架清晰，论述简洁，难度适中，比较适合课堂讲授。书中习题较少，建议学习时额外多做一些习题，以便更加深入地掌握微积分相关知识。

- 北京大学**李忠等**编著的《**高等数学**》[6]也是非常不错的教材。其特点在于，在保持简洁性的同时，还把原理背后的数学思想和来龙去脉写得比较清楚。该书有一定难度，适合对高等数学有较高要求的读者入门使用。
- *Thomas' Calculus*[7]是微积分教材中非常著名的一本，平均每 4～5 年该书就更新一个版本，每次更新的版本中都有不少改进之处。与中国的同类教材相比，该书基本内容和结构虽有许多相似之处，但在题材选取和处理上又有更多不同特色，尤其是在突出实际应用和数学建模等方面。
- Ron Larson 等编著的 *Calculus*[8]是一本广受学生欢迎的微积分教材。书中配有大量精美的彩图，使枯燥的数学原理变得直观，从而更加容易理解。该书写作水平高超，通俗易懂，非常适合自学。

分析学提高教材

如果需要进一步提升自己分析学的理论知识和技能，达到中阶水准，则可以进一步阅读分析学方面的常用教材，更加全面深入地学习分析学的知识。下面推荐的教材，读者可以根据自己的喜好任意选一套进行学习，所获得的分析学能力基本能够胜任后续 AI 学习的要求。

- 华东师范大学数学科学学院撰写的《**数学分析**》[9]通俗易懂、上手容易，是一套使用广泛的数学分析教材，被很多高校的数学分析课程所采用。
- 中国科学技术大学常庚哲、史济怀编著的《**数学分析教程**》[10]相对而言难度较大，读者可以结合网上相应的视频教程进行学习；教材中的习题较难，独立做一做习题对提高数学分析技巧会大有帮助。
- Walter Rudin 的 *Principles of Mathematical Analysis*[11]是世界著名的数学分析教材，该书写作简洁优美且含有大量证明。对于数学基础较好的读者，阅读此书会有赏心悦目之感。该书有对应的中文翻译版《数学分析原理》，已由机械工业出版社出版。
- Vladimir A. Zoric 撰写的 *Mathematical Analysis*[12]是一套非常著名的俄罗斯数学教材，该套教材风格独特，在古典分析学中创新性地加入现代数学的元素，书中的数学推导环环相扣、引人入胜。教材的架构安排层次分明且构思精巧，书中安排了许多极具启发性的习题，通过做习题能够形成深刻的领悟。该套教材是莫斯科大学数学与力学系使用教材，总体难度较大，适合对自己数学能力有较高要求的读者进行阅读学习。

如果有志于 AI 基础理论研究，则对于分析学的能力有非常高的要求，最好能够掌握实分析、复分析、傅里叶分析、泛函分析这四种 AI 研究中必须用到的分析学技巧。这些技巧可以通过阅读著名数学家 Elias M. Stein 等撰写的以下教材来掌握：*Real Analysis: Measure Theory, Integration, and Hilbert Spaces*[13]、*Complex Analysis*[14]、*Fourier Analysis: An Introduction*[15]、*Functional Analysis: An Introduction to Further Topics in Analysis*[16]。这些教材的特点是翔实生动、易于阅读和自学，其已被美国很多知名大学用作数学分析课程的教材。通过阅读和学习这些教材，你将能够获得全面而扎实的分析学理论和技巧，为 AI 基础理论研究构建坚固的分析学知识架构。

3.2.3　学习路线

分析学是 AI 的核心数学理论基础之一。对于分析学能力的重要性，读者是容易理解的。知道其重要性是一方面，更重要的是如何找到关于分析学的具体学习路线。图 3-6 显示了学习分析学理论和技巧的路线图，读者可以根据此学习路线图来系统、全面地培养自己的分析学理论和技巧。如果只是从事 AI 应用方面的工作，只须达到初级入门水平即可，可以从初级入门教材（1）～（4）中任选一本进行学习；如果从事 AI 研发方面的工作，则须达到中级提高水平，即还需要从中级提高教材（1）～（4）中任选一本进行学习；如果从事 AI 原创理论的研究，最好能够达到高级进阶水平，即还需要学习高级进阶的这四本教材。

3.2.4　在线课程推荐

关于分析学方面质量比较高的在线课程视频，有如下几种可供读者参考和选择：

▶ 上海交通大学数学科学学院乐经良教授讲授的**微积分**中文课程深入浅出、体系完整、推导详细。课程视频网址为 https://www.bilibili.com/video/av62546514/。

高级进阶，学习 Elias M. Stein 等撰写的以下四本教材：
（1）*Real Analysis: Measure Theory, Integration, and Hilbert Spaces*
（2）*Complex Analysis*
（3）*Fourier Analysis: An Introduction*
（4）*Functional Analysis: An Introduction to Further Topics in Analysis*

中级提高，以下任选一本学习：
（1）《数学分析》（华东师范大学数学科学学院）
（2）《数学分析教程》（常庚哲等）
（3）*Principles of Mathematical Analysis* (Walter Rudin)
（4）*Mathematical Analysis* (Vladimir A. Zoric)

初级入门，以下任选一本学习：
（1）《高等数学》（同济大学数学系）
（2）《高等数学》（李忠等）
（3）*Thomas' Calculus* (George B. Thomas Jr. 等)
（4）*Calculus* (Ron Larson 等)

图 3-6　分析学的学习路线图

▶ 中国科学院袁亚湘院士讲授的**微积分Ⅰ**、**微积分Ⅱ**、**微积分Ⅲ**中文课程覆盖的知识面非常广泛，而且理论深厚，非常适合对数学能力有较高要求的同学进行学习。**微积分Ⅰ**的课程视频网址为 https://v.ucas.ac.cn/course/CourseIndex.do?menuCode=2&courseid=49208；**微积分Ⅱ**的课程视频网址为 https://v.ucas.ac.cn/course/CourseIndex.do?menuCode=2&courseid=1eba9c10929448c2b8ebaa2505985b83；**微积分Ⅲ**的课程视频网址为 https://v.ucas.ac.cn/course/CourseIndex.do?menuCode=2&courseid=c609b88479cd45cb9682ab559fecd8f7。

▶ 复旦大学陈纪修教授的**数学分析**中文课程逻辑清晰，通俗易懂，非常适合自学。课程视频网址为 https://www.bilibili.com/video/BV12s411h7v4?p=1。

▶ 中国科学技术大学史济怀教授的**数学分析**中文课程，授课内容非常全面，理论难度较大，适合学有余力的同学提高学习。课程视频网址为 https://www.Bilibili.com/video/BV1ZW411e7PF?p=1。

▶ MIT **单变量微积分**、**多变量微积分**两门课程全英文讲授，课程内容由易到难，容易理解。**单变量微积分**课程视频网址为 https://www.bilibili.com/video/BV1mx411S7M3?from=search&seid=9937375666399613310；**多变量微积分**课程视频网址为 https://www.bilibili.com/video/BV1Yt411c7oz?p=1。

▶ Leonard 教授的**微积分**英文课程，娓娓道来，深入而细致，非常容易理解。课程视频网址为 https://www.bilibili.com/video/BV1HT4y1L7ry?p=1。

3.3 线性代数与矩阵论

很多人学完线性代数、矩阵论两门课程后，完全不知道自己学了些什么，也不知道学这两门课程有什么用，心中满是疑惑。首先线性代数和矩阵论属于代数学范畴，那么就让我们回忆一下从小学到高中是如何学习代数的。以实数为例，先了解什么是实数，然后学习实数的基本运算，接下来将多个实数打包在一起构成集合并研究不同集合的性质和变换。现在将实数换成向量，按照类似的步骤走一遍这个流程，我们将得到："先了解什么是向量，然后学习向量的基本运算，接下来将多个向量组合在一起构成矩阵并研究不同矩阵的性质和变换。"不知你发现了没有，是不是相似的"配方"、熟悉的"味道"？其实，你可以将向量看作一种特殊的数据类型，只不过它是比实数更为复杂的数据类型，那么从这个角度看，研究向量和研究实数的过程就具有相似性。简单来说，学习线性代数和矩阵论的主要目的之一就是研究向量和矩阵的基本概念、运算方法、性质、变换等内容。此外，引入向量和矩阵的另外一个现实的需求，是为了快速地求解线性方程组。

为什么 AI 离不开线性代数和矩阵论？如果将一个数据样本看作一个向量，一个数据集包含多个样本，则一个数据集可以由矩阵来表示。对于数据集的训练和测试则等价于对矩阵进行运算。由此可见，线性代数和矩阵论在 AI 理论中的地位是多么重要。

3.3.1　知识体系构成

特征是指某一物体所具有的属性值集合。例如，可以用姓名、学号、年龄、籍贯、性别、专业、身高、身份证号等属性来描述某一位具体的学生。这些属性的值所组成的向量则被称为该学生对应的特征向量。这样一个学生实体便与一个特征向量一一对应，也即，知道这个学生就知道其所对应的特征向量；反过来，知道一个特征向量便知道其对应的学生。有时，也会用特征向量所组成的矩阵来描述实体集合，此时该矩阵被称为特征矩阵。引入特征向量或特征矩阵的目的是将客观物理世界中的实体进行数字化，以方便后续的数学建模和分析。例如，人脸识别系统的第一步就是先对人脸图像分别做特征提取，从而将一张张人脸图像转换为一个个对应的特征向量，以便后续训练相应的人脸识别模型。采用矩阵进行分析计算的另外一大优势是可以在编程时避免使用循环，从而使程序更加简洁，通常情形下还可以节约程序运行的时间成本。例如要对 100 张人脸照片进行识别，可以利用训练好的人脸识别模型分别对这 100 张照片依次做识别，编程时需要写一个循环进行 100 次重复操作。如果将这 100 张人脸照片对应的特征向量拼合为一个矩阵，就可以利用人脸识别模型对这个矩阵进行处理，一次即可对 100 张人脸照片进行识别，避免了编程时使用循环来处理，同时也减少了程序运行的时间。

学习 AI 必须知道的线性代数和矩阵论知识如图 3-7 所示。详列如下：

（1）首先必须理解向量和矩阵的基本概念，知道如何用数学符号表示向量和矩阵。

（2）接下来需要了解矩阵的基本运算，包括矩阵加减法、数与矩阵相乘、矩阵与矩阵相乘、矩阵的转置、方阵的行列式、共轭矩阵、逆矩阵等。

（3）对于矩阵的基本变换，则需要掌握行交换、列交换、转置、分块、对称等基本变换。

（4）会将线性方程组的求解转换为矩阵变换问题，理解矩阵的秩与线性方程组解的关系。

（5）理解维数、基、坐标、线性空间、欧氏空间、黎曼空间、解空间、范数等基本概念。特别是范数的基本概念和计算方法，它是机器学习中的一个核心概念。在构建机器学习模型时，为了防止模型过拟合，往往会在损失函数中加入一个正则项，而这个正则项通常用范数来表示。

（6）了解常见的特殊矩阵，例如单位矩阵、对称矩阵、正交矩阵等。

（7）掌握导出 Jacobian 矩阵和 Hessian 矩阵的方法，了解其应用。Jacobian 矩阵的一个核心应用是：已知两个随机变量间的函数关系，且已知其中一个变量的统计分布模型，则可以利用 Jacobian 矩阵导出另外一个随机变量的统计分布模型。这意味着

图 3-7 学习 AI 必须知道的线性代数和矩阵论知识

Jacobian 矩阵是连接两个已知关系的随机变量间的桥梁。Hessian 矩阵的一个常见应用是：将一个多元函数对一个向量进行微分时则需要用到 Hessian 矩阵，这一方法在最优化理论中经常用到。

（8）掌握求矩阵特征值及其特征向量的基本方法，深刻理解特征值和特征向量之间的关系。特征值与特征向量关系的一个最典型应用是作主成分分析，其核心思想是求解样本协方差矩阵的单位特征向量及其对应的特征值，然后比较特征值的大小来确定样本的主成分，即特征值越大对应的成分越重要。

（9）熟练掌握矩阵分解的基本方法并理解其应用。常见的矩阵分解方法包括三角分解、正交分解、满秩分解、奇异值分解等。矩阵分解的一些典型应用包括利用正交分解产生正交向量、利用奇异值分解实现数据降维等。

（10）理解二次型矩阵以及正定、负定、半正定、不定矩阵的基本概念，掌握其判定方法。

在深度学习没有"横空出世"的时候，核学习方法在机器学习"江湖"中"独步天下"。核学习方法的一个基本概念就是核函数，核函数的构造就用到了半正定矩阵判定的相关理论。

(11) 了解向量、矩阵的正交与投影方法。

(12) 掌握张量的基本概念与计算。张量是深度学习中的一个核心概念，必须好好掌握。

3.3.2　常用教材推荐

线性代数是大学数学中非常核心的基础课程，教材繁多，国内外有许多经典的教材。

线性代数中文教材

- 北京大学丘维声教授编写的《**简明线性代数**》[17]是北京市高等教育精品教材，既科学阐述了线性代数的基本内容，又深入浅出、简明易懂，是一本非常适合自学的教材。

- 清华大学**居余马**教授撰写的《**线性代数**》[18]是一本非常详尽、生动的线性代数教材，该教材将线性代数理论的来龙去脉交代得非常清楚，读起来引人入胜。

- 北京航空航天大学**李尚志**教授编写的《**线性代数**》[19]讲解详尽，难度较大，适合提高用。该书内容主要包括线性方程组的解法、线性空间、行列式、矩阵的代数运算、多项式、线性变换、Jordan 标准型、二次型、内积等。

- 中国科学技术大学**李炯生**教授编著的《**线性代数**》[20]在网络上被称为"亚洲第一难"，可见此书还是比较有难度的。是否"亚洲第一难"，那倒不一定，读者大可不必害怕。该书内容精彩纷呈，所呈现的矩阵方法、线性空间中的几何方法等内容让人目不暇接，对于愿意接受挑战的读者来说，该书让人如获至宝。

- 作为华罗庚的弟子，龚昇教授编著的《**线性代数五讲**》[21]根据作者的理解对线性代数的架构进行了高屋建瓴的描述，深刻剖析了线性代数理论背后的数学思想，是一本佳作。如果读者在有一定的线性代数学习基础后再学习此书，将有醍醐灌顶、豁然开朗之感，顿觉"任督二脉被打通，一股真气涌遍全身"。

- 任广千等编著的《**线性代数的几何意义**》[22]是一本从几何的视角描述线性代数理论的图书，该书深刻揭示了线性代数理论的几何意义或物理意义，将抽象的理论具象化，给人耳目一新之感。

线性代数英文教材

- Kuldeep Singh 编著的 *Linear Algebra: Step by Step* [23] 是一本非常友好的线性代数教材。该书内容组织由浅入深，概念描述清晰易懂，写作风格流畅，读起来生动活泼，特别是作者在每章结尾增加的"个人访谈"栏目为阅读此书增添了不少乐趣。

- MIT 著名教授 Gilbert Strang 编写的 *Introduction to Linear Algebra* [24] 是一本非常著名的教材，被国内外很多大学所采用，包括美国 MIT 和中国清华大学等。该书特点是概念清晰，理论联系实际，从一个小的例子引出概念，然后扩展到更大的问题和理论，读者阅读时非常容易跟上作者的思路，特别适合入门和自学。

- David C. Lay 等编著的 *Linear Algebra and Its Application* [25] 是一本非常适合初学者的入门教材，作者完全站在初学者的角度非常友好地介绍线性代数理论，教材每章均以一个实例开头，先让读者有个感性的认识，然后逐步引出相关理论。该书可读性强，语言流畅，是一本非常经典的教材。

- Sheldon Axler 撰写的 *Linear Algebra Done Right* [26] 是一本风格独特的教材。该书解释清楚了线性代数中相关理论的本质和动机，从一个非常独特的视角对线性代数的理论进行了诠释，让读者读完后能够真正搞清楚理论背后的数学思想，写作非常具有美感。

- Gerald Farin 等编著的 *Practical Linear Algebra: A Geometry Toolbox* [27] 是一本非常独特的教材，其将线性代数与几何学完美地联系了起来。由于线性代数具有高度抽象的特点，一般人学起来，往往是晕头转向，不知道线性代数的各种理论到底有什么物理含义。几何学则具有可视化的特点，见图知意，理解起来比较形象具体。该教材将线性代数各种变换在物理世界中所表达的几何含义解释得非常清楚，为读者构建了由代数世界穿越到几何世界的"桥梁"。该教材能够赋予读者代数与几何相结合的全新工具，巧妙地解决了现实世界中的具体问题。特别是对于学习 AI 的你来说，该书将交给你一把打开 AI 世界的新钥匙。例如，当分析物体在三维空间中的运动时，可以将物体的位置表示成几何世界中的向量，那么当你将线性代数中的各种变换施加于该向量时，将会等价于物体进行旋转、平移等一系列运动。

- Gilbert Strang 编著的 *Linear Algebra and Learning from Data* [28] 是一本介绍线性代数及其在数据挖掘方面应用的图书。该书首先介绍了线性代数的主要内容，然后讲述了大矩阵计算的方法，接下来阐述了数据压缩和降维的线性代数技巧，随后作者介绍了一些特殊的矩阵，并阐述了线性代数在概率论与数理统计及最优化中的应用技巧，最后作者介绍了如何构建深度网络来对数据进行学习。这是一本侧重应用的教材，适合具备一定线性代数和机器学习基础的读者阅读。

矩阵论教材

矩阵论是比线性代数更加高阶的代数方面的课程，一般为研究生开设，也有一些学校为本科生开设矩阵论的相关课程。在 AI 领域中，通常将训练样本集视为一个训练样本矩阵，因此利用训练样本集进行学习，其实质是利用训练样本矩阵求解需要构建的数学模型的参数。此过程中涉及大量的矩阵论相关知识和技巧，因此学好矩阵论非常关键。国内外与矩阵论相关的优秀教材非常丰富，将其中一些比较著名的列举如下：

- 《矩阵论简明教程》[29] 是西北工业大学徐仲编写的一本关于矩阵理论的中文教材。该书以简洁的语言清晰地勾勒出了矩阵理论的体系，不过分注重公式证明的细节，而重点关注相关理论的具体实现，是一本快速上手矩阵理论的优秀教材。
- 清华大学张贤达教授撰写的《矩阵分析与应用》[30] 是一本国内非常著名的关于矩阵分析及其应用的教材。该书的特点是篇幅厚重，包含的理论特别全，适合于对矩阵理论和分析技巧有较高要求的读者进行学习。该教材主要内容包括矩阵代数基础、特殊矩阵、矩阵微分、梯度分析与最优化、奇异值分析、矩阵方程求解、特征分析、子空间分析与跟踪、投影分析、张量分析等。该教材的写作思路为：前 3 章呈现了全书的基础，后 7 章介绍矩阵分析的主体内容及典型应用。
- *Matrix Computation* [31] 是国外关于矩阵计算的一本非常知名的教材。该书是数值计算领域的名著，系统介绍了矩阵计算的基本理论和方法。其内容包括矩阵乘法、矩阵分析、线性方程组、正交化和最小二乘法、特征值问题、Lanczos 方法、矩阵函数及专题讨论等。书中许多算法都有现成的软件包实现，每节后面都附有习题，并对需要补充学习的内容给出了注释和大量的参考文献。
- *Matrix Analysis* [32] 一书从数学分析的角度阐述了矩阵分析的经典和现代方法，主要内容包括特征值、特征向量、范数、相似性、酉相似、三角分解、极分解、正定矩阵、非负矩阵、奇异值、CS 分解和 Weyr 标准范数等。

3.3.3 学习路线

线性代数和矩阵论的学习对于打好 AI 的理论基础非常重要，要加以重视和认真学习。图 3-8 给出的学习路线图仅供参考，个人可以根据自己的知识储备、数学能力以及研究方向加以调整。在初级入门阶段，主要打好线性代数的理论基础，建议中文和英文教材各选一本进行学习。在中级提高阶段，主要弄清楚线性代数理论的本质和物理含义，特别是

高级进阶，（1）和（2）、（3）和（4）中分别选一本阅读：
（1）《矩阵论简明教程》（徐仲）
（2）《矩阵分析与应用》（张贤达）
（3）*Matrix Computation*（Gene H. Golub 等）
（4）*Matrix Analysis*（Roger A. Horn 等）

中级提高，学习以下教材，其中（2）和（3）可任选一本：
（1）《线性代数五讲》（龚昇）
（2）《线性代数的几何意义》（任广千等）
（3）*Practical Linear Algebra: A Geometry Toobox*（Gerald Farin 等）
（4）*Linear Algebra and Learning from Data*（Gilbert Strang）

初级入门，（1）～（4）、（5）～（8）中分别选一本阅读：
（1）《简明线性代数》（丘维声）
（2）《线性代数》（居余马）
（3）《线性代数》（李尚志）
（4）《线性代数》（李炯生）
（5）*Linear Algebra: Step by Step*（Kuldeep Singh）
（6）*Introduction to Linear Algebra*（Gilbert Strang）
（7）*Linear Algebra and Its Application*（David C. Lay 等）
（8）*Linear Algebra Done Right*（Sheldon Axler）

图 3-8　线性代数和矩阵论的学习路线图

线性代数的几何意义，此外还要掌握线性代数理论与实际应用相结合的方法，为此建议学习中级提高教材（1）和（4），并从教材（2）和（3）中任意选择一本进行学习。在高级进阶阶段，主要学习矩阵理论和矩阵计算的技巧，建议从高级进阶教材的（1）、（2）和（3）、（4）中各选一本进行学习。

3.3.4　在线课程推荐

读者如果需要通过在线视频课程学习线性代数和矩阵论，可以参考如下在线课程视频：

▶ 清华大学马辉、徐帆主讲的**线性代数**中文课程深入浅出、易于理解，讲授的内容知识全面、学习坡度平缓，适合入门者学习。课程视频网址为 https://www.bilibili.com/video/BV11z4y1f7ym?p=1，或者 https://www.xuetangx.com/course/THU07011000411/12424374；该课程还有后续的高阶课程，适合对线性代数有较高要求的读者，高阶课程网址为 https://www.xuetangx.com/course/THU07011000412/12424382。

▶ 山东大学秦静教授的**线性代数导论**中文课程讲解细致，逻辑清晰，内容全面。课程视频网址为 https://www.bilibili.com/video/BV1Bp4y1Q7kf?p=1。

▶ 中国科学院数学与系统科学研究院席南华院士的**线性代数 I** 和**线性代数 II** 中文课程理论深厚，包含了线性代数的基础和高阶内容，中级提高课程讲解逻辑清晰、难度较大，适合需要提高的学习者学习。**线性代数 I** 的课程视频网址为 https://v.ucas.ac.cn/course/CourseIndex.do?menuCode=2&courseid=b5ec40256c514e2c89d7899bf7daf01c；**线性代数 II** 的课程视频网址为 https://v.ucas.ac.cn/course/CourseIndex.do?menuCode=2&courseid=acde21a783304ecd85a097cd3a3b5680。

▶ MIT Gilbert Strang 教授是线性代数方面的权威，其讲授的**线性代数**英文课程形象生动、内容严谨、框架清晰，对原理背后的本质剖析深刻，适合对线性代数有较高要求的人员进行学习。课程视频网址为 https://www.bilibili.com/video/BV1Y7411P79C?p=1。

▶ 读者如果需要学习代数的高阶内容，可以观看北京大学丘维声教授讲授的**高等代数**中文课程视频。该课程通俗易懂，推导详尽，逻辑清晰。课程视频网址为 https://www.bilibili.com/video/BV1wt41147Q1?p=1。

▶ 哈尔滨工业大学严质彬教授的**矩阵分析**中文课程语言生动、通俗易懂、内容详尽，善于将抽象的理论具体化。课程视频网址为 https://www.bilibili.com/video/av66638755/。

- 台湾交通大学吴培元教授的**矩阵分析**中文课程条理清晰、讲述流畅，课程有一定的难度，适合需要提高的人员观看。课程视频网址为 https://www.Bilibili.com/video/BV1C7411c7Mm?p=1。
- MIT Gilbert Strang 教授的英文课程**数据分析、信号处理和机器学习中的矩阵方法**，讲解用矩阵方法如何解决实际问题。该课程细致深入、讲解详尽、富有启发性，特别适合 AI 领域的人员进行学习。课程视频网址为 https://www.bilibili.com/video/BV1b4411j7V3?p=1。

3.4 概率论与统计学

首先讨论一下概率论与统计学各自的基本概念、研究内容以及它们之间的相互关系。

机器学习是 AI 的核心理论基础，而概率论与统计学则是机器学习的重要数学基础。由此可见，概率论与统计学是 AI 的重要理论支柱，学好概率论与统计学至关重要。概率论是研究随机现象数量规律的数学分支，是一门研究事情发生可能性的学问。通常用随机变量代表一个随机事件，而用随机变量的取值代表随机事件的结果。因此，概率论主要研究随机变量的概率、分布函数、数值特征、特征函数等内容。概率论主要解决关于随机事件发生的可能性及其结果的数学特性等方面的问题。统计学是通过搜集数据、整理数据、描述数据、分析数据等手段以达到推断所研究对象的本质，或者预测对象未来趋势的一门综合性学科。统计学要解决的是如何从已有的数据中发掘其统计规律。也即，当面对一大堆数据时，如何对数据进行处理，从而挖掘其蕴藏的价值。统计学主要包括数据预处理、数据建模、模型检验、模型应用等步骤。概率论偏理论，统计学则偏应用。概率论通常可视为统计学的重要理论支撑，而统计学则是概率论的具体应用。

接下来介绍**统计学的两大流派：频率派和贝叶斯派**。

可以将统计学领域的研究人员大致分为频率派和贝叶斯派两个派别。对于概率定义的不同理解是频率派和贝叶斯派的根本区别。频率派认为，概率是客观概率，可以用事件结果出现的频率来计算。贝叶斯派所理解的概率则是主观概率，认为它描述的是人们相信一个事件结果出现的可能性，随着观测到的数据的不断增加，人们不断修正自己心中所认为的这个可能性的大小。频率派认为统计模型的参数是唯一的（即当模型使得评价指标取得最优值时,该参数对应的值)。贝叶斯派则认为,模型中的参数值是不唯一的,参数的值也可以用统计分布来描述。频率派一般先求似然函数,然后求似然函数的最大值来获得模型的参数值,也即使用极大似然估计方法求模型参数。贝叶斯派一般先求后验概率,然后求后验概率的最大值来获得模型的参数值,也即使用最大后验概率估计方法求模型参数。在计算机和数据抽样方法没有发明之前,后验概率的求解非常困难。这导致贝叶斯派的理论无法拓展到应用层面,而只能停留在理论层面。从而在统计学发展的早期,频率派占有较大优势。后来,由于计算机的发明以及蒙特卡洛和吉布斯采样等数据抽样方法的出现,使得贝叶斯派方法的应用成为可能。相比频率派的统计建模过程,由于贝叶斯派的统计建模方法利用较少的数据就能够获得较为精确的模型参数估计结果,因而其在现代统计应用中占有更大的优势。频率派和贝叶斯派的主要区别总结于表 3-1 中,以方便读者理解。

表 3-1　频率派和贝叶斯派的主要区别

主 要 区 别	频 率 派	贝 叶 斯 派
概率定义	客观概率	主观概率
参数的唯一性	唯一,参数取值为最优值	不唯一,参数也由分布来描述
求解模型参数的常用方法	极大似然估计	最大后验概率估计

另一个比较关键的问题是,如何简明扼要地理解**概率论与统计学的大致学习思路**。可以从影响随机事件结果的决定因素、随机变量的不同类型两个视角来加以理解。

首先,可以从影响随机事件结果的决定因素来理解概率论与统计学的大致学习思路。早期研究中,认为随机事件的结果只与随机变量相关,研究随机变量的概率、数字特征等问题;接下来,考虑随机事件的结果不仅仅与随机变量相关,还与时间相关,开始研究随机变量序列的问题,于是产生了随机过程这一新的研究领域;随机事件的结果,除了与随机变量、时间相关外,还可以与空间的位置相关,于是产生了随机场这一新的研究领域。因此,可以按照"概率论与数理统计→随机过程→随机场"这样的顺序来理解概率论与统计学的大致学习思路。

此外,可以从随机变量的类型来理解概率论与统计学的大致学习思路,随机变量可以是一元或多元的,随机变量也可以是连续或离散的,这样两两交叉组合,可以得到四种不同类型的随机变量:一元连续变量、多元连续变量、一元离散变量、多元离散变量。所以，可以按照一元连续变量、多元连续变量、一元离散变量、多元离散变量来理解概率论与统计学的大致学习思路。

读者可以从上述两个视角，对照相关参考图书进行概率论与统计学的系统学习。

3.4.1 知识体系构成

概率论与统计学的内容非常庞杂，学习起来需要花费大量的时间和心血。图 3-9 列出学习 AI 必须掌握的概率论与统计学中的核心内容，详述如下：

（1）**弄清楚随机事件的基本定义、随机变量的基本概念，了解随机变量的类型**。概率论是一门研究随机事件的学科，因此必须首先弄清楚随机事件的基本定义。随机事件

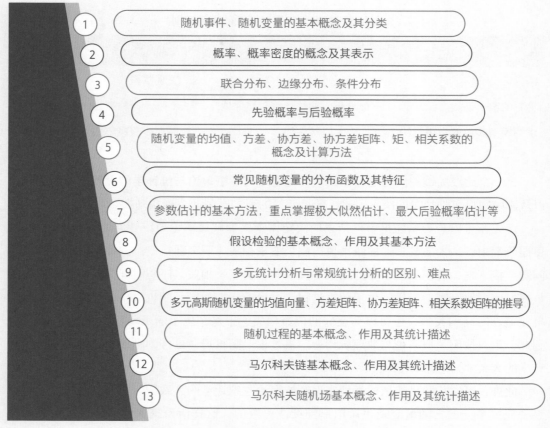

1 随机事件、随机变量的基本概念及其分类

2 概率、概率密度的概念及其表示

3 联合分布、边缘分布、条件分布

4 先验概率与后验概率

5 随机变量的均值、方差、协方差、协方差矩阵、矩、相关系数的概念及计算方法

6 常见随机变量的分布函数及其特征

7 参数估计的基本方法，重点掌握极大似然估计、最大后验概率估计等

8 假设检验的基本概念、作用及其基本方法

9 多元统计分析与常规统计分析的区别、难点

10 多元高斯随机变量的均值向量、方差矩阵、协方差矩阵、相关系数矩阵的推导

11 随机过程的基本概念、作用及其统计描述

12 马尔科夫链基本概念、作用及其统计描述

13 马尔科夫随机场基本概念、作用及其统计描述

图 3-9 学习 AI 必须知道的概率论与统计学知识

是指在随机试验中可能出现也可能不出现，而在大量重复试验中具有某种规律性的事件。在定义了随机事件后，就必须对事件进行描述，一种自然的想法就是用文字进行描述，但这种方式不够简洁，而且描述其特性非常不方便。于是就引入随机变量的概念。随机变量用数学变量对随机事件进行描述，并用变量的取值来描述随机事件的结果：从取值是否连续角度，可以将随机变量分为连续随机变量与离散随机变量；从变量的维数角度，可以将随机变量分为一元随机变量与多元随机变量。

（2）**掌握概率、概率密度的概念及其表示。**概率亦称"或然率"，它反映随机事件出现的可能性大小。概率密度即概率密度函数。在数学中，连续型随机变量的概率密度函数是一个描述该随机变量的输出值在某个确定的取值点附近的可能性的函数。

（3）**会计算随机变量的联合分布、边缘分布、条件分布。**首先，要会计算二元随机变量的联合分布、边缘分布、条件分布。其次，当随机变量的维数为任意数时，也要求会计算上述分布。

（4）**掌握先验概率、后验概率的基本概念及其计算方法。**首先需要搞清楚先验概率、后验概率的基本概念。其次，要会利用贝叶斯公式计算后验概率。

（5）**掌握随机变量的均值、方差、协方差、协方差矩阵、矩、相关系数的基本概念及其计算方法。**均值、方差、协方差、协方差矩阵、矩、相关系数等是描述随机变量数字特征的指标，根据这些指标可以刻画随机变量的特性，必须会计算这些指标。

（6）**掌握常见随机变量的分布函数及其特征。**掌握常见随机变量的分布函数，例如高斯分布、伯努利分布等；会计算这些常见分布的数字特征；理解不同分布之间的相互关系，例如二项分布和伯努利分布之间的关系等。

（7）**掌握统计模型参数估计的基本方法，重点掌握极大似然估计、最大后验概率估计等。**模型的参数估计是构建统计模型的关键步骤，需要重点掌握极大似然估计、最大后验概率估计等方法。此外，最小二乘估计也是一种常用的统计模型的参数估计方法，也必须掌握。

（8）**理解假设检验的基本概念、作用，掌握进行假设检验的基本方法。**假设检验要做的事情是对一个或多个总体的分布函数或参数未知或部分已知的情况下，提出分布函数或其参数的假设，通过抽取样本，构造适当的统计量，根据样本对所提出的假设做出拒绝或接受的决定。假设检验的目的是对分布函数或其参数的假设是否正确做出判断。假设检验用的方法是"反证法"，原理是"小概率事件原理"，即小概率事件在日常观察中一般是不会发生的。如果观测到假设的反面发生的情形，则表明原来的假设是不正确的。读者需要掌握置信区间法、卡方检验等假设检验的方法。

（9）**理解多元统计分析与常规统计分析的区别、难点**。常规统计分析一般针对变量维数为一维的情形，而多元统计分析则是针对变量维数为任意维数的情形。多元统计分析往往需要用矩阵来计算，涉及矩阵分析和矩阵计算的数学技巧，所以难度较大。

（10）**掌握多元高斯随机变量的均值向量、方差矩阵、协方差矩阵、相关系数矩阵的推导**。一元高斯分布是概率论与数理统计教材中常见的重点内容，这是因为通常认为一维变量的分布一般可以用一元高斯分布来描述。现实生活中，随机变量的维数往往是多维的，则必须将一元高斯分布推广到多元高斯分布的情形，因此掌握多元高斯分布的模型，会进行多元高斯随机变量的均值向量、方差矩阵、协方差矩阵、相关系数矩阵的推导，是学习多元统计分析的关键。

（11）**掌握随机过程的基本概念、作用及其统计描述**。随机过程的本质就是随机变量序列的集合。该集合中的每个元素均为随机变量且往往与时间有关。随机过程的引入是为了更好地描述现实世界中的不确定性，包括数据的不确定性、运动的不确定性等，例如用随机过程来更好地刻画含有噪声的大数据等。对随机过程的特性可以采用统计模型来描述，包括泊松过程、马尔科夫链等，必须认真掌握。

（12）**掌握马尔科夫链基本概念、作用及其统计描述**。马尔科夫链是概率论和数理统计中具有马尔可夫性质且存在于离散的指数集和状态空间内的随机过程。马尔科夫链可以很好地用于刻画具有无记忆特性的系统。马尔科夫链应用广泛，必须熟练掌握马尔科夫链的统计模型。

（13）**掌握马尔科夫随机场基本概念、作用及其统计描述**。马尔可夫随机场属于概率图模型，是典型的马尔可夫网，也是一种无向图的生成模型。马尔可夫随机场在图像处理、语音识别等领域应用非常广泛，需要对其进行认真掌握。

3.4.2 常用教材推荐

概率论与统计学的学习者众多，为了满足不同学习者的需求，各种教材种类繁多、眼花缭乱。为此，非常有必要推荐一些常用的教材给 AI 学习人员，提升学习的效率，加强学习的效果。根据学习逐渐深入的顺序，本书将按照"概率论与数理统计→多元统计分析→测度论→高等概率论与统计学→随机过程→概率论与统计学在 AI 中的应用"这一顺序逐一推荐。

概率论与数理统计常用教材

概率论与数理统计方面常用教材有如下几本可供参考：

- 浙江大学**盛骤**等编写的《**概率论与数理统计**》[33]是中国大学使用最为广泛的教材之一。其风格是架构清晰，语言平实简练，适合作为教科书。
- 中国科学院**陈希孺**院士编写的《**概率论与数理统计**》[34]是一本非常著名的教材。该教材在理论和应用两个方面实现了很好的平衡，既能够密切联系实际应用，又能够具备非常高的理论水准，将公式背后的统计思想揭示得非常彻底。该书非常适合自学，读后使人受益匪浅。
- Jay L. Devore 教授编写的 *Probability and Statistics for Engineering and the Sciences*[35]是一本浅显易懂、全彩印制的教材。该书难度较低，书中有大量的实例，方便读者直观理解书中的理论。该教材适合初级入门使用。
- 美国卡内基梅隆大学 Morris H. DeGroot 教授等编写的 *Probability and Statistics*[36]是一本被广泛使用的教材。该教材语言清晰易懂，内容深入浅出。其特色是用大量颇具启发性的例子引入论题、阐释理论和证明，大大降低了学习者的理解难度。书中的例题涉及面广，除了那些解释基本概念的一些经典例题外，还有很多新颖的例题，阐述了概率论在遗传学、排队论、计算金融学和计算机科学中的应用。

多元统计分析常用教材

在概率论的初级入门阶段，我们接触的大部分随机变量为一维随机变量。此时，对于随机变量的分析相对来说比较容易，可以避免使用矩阵理论的相关技巧来做分析和推导。当随机变量的维数为二维和更高维数时，此时对于随机变量的分析则较复杂，一般需要使用矩阵理论的相关技巧来做分析。当然也可以使用循环的方式对随机变量的每一维元素进行处理，但是这样就比较费劲，数学推导也不够优美。为此，必须对随机变量为高维的情形进行专门研究。于是就产生了多元统计分析这门课程。读者可以想象一下，将一维的高斯分布推广到高维空间会产生什么样的结果？现实生活中，影响一个事件结果的因素往往不止一个，也就是说，多元统计分析是统计分析中最常见的情形。那么，掌握好多元统计分析的相关理论和技巧就显得至关重要。多元统计分析方面常用的教材推荐如下：

- 北京大学高惠璇编写的《**应用多元统计分析**》[37]结构清晰、语言平实、易于阅读，中国很多高校将它作为多元统计分析课程的教材。
- 华东师范大学王静龙教授编写的《**多元统计分析**》[38]加入许多现代统计理论的内容，理论深厚，论述严谨，证明完备，是一本不可多得的多元统计分析教材，值得一读。
- T. W. Anderson 是国际统计界泰斗级的大师，其编著的经典名作 *An Introduction to Multivariate Statistical Analysis* [39]广受好评。全书结构严谨，论述流畅，逻辑清晰，内容引人入胜，可读性强，是学习多元统计分析的必读经典教材之一。
- Richard A. Johnson 等编著的 *Applied Multivariate Statistical Analysis* [40]是一本非常友好的教材。该书"浅入深出"，既侧重于应用，又兼顾必要的推理论证，使学习者既能学到"如何做"，又能在一定程度上了解"为什么这样做"；最后，它内涵丰富、全面，不仅包括各种在实际中常用的多元统计分析方法，而且对现代统计学的最新思想和进展也有所介绍。

测度论常用教材

测度论旨在为初等概率论与公理化的概率论之间搭起一座"桥梁"。如果想从事 AI 基础理论的研究，则有必要学习一下测度论的内容。下面介绍几本常用的测度论教材供读者参考：

- 北京大学程士宏教授编著的《**测度论与概率论基础**》[41]是一本测度论方面的入门级教材，叙述由浅入深，通俗易懂，重点突出，论述严谨。该书首先呈现了在抽象分析中为建立概率论公理化系统所必需的测度论内容，在此基础上对一些重要的概念和公式进行了深入阐述，使教材变得更加容易理解。为了便于读者自学，该书的每一章均安排了习题，同时将大部分习题的解答或提示附于书后。
- 中国科学院严加安院士编写的《**测度论讲义**》[42]理论深厚，语言简练，学习难度较大，需要反复阅读才能体会此书内容组织的精细与理论证明的精巧。
- Krishna B. Athreya 等编写的 *Measure Theory and Probability Theory* [43]是一本关于测度论和概率论的教科书，它以简单易懂的方式介绍了测度论和概率论的主要概念和理论，生动阐释了这些理论背后的数学思想，给人以深刻的启发。
- Paul R. Halmos 编著的 *Measure Theory* [44]是一本非常经典的测度论教材。该书

具有较高的理论水准，深入阐述了测度论的相关内容。其组织架构严谨，内容详尽而生动，概念清晰，证明过程完整，难度较大，适合对概率论水平有较高要求的读者阅读。

高等概率论与高等统计学常用教材

高等概率论与高等统计学分别是概率论及数理统计的高阶内容。对于有志于做 AI 基础理论研究的人员来说，非常有必要对其进行学习。推荐阅读教材如下：

- 武汉大学胡迪鹤教授编著的《**高等概率论及其应用**》[45]是在初等概率论、测度论和泛函分析初步的基础上展开论述的。全书共分为高等概率的基本概念与工具、概率极限理论、随机过程理论三部分，内容严谨、理论丰富，是一本高等概率论方面的优秀教材。
- 北京大学郑忠国教授编写的《**高等统计学**》[46]列举了大量生活中的实例，通过实例引出高等统计学的相关概念，进而深入到相关理论的论述，是一本可读性强的高等统计学教材。
- Craig A. Mertler 等编著的 *Advanced and Multivariate Statistical Methods: Practical Application and Interpretation* [47]是一本偏重于统计学具体应用的教材，书中详细介绍了如何运用统计学理论解决具体问题，对于提高动手能力有很大帮助。
- Eugene Demidenko 编著的 *Advanced Statistics with Applications in R* [48]是一本兼具理论和应用价值的教材。该书架构清晰，分别从离散随机变量、连续随机变量、多元随机变量等维度介绍了常见统计模型的分布及其数字特征，描述了线性回归和非线性回归的基本方法，以及参数估计等方面的内容，更重要的是书中还以统计领域使用最为广泛的 R 语言给出了相关理论的具体实现。

随机过程常用教材

一般把一簇随机变量定义为随机过程，这一簇随机变量往往与时间参数有关。随机过程是在自然科学、工程科学、社会科学各领域研究随机现象的有力工具。随机过程的应用领域包括气象预报、天文观测、通信工程、原子物理、宇航遥控、生物医学、管理科学、运筹决策、计算机科学、经济分析、金融工程、人口理论、可靠性与质量控制等。关于随机过程方面的常用教材，列出如下：

- 清华大学何书元教授编写的《随机过程》[49]主要内容包括概率统计、泊松过程、更新过程、离散时间马尔可夫链、连续时间马尔可夫链、布朗运动和应用举例。该书叙述严谨、举例丰富，精选例题反映了应用随机过程的特点。该书在定理的叙述和证明上尽量降低难度和避免复杂的数学推导，同时兼顾了理论体系的完整性。
- 中国人民大学张波等编著的《应用随机过程》[50]深入浅出，结合实际应用阐述了随机过程的相关理论，是一本可读性强的教材。
- Sheldon M. Ross 编写的 *Introduction to Probability Models*[51] 是一本经典的随机过程教材。该书叙述深入浅出、涉及面广，主要内容有随机变量、条件概率及条件期望、离散及连续马尔可夫链、指数分布、泊松过程、布朗运动及平稳过程、更新理论及排队论等；也包括了随机过程在物理、生物、运筹、网络、遗传、经济、保险、金融及可靠性中的应用，特别是书中有关随机模拟的内容，为随机系统运行的模拟计算提供了有力的工具。该书配有丰富的习题，方便读者通过解题加强对理论的理解和掌握。
- Robert G. Gallager 编著的 *Stochastic Processes: Theory for Applications*[52] 是由剑桥大学出版社出版的一本高质量的随机过程教材。该书理论证明严谨，紧贴实际应用，架构清晰，可读性强。

概率论与统计学在 AI 中的应用常用教材

概率论与统计学理论是 AI 的核心数学理论之一，除了学习其相关理论之外，能够将这些理论与 AI 结合起来才是关键。因此，必须重点学习概率论与统计学在 AI 领域中的应用教材，为两者的结合提供思路。下面给出两本比较有用的教材供读者参考：

- David Forsyth 编写的 *Probability and Statistics for Computer Science*[53]，从数据描述、概率、推理、工具等方面介绍了概率论和统计学在计算机科学中的应用。该教材构建了从概率论与统计学到计算机科学的桥梁，使读者明白学习概率论与统计学到底能够在计算机科学中起到什么作用，给人以深刻启发。

- Luc Devroye 等编著的 *A Probabilistic Theory of Pattern Recognition* [54]，详细介绍了在模式识别中所需要用到的概率论知识。该书构建了模式识别的概率知识体系，为后续学习模式识别及机器学习打下了良好的理论基础。

3.4.3 学习路线

可以按照图 3-10 所示学习路线对概率论与统计学的知识进行系统学习。在初级入门阶段，需要学习概率论与数理统计的基础知识、多元统计分析的相关理论以及测度论的有关内容；在中级提高阶段，需要学习高等概率论、高等统计学、随机过程等方面的内容；在高级进阶阶段，需要学习概率论与统计学的知识如何被运用到计算机科学和人工智能领域。

3.4.4 在线课程推荐

读者如果希望通过在线课程学习概率论与统计学的内容，建议参考如下课程视频：

▶ 中国科学技术大学缪柏其教授主讲的**概率论与数理统计**中文课程讲解清晰、实例丰富、内容生动。课程视频网址为 https://www.bilibili.com/video/BV1JW411t7Wk?p=1。

▶ 北京大学何书元教授、威斯康星大学绍军教授主讲的**概率论与数理统计**中文课程分成两个部分：何书元教授主讲概率论部分，绍军教授主讲数理统计部分。该课程理论性强、分析深入、逻辑连贯。课程视频网址为 https://www.bilibili.com/video/BV1aW411A7PA?p=1。

▶ MIT John Tsitsiklis 教授主讲的**概率系统分析和应用概率**英文课程讲解详细、例题丰富、思路流畅，课程难度较大。课程视频网址为 https://www.bilibili.com/video/BV1z4411Z7WE?p=1。

▶ MIT Philippe Rigolle 教授的**统计学基础**英文课程，内容理论性强，讲解透彻。课程视频网址为 https://www.bilibili.com/video/BV14t411N7uw?p=1。

▶ 普林斯顿大学 Andrew Conway 教授讲授的**统计学**英文课程侧重于统计学的实际应用，着重讲述如何用统计学理论解决实际问题。课程视频网址为 https://www.bilibili.com/video/BV1sy4y1e7Eg?p=1。

▶ 台湾交通大学黄冠华教授主讲的**多元统计分析**中文课程讲解细致生动、逻辑清晰、分

高级进阶，学习以下教材：

（1）*Probability and Statistics for Computer Science* (David Forsyth)

（2）*A Probabilistic Theory of Pattern Recognition* (Luc Devroye 等)

中级提高，学习以下教材，其中（3）和（4）、（5）～（8）中分别任选一本阅读：

（1）《高等概率论及其应用》（胡迪鹤）

（2）《高等统计学》（郑忠国）

（3）*Advanced and Multivariate Statistical Methods: Practical Application and Interpretation* (Craig A. Mertler 等)

（4）*Advanced Statistics with Applications in R* (Eugene Demidenko)

（5）《随机过程》（何书元）

（6）《应用随机过程》（张波等）

（7）*Introduction to Probability Models* (Sheldon M. Ross)

（8）*Stochastic Processes: Theory for Applications* (Robert G. Gallager)

初级入门，（1）～（4）、（5）～（8）、（9）～（12）中分别选一本阅读：

（1）《概率论与数理统计》（盛骤等）

（2）《概率论与数理统计》（陈希孺）

（3）*Probability and Statistics for Engineering and the Sciences* (Jay L. Devore)

（4）*Probability and Statistics* (Morris H. DeGroot 等)

（5）《应用多元统计分析》（高惠璇）

（6）《多元统计分析》（王静龙）

（7）*An Introduction to Multivariate Statistical Analysis* (T. W. Anderson)

（8）*Applied Multivariate Statistical Analysis* (Richard A. Johnson 等)

（9）《测度论与概率论基础》（程士宏）

（10）《测度论讲义》（严加安）

（11）*Measure Theory and Probability Theory* (Krishna B. Athreya 等)

（12）*Measure Theory* (Paul R. Halmos)

图 3-10　概率论与统计学的学习路线图

　人工智能怎么学

析透彻。课程视频网址为 https://www.bilibili.com/video/av883761462。

▶ 台湾交通大学陈伯宁教授主讲的**随机过程**中文课程讲述思路非常清晰，对于初学者非常友好。课程视频网址为 https://www.bilibili.com/video/BV12K411K76U?p=1 或者 https://ocw.nctu.edu.tw/course_detail-v.php?bgid=8&gid=0&nid=558。

3.5 运筹学与最优化

关于运筹学，很难给出一个完整且统一的定义。《中国大百科全书》给出的定义为：运筹学是用数学方法研究经济、民政和国防等部门在内外环境的约束条件下合理分配人力、物力、财力等资源，使实际系统有效运行的技术科学，它可以用来预测发展趋势，制定行动规划或优选可行方案。古代寓言故事"田忌赛马"可视作一个经典的运筹学案例。该故事描述的是齐王与田忌进行赛马，规定双方各出上、中、下三个等级的马各一匹进行比赛，如果按照同等级的马进行比赛，齐王可获全胜，但是田忌改变了三个等级的马的出场顺序，以上等马对齐王的中等马，以中等马对齐王的下等马，以下等马对齐王的上等马。这个故事中田忌通过调动马的配置，获得了一个最优的比赛方案，所以"田忌赛马"可视为一个运筹学的问题。现实生活中使用运筹学理论解决具体问题的例子非常常见，例如数字地图导航中的最短路线规划问题、高铁站点的选址问题等。毫不夸张地说，只要是关于一个寻找最优方案的问题基本上可视为一个运筹学问题。运筹学主要研究的内容包括线性规划、非线性规划、整数规划、目标规划、动态规划、图论与网络分析、存储论、排队论、对策论、决策论等[55-58]。研究运筹学的目的，就是为了通过数学方法获得一个最优的方案，并利用该方案对人力、物力、财力等资源进行最优的配置，从而使系统达到最优或者说获得最大的收益。应该说，运筹学是一门无处不在、处处有用的科学，非常值得去学习。

最优化理论是一个重要的数学分支，它所研究的问题是讨论在众多方案中什么样的方案是最优的以及怎样才能找出这个最优方案[59]。最优化理论主要内容包括：① 如何将现实生活中要解决的问题转化为一个最优化模型，具体来说就是要确定优化问题的目标函数和约束条件；② 当模型建立后要能够求解该数学模型。简而言之，构建最优化问题的数学模型并求解该模型是最优化理论的研究内容。最优化与运筹学的大部分研究内容相互重合，因此很难区分彼此。运筹学偏重解决实际问题，而最优化则偏重于理论研究；一个运筹学问题往往会归结为一个求最优值的最优化问题，因此最优化理论是求解运筹学问题的重要理论支撑。一般认为运筹学是一个学科名称，而最优化理论则是运筹学学科的一个分支。那么 AI 中究竟用到了哪些运筹学与最优化的理论知识，该如何学习运筹学与最优化呢? 接下来展开重点论述。

3.5.1　知识体系构成

运筹学与最优化的知识体系比较庞杂，将学习 AI 时必须掌握的相关知识列于图 3-11 中，读者可以对照进行逐一学习。必须强调的是，运筹学是数学的一个分支，有很多

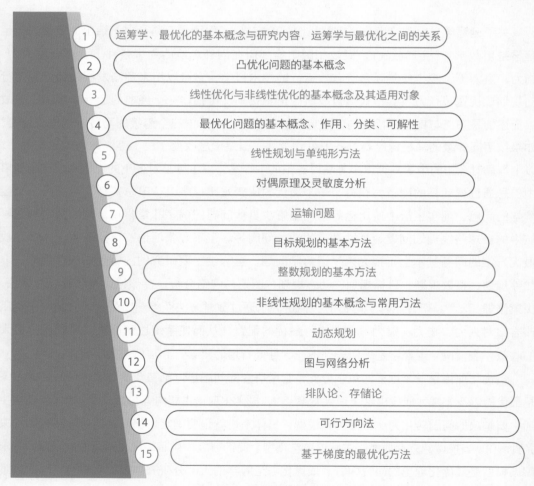

1 运筹学、最优化的基本概念与研究内容，运筹学与最优化之间的关系
2 凸优化问题的基本概念
3 线性优化与非线性优化的基本概念及其适用对象
4 最优化问题的基本概念、作用、分类、可解性
5 线性规划与单纯形方法
6 对偶原理及灵敏度分析
7 运输问题
8 目标规划的基本方法
9 整数规划的基本方法
10 非线性规划的基本概念与常用方法
11 动态规划
12 图与网络分析
13 排队论、存储论
14 可行方向法
15 基于梯度的最优化方法

图 3-11　学习 AI 必须知道的运筹学与最优化知识

研究人员在对其进行研究，不必过多地陷入运筹学与最优化的理论学习中不可自拔，重点还是要用相关理论来为 AI 服务。读者学习完运筹学与最优化的理论，可以对照下面的目标看看自己究竟有没有达标：

（1）**了解运筹学、最优化的基本概念及其研究内容，同时还要搞清楚运筹学与最优化理论之间的关系。**

（2）**理解凸优化问题的基本概念。**理解凸优化问题与非凸优化问题的基本概念，明白将非凸优化问题转化为凸优化问题的常用方法。

（3）**理解线性优化与非线性优化的基本概念及其适用对象。**最优化理论主要包含线性优化与非线性优化两方面，了解线性优化与非线性优化的基本概念；针对一个实际问题，知道该用线性优化模型还是非线性优化模型来描述；给定一个优化问题能够判定其是线性优化问题还是非线性优化问题，并且知道用哪些方法可以求解该优化问题。

（4）**理解最优化问题的基本概念、作用、分类、可解性。**理解最优化问题的基本概念和作用；掌握最优化问题的基本分类；会判断最优化问题是否可解。

（5）**掌握最优化问题的数学描述。**明白一个最优化问题的数学模型由哪几部分组成；理解目标函数、约束条件的基本概念。

（6）**掌握最优化问题的原问题与对偶问题的基本概念、对应关系及相互之间的推导。**理解最优化问题的原问题与对偶问题的基本概念；明白对偶问题的作用；会将一个原问题转化为其对偶问题，理解原问题与对偶问题之间的对应关系。

（7）**精通最优化问题的建模方法。**掌握将一个实际问题描述成一个最优化问题的基本方法。

（8）**精通常见最优化问题的求解方法。**对于常见的最优化问题，掌握对其进行求解的方法，会对常见的最优化问题进行手动求解。

（9）**精通常见的最优化软件使用方法。**会用 MATLAB、Python、R、Julia 等软件的最优化工具包求解最优化问题。

3.5.2　常用教材推荐

接下来推荐一些运筹学与最优化方面的常用教材，方便读者选择相应的教材进行学习，提升学习效率。推荐的教材将按照学习由浅入深的顺序进行呈现，即"运筹学→最优化→凸优化"的顺序加以推荐。

运筹学常用教材

- 清华大学《运筹学》教材编写组编著的《**运筹学**》[55] 着重介绍运筹学的基本原理和方法，是一本被中国众多高校广泛采用的教材。该教材条理清晰，内容生动详尽，每章后面附有习题，便于读者通过做题加深理解。有些章节的后面增补了"注记"，便于读者了解运筹学各分支的发展趋势。

- 清华大学胡运权等编著的《**运筹学教程**》[56] 系统讲述了线性规划、目标规划、整数规划、动态规划、图与网络分析、排队论、存储论、对策论、决策论的基本概念、理论、方法和模型，是一本非常著名的教材。该书配套有《运筹学习题集》，方便读者通过做题的方式对教程中的理论加以巩固。

- Frederick S. Hillier 等编写的 *Introduction to Operation Research* [57] 是运筹学的经典著作，该书作者均为运筹学领域的大师。著作内容丰富，覆盖运筹学各个分支，主要内容包括运筹学建模方法、线性规划、对偶理论与灵敏度分析、网络优化模型、动态规划、整数规划、决策分析等。书中有大量案例，方便读者自学及复习。

- Hamdy A. Taha 编写的 *Operation Research: An Introduction* [58] 是被国外众多高校广泛采用的一本知名教材。该书主要内容包括运筹学的基本概念、线性规划建模、单纯形法和灵敏度分析、对偶性与后分析、各种运输模型、网络模型、目标规划、整数线性规划、启发式规划、确定性动态规划、库存模型、决策分析与博弈、随机库存模型、排队系统、仿真模型、经典最优化理论、非线性规划算法等。

最优化常用教材

- 清华大学陈宝林教授编著的《**最优化理论与算法**》[59] 主要内容包括线性规划单纯形方法、对偶理论、灵敏度分析、运输问题、内点算法、非线性规划 KT 条件、无约束优化方法、约束优化方法、整数规划和动态规划等。该书逻辑清晰，论证严密，可读性强，是一本适合入门的教材。

- 北京大学高立教授编著的《**数值最优化方法**》[60] 系统介绍了数值求解光滑非线性无约束和有约束最优化问题的基本方法、基本性质。在选材上，该书注重最优化方法的基础性与实用性；在内容处理上，该书注重由浅入深、循序渐进；在叙述上，该书力求清晰、准确、简明易懂。

- Edwin K. P. Chong 等编写的 *An Introduction to Optimization* [61] 是一本关于最优化技术的入门教材。全书共分为四部分：第一部分是预备知识；第二部分主要介绍无约束的优化问题，并介绍线性方程的求解方法、神经网络方法和全局搜索方法；第三部分介绍线性优化问题，包括线性优化问题的模型、单纯形法、对偶理论以及一些非单纯形法，并简单介绍了整数线性优化问题；第四部分介绍有约束非线性优化问题，包括纯等式约束下、不等式约束下优化问题的最优性条件、凸优化问题、有约束非线性优化问题的求解算法和多目标优化问题。

- Jorge Nocedal 和 Stephen J. Wright 编著的 *Numerical Optimization* [62] 是数值优化领域的力作。该书对连续优化中大多数有效方法进行了全面的论述。每一章从基本概念开始，逐步阐述当前可用的最佳技术。该书强调实用方法，包含大量图例和练习，适合广大读者阅读。该书阅读性强，内容丰富，论述严谨，揭示了数值最优化的美妙本质和实用价值。

凸优化常用教材

- 斯坦福大学 Stephen Boyd 等编写的 *Convex Optimization* [63] 是一本凸优化领域的世界知名教材。该教材的理论部分由四章构成，主要包含了两部分内容：一是凸优化中常见的基本概念和主要结果，二是描述了几类基本的凸优化问题以及将特殊的优化问题转化为凸优化问题的变换方法；前四章的内容是灵活运用凸优化知识解决实际问题的重要基础。该教材的应用部分由三章构成，分别介绍凸优化在解决逼近与拟合、统计估计和几何关系分析这三类实际问题中的应用。该教材的算法部分也由三章构成，依次介绍求解无约束凸优化模型、等式约束凸优化模型以及包含不等式约束的凸优化模型的经典数值方法，以及如何利用凸优化理论分析这些方法的收敛性质。该教材是学习凸优化的必读教材之一，对于有志于 AI 基础理论研究的读者来说非常有必要去学习。

- Yuni Nesterov 编著的 *Lectures on Convex Optimization* [64] 主要包含了黑箱优化模型以及结构优化模型两部分，每一部分又分为若干章节，介绍了当前的主流优化模型，对于了解凸优化的前沿方法有非常大的帮助。

3.5.3　学习路线

运筹学与最优化是对 AI 具体问题进行建模和求解的核心理论之一，学习难度较大，必须按照合理的学习路线逐步进阶学习。具体的学习路线如图 3-12 所示。首先，可以通过运筹学教材的学习了解运筹学的研究内容和基本理论，为后面最优化理论的学习做好铺垫；接下来，可以各选一本优秀的最优化理论及数值最优化的教材进行系统学习；最后，通过深入学习凸优化理论的内容，为 AI 的最优化部分打下良好的理论基础。

高级进阶，其中（1）和（2）中任选一本：
（1）*Convex Optimization*（Stephen Boyd 等）
（2）*Lectures on Convex Optimization*（Yuni Nesterov）

中级提高，学习以下教材，其中（1）和（2）、（3）和（4）中分别任选一本：
（1）《最优化理论与算法》（陈宝林）
（2）*An Introduction to Optimization*（Edwin K. P. Chong 等）
（3）《数值最优化方法》（高立）
（4）*Numerical Optimization*（Jorge Nocedal 等）

初级入门，（1）～（4）中任选一本：
（1）《运筹学》（《运筹学》教材编写组）
（2）《运筹学教程》（胡运权 等）
（3）*Introduction to Operation Research*（Frederick S. Hillier 等）
（4）*Operation Research: An Introduction*（Hamdy A. Taha）

图 3-12　运筹学与最优化的学习路线图

3.5.4　在线课程推荐

▶ 中国人民解放军理工大学刘华丽老师的**运筹学**中文课程逻辑清晰、语言流畅，课程理论坡度平缓，特别适合入门学习。课程视频网址为 https://www.bilibili.com/video/

BV1qJ411D7m6?p=1。

▶ 维多利亚大学陆吾生教授的**最优化方法及其应用**中文课程内容详尽、分析透彻、语言生动。课程视频网址为 https://www.bilibili.com/video/BV1ds411y76j?p=1。

▶ 中山大学凌青教授（曾在中国科学技术大学工作）的**最优化理论**中文课程侧重于凸优化方面的内容，条理清晰，实例丰富，非常具有吸引力。课程视频网址为 https://www.bilibili.com/video/BV1Jt411p7jE?p=1。

▶ 斯坦福大学 Stephen Boyd 教授的**凸优化**英文课程是凸优化领域非常著名的课程之一。课程视频网址为 https://www.bilibili.com/video/BV1ct411i7j3?p=1。作者撰写的经典教材 *Convex Optimization*，受到了广大学习者的喜爱。

3.6 机器学习

机器学习是 AI 理论中最关键和重要的部分，前述分析学、线性代数与矩阵论、概率论与数理统计、运筹学与最优化这些基础理论都是为了学习机器学习的内容所做的准备。机器学习是指通过计算机模拟或实现人类的学习行为，以获取新的知识或技能，重新组织已有的知识结构使之不断改善自身的性能。机器学习是 AI 的核心，是使计算机具有智能的根本途径。主要有做统计和做计算机研究这两大领域的人在从事机器学习的研究。不同领域的人对机器学习有不同的叫法，做统计的人喜欢称之为统计学习或者统计机器学习，做计算机研究的人喜欢称之为机器学习。实际上统计学习、机器学习、统计机器学习的内容大体一致。通常意义下不对这三者做严格区分，即三者可等同。机器学习的内容主要包括监督学习、半监督学习、无监督学习、强化学习等。近年来，机器学习的边界正快速地不断被拓展，出现了联邦学习、可解释的机器学习等新的内容。了解机器学习的知识体系构成是学好机器学习的关键，下面将重点介绍。

3.6.1 知识体系构成

机器学习是一个包罗万象的学科，机器学习的知识体系复杂，其需要的分析学、线性代数与矩阵论、概率论与统计学、运筹学与最优化等数学理论前面已经讨论过，下面重点

1	机器学习的基本概念及其研究内容
2	机器学习中的模型空间、模型评价、模型求解的基本概念及其常用方法
3	监督学习
4	无监督学习
5	半监督学习
6	核学习
7	贝叶斯学习
8	多示例学习
9	元学习
10	深度学习
11	迁移学习
12	联邦学习
13	集成学习
14	强化学习
15	可解释的机器学习
16	因果推理

图 3-13　学习 AI 必须知道的机器学习知识

描述机器学习中的知识体系，具体如图 3-13 所示。图中包含了机器学习的主流方法，每一种方法包含的内容基本上都需要由一本独立的教材来描述。需要注意的是监督学习、无监督学习、半监督学习是机器学习中最主要的三类方法，每一类方法又分别包含了大量的模型。

（1）**监督学习**。为一类样本标签已知的机器学习方法，主要包括感知机、K 近邻、朴素贝叶斯、决策树、逻辑斯蒂回归、最大熵模型、支持向量机、提升方法、EM 算法、隐马尔可夫模型、条件随机场等。

（2）**无监督学习**。为一类样本标签未知的机器学习方法，主要包括聚类方法、奇异值分解、主成分分析、潜在语义分析、概率潜在语义分析、马尔可夫链蒙特卡洛法、潜在狄利克雷分配、PageRank 算法等。

（3）**半监督学习**。为一类部分样本标签已知的机器学习方法，主要包括自训练算法、多视角算法、生成模型、转导支持向量机、基于图的算法等。

（4）**核学习**。为机器学习的一个主要分支。所谓核学习是指在构造机器学习模型过程中使用了核函数的技巧。支持向量机就是一种典型的核学习方法。该方法通过核函数将原始空间中的样本由低维空间向高维空间投影，从而使得在原始样本空间中线性不可分的样本投影到高维空间后变得线性可分。核学习更像是一种转换思想或者是一种数学技巧，很多常见的机器学习方法都可以与核学习相结合，从而产生新的机器学习方法，例如将主成分分析与核学习相结合可以得到核主成分分析的方法。

（5）**贝叶斯学习**。为机器学习的另外一个主要分支。贝叶斯学习是指利用参数的先验分布，由样本信息来求后验分布，从而直接求出总体分布。贝叶斯学习理论使用概率去表示所有形式的不确定性，通过概率规则来实现学习和推理过程。

（6）**多示例学习**（multiple-instance learning）。由 Dietterich 等于 1997 年提出，其与监督学习、无监督学习和半监督学习有所不同，它是以多示例包为训练单元的学习问题。在多示例学习中，训练集由一组具有分类标签的多示例包组成，每个多示例包中含有若干个没有分类标签的示例。如果多示例包至少含有一个正示例，则该包被标记为正类多示例包（正包）。如果多示例包的所有示例都是负示例，则该包被标记为负类多示例包（负包）。多示例学习的目的是通过对具有分类标签的多示例包的学习，建立多示例分类器，并将该分类器应用于未知多示例包的预测。

（7）**元学习**（meta-learning）。又称"学会学习"，即利用以往的知识经验来指导新任务的学习，使模型具备学会学习的能力，是解决小样本问题常用的方法之一。

（8）**深度学习**。为目前机器学习方法中最主流的方法之一，受到了广大研究者的青睐。可以认为深度学习是一类特殊的神经网络模型，只不过这种神经网络模型具有更多的隐层数和节点数。深度学习对于计算资源有较高的要求，往往需要借助特定的计算单元加快训练的速度，如 GPU（graphics processing unit，图形处理器）或者 TPU（tensor processing unit，张量处理器）。

（9）**迁移学习**。由杨强教授于 2005 年提出，其目的是让计算机把大数据领域学习获得的知识和方法迁移到数据不那么多的领域。通过这一方式，计算机也可以做到"举一反三""触类旁通"，从而不必在每个领域都依赖大数据从头学起。通俗地说，迁移学习就是能让现有的模型算法稍加调整即可应用于一个新的领域和功能的一项技术。

（10）**联邦机器学习**。又称联邦学习、联合学习或联盟学习。联邦机器学习是一个机器学习框架，能有效帮助多个机构在满足用户隐私保护、数据安全和政府法规的要求下，进行数据使用和机器学习建模。例如，利用不同银行的数据进行联邦机器学习，而不必将各个银行的数据集中在一起，从而避免数据泄露的风险。

（11）**集成学习**。其本身不是一个单独的机器学习算法，而是通过构建并结合多个机器学习模型来完成学习任务。集成学习有两个主要的问题需要解决：一是如何训练若干个独立的机器学习模型；二是如何选择一种集成策略，将这些独立的机器学习模型集合成一个功能更强的机器学习模型。

（12）**强化学习**（reinforcement learning，RL）。又称再励学习、评价学习或增强学习。它是机器学习的范式和方法论之一，用于描述和解决智能体在与环境交互过程中通过学习策略以达成回报最大化或实现特定目标的问题。

（13）**可解释的机器学习**。主要是为了解决机器学习模型的黑箱问题，也就是说很多情况下训练机器学习模型时，只须给定模型的输入和输出，对于模型的具体工作机理却并不清楚。可解释机器学习的提出正是为了解决这一问题。

（14）**因果推理**。为 AI 的一个核心研究领域之一。它是为了使机器像人一样具有推理能力，即让机器通过 AI 技术依据某些前提条件推理出有用的结论。

3.6.2　常用教材推荐

关于机器学习的教材非常多，下面分别推荐一些入门、提高、进阶方面的教材供读者参考。

机器学习入门教材

- 李航博士编著的《**统计学习方法**》[65]是一本机器学习方面非常适合入门的教材。该书深入浅出、架构清晰、易于阅读，适合快速入门。该书主要分为有监督学习和无监督学习两大部分，分别介绍了有监督学习和无监督学习的主要方法，理论推导详细，例子丰富，将抽象的理论与实际应用做到了很好的结合。

- 南京大学周志华教授编写的《**机器学习**》[66]作为该领域的入门教材，在知识面上尽可能地覆盖了机器学习各个领域的内容。该书架构清晰，按照基础知识、常用模型、进阶知识三个部分来组织全书的内容。全书主要内容包括：第 1～3 章组成第一部分，呈现机器学习的基础知识；第 4～10 章组成第二部分，介绍常用的机器学习模型，包括决策树、神经网络、支持向量机、贝叶斯分类器、集成学习、聚类、降维与度量学习等；第 11～16 章组成第三部分，为读者介绍机器学习的进阶知识，包括特征选择与稀疏学习、计算学习理论、半监督学习、概率图模型、规则学习以及强化学习等。为了帮助读者进一步理解和巩固书中的知识点，书中除第 1 章外，其他各章都给出了 10 道习题。

- Trevor Hastie 等编著的 *The Elements of Statistical Learning: Data Mining, Inference, and Prediction*[67]是一本在国外被广泛采用的机器学习教材。该教材覆盖知识面广、理论推导严谨而详细，非常适合入门。

- 卡内基梅隆大学 Tom M. Mitchell 教授编写的 *Machine Learning*[68]是一本非常经典的机器学习入门教材。该教材主要内容包括引言、概念学习和一般到特殊序、决策树学习、人工神经网络、评估假设、贝叶斯学习、计算学习理论、基于实例的学习、遗传算法、学习规则集合、分析学习等。

机器学习提高教材

- Christopher Bishop 编著的 *Pattern Recognition and Machine Learning*[69]是从事机器学习研究者必读的经典教材之一。该书将机器学习的常见方法都统一在贝叶斯框架之下，给出了非常详细的数学推导。全书架构清晰，语言流畅，一气呵成，读起来赏心悦目。建议打算从事 AI 基础理论研究的读者在阅读此书时，做一做书中的习题，这样对于提高自己的理论推导水平会有所帮助。

- Mehryar Mohri 等编著的 *Foundation of Machine Learning*[70]试图为机器学习构建一套理论基础，该书注重机器学习中理论推导和框架的建立，适合从事 AI 基础理论研究的人阅读。

- Kevin P. Murphy 编著的 *Probabilistic Machine Learning: An Introduction*[71]从

概率视角来建立机器学习的理论框架。全书理论深厚，推导详尽，既介绍了机器学习的理论基础，又介绍了深度神经网络、非参数模型等较前沿的理论，适合有较好数学基础的人阅读，是一本提高机器学习水平的优秀教材。作者早期还编写过一本非常著名的教材 *Machine Learning: A Probabilistic Perspective*，其内容更加基础，有兴趣的读者也可以进行学习。此外，作者还著有另外一本介绍概率机器学习高级主题的图书 *Probabilistic Machine Learning: Advanced Topics*。上述三本教材被称为 Kevin P. Murphy 的"概率机器学习三部曲"，均属于高质量的机器学习教材。

- Shai Shalev-Shwartz 等编写的 *Understanding Machine Learning: From Theory to Algorithms* [72] 是一本基础理论与算法应用相结合的著名教材。全书主要分为理论基础、算法、其他学习模型、高阶理论四部分。全书理论推导严谨、算法步骤清晰。

机器学习进阶教材

- *Deep Learning* [73] 是深度学习领域非常著名的教材，由三位全球知名的专家 Ian Goodfellow、Yoshua Bengio 和 Aaron Courville 共同撰写。全书内容包括三部分：第 1 部分介绍深度学习的数学基础和机器学习的基本概念，作为深度学习的预备知识；第 2 部分系统深入呈现了深度学习的方法和技术；第 3 部分对深度学习的理论前沿进行了探讨，为深度学习未来的发展指明了前进的方向。

- 《迁移学习》[74] 是香港科技大学杨强教授等编写的一本著名教材。全书共分为两大部分：第一部分呈现了迁移学习的理论基础，由第 1 ~ 14 章组成，具体内容包括绪论、基于样本的迁移学习、基于特征的迁移学习、基于模型的迁移学习、基于关系的迁移学习、异构迁移学习、对抗式迁移学习、强化学习中的迁移学习、多任务学习、迁移学习理论、传导式迁移学习、自动迁移学习：学习如何自动迁移、小样本学习、终身机器学习；第二部分呈现了迁移学习的应用，由第 15 ~ 22 章组成，具体内容包括隐私保护的迁移学习、计算机视觉中的迁移学习、自然语言处理中的迁移学习、对话系统中的迁移学习、推荐系统中的迁移学习、生物信息学中的迁移学习、行为识别中的迁移学习、城市计算中的迁移学习等。

- 《联邦学习》[75] 是杨强教授等编写的另外一本名著。该教材主要解决如何在保证本地训练数据不公开的前提下，实现多个数据拥有者协同训练一个共享的机器学习模型。该书主要内容包括引言，隐私、安全及机器学习，分布式机器学习，横向联邦学习，纵向联邦学习，联邦迁移学习，联邦学习激励机制，联邦学习与计算机视觉、自然语言处理及推荐系统，联邦强化学习，各领域的具体应用等。

- 南京大学周志华教授编著的《**集成学习：基础与算法**》[76] 共分为三部分：第一部分介绍集成学习的背景知识；第二部分介绍集成学习方法的核心知识；第三部分介绍集成学习方法的进阶议题。该教材涉及主要内容有绪论、Boosting、Bagging、结合方法、多样性、集成修剪、聚类集成、进阶议题等。

- Richard S. Sutton 等编著的 *Reinforcement Learning: An Introduction* [77] 是关于强化学习思想的深度解剖之作，被业内公认为一本强化学习基础理论的经典著作。它从强化学习的基本思想出发，深入浅出又严谨细致地介绍了马尔可夫决策过程、蒙特卡洛方法、时序差分方法、同轨离轨策略等强化学习的基本概念和方法，并以大量的实例帮助读者理解强化学习的问题建模过程以及核心的算法细节。

- Amparo Albalate 等编写的 *Semi-Supervised and Unsupervised Machine Learning* [78] 是一本关于机器学习中半监督和无监督学习方法的图书。全书共分为两部分：第 1 部分介绍半监督分类算法及其应用，包括近年来关于分类器集成的研究；第 2 部分讨论了无监督数据挖掘和知识发现，特别是文本挖掘。

- Christoph Molnar 编著的 *Interpretable Machine Learning: A Guide for Making Black Box Models Expainable* [79] 致力于使机器学习中的模型和决策具有可解释性。在探索了可解释性的概念之后，该教材呈现了简单的可解释模型，如决策树、决策规则和线性回归。接下来该教材主要致力于黑箱模型的可解释性。它是关于可解释的机器学习领域的一本代表性著作。

- *Causality: Models, Reasoning, and Inference* [80] 是图灵奖得主 Judea Pearl 的代表作之一。该书提供了现代因果分析的全面阐述。它展示了因果关系如何从一个模糊的概念发展成为一个数学理论。因果分析在统计学、人工智能、经济学、哲学、认知科学以及健康和社会科学等领域都有着重要的应用。该书提出并统一了因果关系中概率的、可操作的、反事实的和结构性的方法，并设计了简单的数学工具来研究因果关系和统计关联之间的关系。

3.6.3　学习路线

机器学习的学习路线如图 3-14 所示。首先，可以选择一本较为简单的入门教材打好

高级进阶，根据自己的研究领域选择性学习以下教材：

（1） *Deep Learning* (Ian Goodfellow 等)

（2）《迁移学习》（杨强等 ）

（3）《联邦学习》（杨强等 ）

（4）《集成学习：基础与算法》（周志华)

（5） *Reinforcement Learning: An Introduction* (Richard S. Sutton 等)

（6） *Semi-Supervised and Unsupervised Machine Learning* (Amparo Albalate 等)

（7） *Interpretable Machine Learning: A Guide for Making Black Box Models Expainable* (Christoph Molnar)

（8） *Causality: Models, Reasoning, and Inference* (Judea Pearl)

中级提高，（1）~（4）中任选一本阅读：

（1） *Pattern Recognition and Machine Learning* (Christopher Bishop)

（2） *Foundation of Machine Learning* (Mehryar Mohri 等)

（3） *Probabilistic Machine Learning: An Introduction* (Kevin P. Murphy)

（4） *Understanding Machine Learning: From Theory to Algorithms* (Shai Shalev-Shwartz 等)

初级入门，（1）~（4）中任选一本阅读：

（1）《统计学习方法》（李航 ）

（2）《机器学习》（周志华 ）

（3） *The Elements of Statistical Learning: Data Mining, Inference, and Prediction* (Trevor Hastie 等)

（4） *Machine Learning* (Tom M. Mitchell)

图 3-14　机器学习的学习路线图

基础，然后从提高的教材中再选一本进行学习，最后再根据自己的具体研究领域选择进阶的教材进行学习。比如，如果从事深度学习方面的研究，你可以阅读 Ian Goodfellow 等撰写的 *Deep Learning*；如果从事集成学习方面的研究，你可以阅读周志华撰写的《集成学习：基础与算法》。机器学习相比之前数学基础理论的学习，其难度在于机器学习需要综合用到分析学、线性代数与矩阵论、概率论与统计学、运筹学与最优化等各方面的知识。所以，如果之前的数学基础不牢固，学习机器学习就比较困难。建议读者务必打好良好的数学理论基础。另外，机器学习是一个高度重视应用的学科，需要通过编程来实现具体的机器学习算法。因此，对于编程能力有较高的要求。在本书第 4 章，将关注如何训练编程能力和技能，以期通过编程可以随心所欲地快速实现机器学习算法，将理论转化成生产力。

3.6.4　在线课程推荐

▶ 北京大学张志华教授（曾经在上海交通大学工作）的**统计机器学习**中文课程框架清晰，讲解深入细致，知识面广，板书推导详细，能够为机器学习打下良好的理论基础，非常适合自学。课程视频网址为 https://www.bilibili.com/video/BV1rW411N7tD?p=1 或者 https://www.math.pku.edu.cn/teachers/zhzhang/。

▶ 斯坦福大学 Trevor Hastie 和 Robert Tibsiranl 教授的**统计学习**英文课程基于他们出版的著名教材 *The Elements of Statistical Learning: Data Mining, Inference, and Prediction*。课程讲解详尽，分析富有条理，形象而生动。课程视频网址为 https://www.bilibili.com/video/BV11t411A7Ym?p=1。

▶ 浙江大学胡浩基老师的**机器学习**课程涉及知识面广，容易理解，学习坡度平缓，适合入门。课程视频网址为 https://www.bilibili.com/video/BV1qf4y1x7kB?p=1。

▶ 斯坦福大学吴恩达教授是机器学习领域的著名学者，其在线课程得到国内外学习者的广泛好评。其主讲的**机器学习**英文课程讲解细致、易于理解，特别适合入门者学习。课程视频网址为 https://www.bilibili.com/video/BV1Up4y1X7t1?p=1。

▶ 多伦多大学 Geoffrey Hinton 教授是深度学习的主要创立者之一，是机器学习领域的著名学者。Geoffrey Hinton 教授的**面向机器学习的神经网络**英文课程主要介绍神经网络与深度学习的相关内容，课程条理清晰、实例丰富，课程视频网址为 https://www.bilibili.com/video/BV1n64y117t7?p=1。

▶ 斯坦福大学吴恩达教授的**深度学习**英文课程学习坡度平缓，讲解思路非常清晰、非常易于理解。课程视频网址为 https://www.bilibili.com/video/BV1FT4y1E74V?p=1 或者 https://www.deeplearning.ai/。

参考文献

［ 1 ］ 张文俊 . 数学欣赏［M］. 北京：科学出版社，2011.

［ 2 ］ 李文林 . 数学史概论［M］.4 版 . 北京：高等教育出版社，2021.

［ 3 ］ 方开泰 . 漫漫修远攻算路：方开泰自述［M］. 长沙：湖南教育出版社，2016.

［ 4 ］ 徐品方 . 数学王子——高斯［M］. 哈尔滨：哈尔滨工业大学出版社，2018.

［ 5 ］ 同济大学数学系 . 高等数学［M］.7 版 . 北京：高等教育出版社，2014.

［ 6 ］ 李忠，周建莹 . 高等数学［M］.2 版 . 北京：北京大学出版社，2009.

［ 7 ］ Joel Hass, et al. Thomas' Calculus［M］. 14th ed. Boston: Pearson, 2018.

［ 8 ］ Ron Larson, Bruce Edwards. Calculus［M］. 11th ed. Boston: Cengage Learning,
2018.

［ 9 ］ 华东师范大学数学科学学院 . 数学分析［M］.5 版 . 北京：高等教育出版社，2019.

［10］ 常庚哲，史济怀 . 数学分析教程［M］.3 版 . 合肥：中国科学技术大学出版社，2012.

［11］ Walter Rudin. Principles of mathematical analysis［M］.3rd ed. New York:
McGraw−Hill Education, 1976.

［12］ Vladimir A Zoric. Mathematical analysis［M］. 2nd ed. Heidelberg: Springer,
2016.

［13］ Elias M Stein, Rami Shakarchi. Real analysis: measure theory, integration, and
hilbert spaces［M］. Princeton: Princeton University Press, 2004.

［14］ Elias M Stein, Rami Shakarchi. Complex analysis［M］. Princeton: Princeton
University Press, 2005.

［15］ Elias M Stein, Rami Shakarchi. Fourier analysis: an introduction［M］. Princeton:
Princeton University Press, 2003.

［16］ Elias M Stein, Rami Shakarchi. Functional analysis: an introduction to further
topics in analysis［M］. Princeton: Princeton University Press, 2011.

［17］ 丘维声 . 简明线性代数［M］. 北京：北京大学出版社，2002.

［18］ 居余马 . 线性代数［M］.2 版 . 北京：清华大学出版社，2002.

［19］ 李尚志 . 线性代数［M］. 北京：高等教育出版社，2002.

［20］ 李炯生 . 线性代数［M］.2 版 . 合肥：中国科学技术大学出版社，2010.

［21］ 龚昇 . 线性代数五讲［M］.2 版 . 合肥：中国科学技术大学出版社，2005.

［22］任广千，谢聪，胡翠芳．线性代数的几何意义［M］．西安：西安电子科技大学出版社，2015.

［23］Kuldeep Singh. Linear algebra: step by step［M］. New York: Oxford University Press, 2014.

［24］Gilbert Strang. Introduction to linear algebra［M］. 5th ed. Wellesley: Wellesley-Cambridge Press, 2016.

［25］David C Lay, et al. Linear algebra and its application［M］. 5th ed. London: Pearson, 2016.

［26］Sheldon Axler. Linear algebra done right［M］. 3rd ed. New York: Springer, 2015.

［27］Gerald Farin, Dianne Hansford. Practical linear algebra: a geometry toobox［M］. 3rd ed. Boca Raton: CRC Press, 2013.

［28］Gilbert Strang. Linear algebra and learning from data［M］. Wellesley: Wellesley-Cambridge Press, 2019.

［29］徐仲．矩阵论简明教程［M］.3 版．北京：科学出版社，2014.

［30］张贤达．矩阵分析与应用［M］.2 版．北京：清华大学出版社，2013.

［31］Gene H Golub, Charles F Van Loan. Matrix computation［M］. 4th ed. Baltimore: The Johns Hopkins University Press, 2013.

［32］Roger A Horn, Charles R Johnson. Matrix analysis［M］. 2nd ed. New York: Cambridge University Press, 2013.

［33］盛骤，谢式千，潘承毅．概率论与数理统计［M］.4 版．北京：高等教育出版社，2008.

［34］陈希孺．概率论与数理统计［M］.合肥：中国科学技术大学出版社，2017.

［35］Jay L Devore. Probability and statistics for engineering and the sciences［M］. 9th ed. Boston: Cengage Learning, 2016.

［36］Morris H DeGroot, Mark J Schervish．Probability and statistics［M］. 4th ed. Boston: Pearson, 2012.

［37］高惠璇．应用多元统计分析［M］.北京：北京大学出版社，2004.

［38］王静龙．多元统计分析［M］.北京：科学出版社，2008.

［39］T W Anderson. An introduction to multivariate statistical analysis［M］. 3rd ed. Hoboken: John Wiley & Sons, 2003.

［40］ Richard A Johnson, Dean W Wichern . Applied multivariate statistical analysis ［M］. 6th ed. Upper Saddle River: Pearson, 2007.

［41］ 程士宏 . 测度论与概率论基础［M］. 北京：北京大学出版社，2004.

［42］ 严加安 . 测度论讲义［M］.2 版 . 北京：科学出版社，2004.

［43］ Krishna B Athreya, Soumendra N Lahiri. Measure theory and probability theory ［M］. 3rd ed. New York: Springer, 2006.

［44］ Paul R Halmos. Measure theory ［M］. New York: Springer Science, Business Media, 1974.

［45］ 胡迪鹤 . 高等概率论及其应用［M］. 北京：高等教育出版社，2008.

［46］ 郑忠国，童行伟，赵慧 . 高等统计学［M］. 北京：北京大学出版社，2012.

［47］ Craig A Mertler, Rachel Vannatta Reinhart. Advanced and multivariate statistical methods: practical application and interpretation ［M］. 6th ed. New York: Routledge, 2017.

［48］ Eugene Demidenko. Advanced statistics with applications in R ［M］. Hoboken: John Wiley & Sons, 2020.

［49］ 何书元 . 随机过程［M］. 北京：北京大学出版社，2008.

［50］ 张波，张景肖 . 应用随机过程［M］. 北京：清华大学出版社，2004.

［51］ Sheldon M Ross. Introduction to probability models ［M］. 12th ed. Cambridge: Academic Press, 2019.

［52］ Robert G Gallager. Stochastic processes: theory for applications ［M］. New York: Cambridge University Press, 2013.

［53］ David Forsyth. Probability and statistics for computer science ［M］. 12th ed. Cham: Springer, 2018.

［54］ Luc Devroye, et al. A probabilistic theory of pattern recognition ［M］. New York: Springer, 1997.

［55］《运筹学》教材编写组 . 运筹学［M］.4 版 . 北京：清华大学出版社，2013.

［56］ 胡运权，郭耀煌 . 运筹学教程［M］.5 版 . 北京：清华大学出版社，2018.

［57］ Frederick S Hillier, Gerald J Lieberman. Introduction to operation research ［M］. 10th ed. New York: McGraw-Hill Education, 2015.

人工智能怎么学

［58］ Hamdy A Taha. Operation research: an introduction［M］. 10th ed. London: Pearson, 2017.

［59］ 陈宝林 . 最优化理论与算法［M］.2 版 . 北京：清华大学出版社，2018.

［60］ 高立 . 数值最优化方法［M］. 北京：北京大学出版社，2014.

［61］ Edwin K P Chong, Stanislaw H Zak. An introduction to optimization［M］. 4th ed. Hoboken: John Wiley & Sons, 2013.

［62］ Jorge Nocedal, Stephen J Wright. Numerical optimization［M］. 2nd ed. New York: Springer, 2006.

［63］ Stephen Boyd, Lieven Vandenberghe. Convex optimization［M］. New York: Cambridge University Press, 2004.

［64］ Yuni Nesterov. Lectures on Convex Optimization［M］. 2nd ed. Cham: Springer, 2018.

［65］ 李航 . 统计学习方法［M］.2 版 . 北京：清华大学出版社，2019.

［66］ 周志华 . 机器学习［M］. 北京：清华大学出版社，2016.

［67］ Trevor Hastie, et al. The elements of statistical learning: data mining, inference, and prediction［M］. 2nd ed. New York: Springer, 2009.

［68］ Tom M Mitchell. Machine learning［M］. New York: McGraw-Hill Education, 1997.

［69］ Christopher Bishop. Pattern recognition and machine learning［M］. New York: Springer, 2006.

［70］ Mehryar Mohri, et al. Foundation of machine learning［M］. 2nd ed. Cambridge: The MIT Press, 2018.

［71］ Kevin P Murphy. Probabilistic machine learning: an introduction［M］. Cambridge: The MIT Press, 2022.

［72］ Shai Shalev-Shwartz, Shai Ben-David. Understanding machine learning: from theory to algorithms［M］. New York: Cambridge University Press, 2014.

［73］ Ian Goodfellow, Yoshua Bengio, Aaron Courville. Deep learning［M］. Cambridge: The MIT Press, 2016.

［74］ 杨强，张宇，戴文渊，等 . 迁移学习［M］. 北京：机械工业出版社，2020.

［75］杨强，刘洋，程勇，等.联邦学习［M］.北京：中国工信出版集团，电子工业出版社，2020.

［76］周志华.集成学习：基础与算法［M］.2版.李楠，译.北京：清华大学出版社，2019.

［77］Richard S Sutton, Andrew G Barto. Reinforcement learning: an introduction［M］. Cambridge: The MIT Press, 2018.

［78］Amparo Albalate, Wolfgang Minker. Semi-supervised and unsupervised machine learning［M］. London: ISTE, John Wiley & Sons, 2011.

［79］Christoph Molnar. Interpretable machine learning: a guide for making black box models expainable［M］. lulu.com, 2020.

［80］Judea Pearl. Causality: models, reasoning, and inference［M］. 2nd ed. New York: Cambridge University Press, 2009.

4 人工智能的编程能力和技能训练

阅读提示

本部分首先介绍编程的通用思想、通用架构、编程规范以及编程领域的划分等编程的基础知识,在此基础上分别描述关于桌面端编程、Web 端编程、移动端编程的学习方法,介绍其界面编程工具,推荐一些常用教材,并为读者总结 AI 领域常见编程语言的学习路线,以便读者参考和进行学习、提高学习效率。同时,还为每种编程语言的学习推荐一些在线课程,方便读者自学。接下来,本部分对 AI 中常见的脚本语言 MATLAB、Python、Julia、R 进行介绍,以便读者能够使用脚本语言快速实现 AI 算法。随后,本部分对 AI 项目开发中常用的编程工具进行介绍,方便读者合理选取编程工具、提升开发效率。最后,本部分描述了顶级程序员的成长之路,为读者明确编程进阶的方向提供有意义的参考。

- ◆ 理解编程的通用思想、通用架构及编程规范
- ◆ 精通桌面端编程的方法及其界面编程工具
- ◆ 精通 Web 端编程的方法及其界面编程工具
- ◆ 精通移动端编程的常用语言及工具
- ◆ 精通 AI 中常见的脚本语言 MATLAB、Python、Julia、R
- ◆ 掌握 AI 编程常用工具 Git、GitHub 与 SVN
- ◆ 了解顶级程序员的成长之路

4.1 编程的基础知识

很多人觉得编程难学，甚至于一遇到编程就像见到了仇人，恨不得扭头就跑。其实，编程根本没有那么难，之所以你觉得难，那是因为你还根本没有真正入门！也有很多人经常会问："那么多编程语言，我到底该学哪一种？"或者会问："至少应该学哪几种编程语言才能够胜任 AI 的工作？"又或者会问："为什么有的人写出来的代码读起来赏心悦目，像艺术品，有的人写的代码不堪入目，神仙也看不懂？"诸如此类的问题，它们的答案究竟是什么？

为了回答这些很多人心中都会有的疑惑，在正式开始讨论编程之前，非常有必要搞清楚如下几个至关重要的问题：

（1）编程的本质是什么？不同的编程语言它们通用的思想是什么？

（2）不同的编程语言之间是否存在共性或者说共通之处？能否学会一种编程语言之后，即可触类旁通地学会其他编程语言？

（3）什么样的代码是好的代码，什么样的程序员是优秀的程序员？

（4）有那么多程序员从事各种不同种类的编程工作，那么整个编程领域到底包含哪几个子领域？

回答上述问题，涉及编程知识体系总体架构的内容：第 1 个问题是要搞清楚编程的本质以及不同编程语言的通用思想；第 2 个问题是关于不同编程语言之间的通用架构；第 3 个问题则涉及编程规范和程序员的自我修养问题；第 4 个问题的本质则是要搞清楚整个编程领域的划分问题。下面分别就编程的通用思想、编程语言的通用架构、编程规范与程序员的自我修养、编程领域的划分四个方面展开论述。

4.1.1 编程的通用思想

首先来看第 1 个问题：编程的本质是什么以及不同编程语言的通用思想。编程的本质是程序员把对世界的认知和理解用计算机的语言来进行刻画，是程序员对客观物理世界的高度抽象，最终实现将物理世界的实体映射到程序空间。现实的物理世界总是由一个一个实体组成，每个实体都有属性和功能，比如在现实世界中的一个学生，他有学号、身高、年龄等属性，他有考试这样一个功能。再比如，不同的汽车，它们有颜色、重量、价格等属性，有运输的功能。程序员要做的事情就是要将这样不同的实体在程序空间中将它们描述出来。一般在程序空间中，程序员将实体的属性用变量来描述，将实体的功能用函数来实现。通过这样的映射关系，就将物理世界中的实体映射到了程序空间中。图 4-1 显示了一个具体的将客观物理世界中实体映射到程序空间的例子。假设一个班级有 4 个学生，要去计算这 4 个学生的平均成绩、平均身高、平均年龄。程序员怎么去考虑这个问题呢？首先，分析一下每个学生的属性特点，发现学生有学号、身高、年龄、语文成绩、数学成绩、英语成绩等属性，于是便将这些属性分别映射为变量 ID、height、age、ChineseScore、mathScore、EnglishScore，并将它们打包存放在结构体类型 student 中，那么学生 1 ～ 学生 4 则分别映射成 student 型的变量 student1 ～ student4；同时这个班级还有计算平均成绩、平均身高、平均年龄功能，于是将其映射为函数 averageScore（score）、averageHeight（height）、averageAge（age）。通过上述步骤用程序空间的变量和函数来表示客观物理世界中一个班级的属性和功能，从而可以达到计算平均成绩、平均身高、

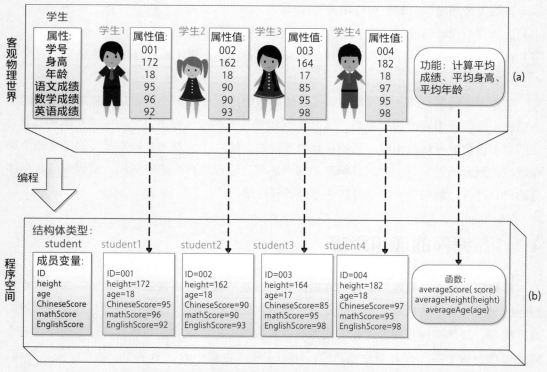

图 4-1 编程的本质是实现由客观物理世界（a）到程序空间（b）的映射

平均年龄的目的。看出规律了吗？客观物理世界中实体的属性对应程序空间的变量，而其功能则对应于程序空间的函数。为了便于理解，这里采用的是面向过程编程的例子进行阐述。如果是面向对象编程，其映射的策略要加以改进。简单来说，就是将客观世界中实体的集合抽象成为程序空间中的类。其好处是可以提高代码的复用性和可扩展性。比如说，如果还需要计算学生的平均体重，按照面向过程编程方式，则所有代码需要重新写一遍；而采用面向对象的编程方式，则只需在原有代码上略加修改即可，已有的代码无须重写。通过上述讨论可知，编程的通用思想就是将客观物理世界中的实体映射到程序空间，从而达到实现具体功能的目的。以面向对象编程为例，面向对象编程的通用思想就是通过编写类，将描述实体的属性映射为程序空间的变量，将实体的功能映射为程序空间中的函数，从而实现具体的功能。

4.1.2　编程语言的通用架构

接下来讨论第 2 个问题：**不同编程语言之间的通用架构**。需要指出的是，为便于读者理解，本书中使用了编程语言的通用架构这一说法。实际上，要归纳出种类繁多的编程语言的通用架构是非常困难的，这里将"编程语言的通用架构"理解为"编程语言之间的共性"更为合适。归纳和掌握不同编程语言之间共性的目的是做到触类旁通，当学会一种编程语言后能够很快地学会其他编程语言；甚至于学会一种编程语言后，对于其他编程语言，只须查一查该编程语言的官方文档就可以上手。

◆　**编程语言分类**

计算机的编程语言层出不穷，根据其出现时间的先后顺序大致可以分为三类：面向机器的编程语言、面向过程的编程语言、面向对象的编程语言。

（1）面向机器的编程语言。为一种 CPU 指令系统，也称为 CPU 的机器语言，它是 CPU 可以识别的一组由 0 和 1 序列构成的指令码。用机器语言编写程序，就是从所使用的 CPU 指令系统中挑选合适的指令，组成一个指令序列。这种程序可以被机器直接理解并执行，速度很快，但由于它们不够直观、不便记忆、难以理解、不易查错、开发周期长，所以现在只有专业人员在编写对于执行速度有很高要求的程序时才采用。例如汇编语言就是一种面向机器的编程语言。

（2）面向过程的编程语言。也称为结构化程序设计语言，是高级语言的一种。在面向过程程序设计中，问题被看作一系列需要完成的任务，函数则用于完成这些任务，解决问题的焦点集中于函数。面向过程的编程语言采用自顶向下、逐步求解的程序设计方法，使用三种基本控制结构构造程序，即任何程序都可由顺序、选择、循环三种基本控制结构构造。例如，C 语言就是一种面向过程的编程语言。

（3）面向对象的编程语言。为一类以对象作为基本程序结构单位的程序设计语言。所谓对象就是客观物理世界中的实体，例如计算一个班级所有学生的平均成绩，那么一个学生就是一个对象。面向对象的编程语言不去考虑解决问题是怎样一步一步实现的，它关心的是研究的对象，通过抽象出对象集合的共同属性和功能，从而构造类，通过将类实例化来解决所要解决的问题。典型的面向对象的编程语言有 C++、Java等。面向对象的编程语言的典型特点是封装性、多态性、继承性。面向对象的编程语言与面向过程的编程语言的本质差别在于：面向过程的编程语言关心的是解决问题的流程或者步骤，而面向对象的编程语言关心的是所研究对象群体的共同特点。

如上所述，编程语言可分为三个主要的类别，每个类别下又包含很多种编程语言。每种编程语言都有自己的优缺点，很难做到一种编程语言"包打天下，一统江湖"。例如，汇编语言的优点是执行效率高，直接面向底层机器指令，缺点是属于底层语言，不够高级，编写困难，可移植性差；C 语言的优点是执行效率较高，编程难度相比汇编语言较小，缺点是封装性差而导致安全性不够高，主要面向过程编程等；C++ 语言的优点是可面向对象编程，安全性高，代码可继承性强，具有多态性，缺点是执行效率不如汇编语言和 C 语言高。正是因为各种编程语言都具有自己的优缺点，所以造就了编程语言"百花齐放、争奇斗艳"的局面。那么，是不是每种编程语言都要去学，或者说主流的编程语言是否要去学一遍呢？这个大可不必。这就像盖房子一样，虽然房子有不同类型，但其实它们的架构大体类似，都由地基、主体框架、承重墙、门、窗等组成。所以，为什么工人们能够建造不同类型的房子，是因为他们明白不同类型的房子其架构大致类似。如果把一种编程语言想象为一幢房子，那么不同的编程语言是否有共性或者说是否有比较通用的架构呢？答案是肯定的。那么，我们就没有必要去学习各种编程语言，而是只要掌握了编程语言的通用架构，拿这个通用结构拓展到不同的编程语言，根据不同编程语言的特点加以改动就可以轻松地学会各种编程语言了。

◆ 编程语言通用架构组成

编程语言的通用架构如图 4-2 所示，该架构宏观上可以分为两个层次：核心层、扩

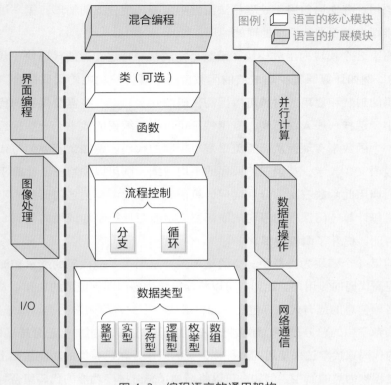

图 4-2　编程语言的通用架构

展层。该图中用虚线圈住的部分为核心层，其余部分为扩展层。核心层由核心模块组成（用白色的长方体表示），扩展层由扩展模块组成（用彩色的长方体表示）。

（1）**核心层。自底向上可将其分为数据类型、流程控制、函数、类 4 个核心模块。** 核心层的第 1 个模块为数据类型模块，包含了整型、实型、字符型、逻辑型、枚举型、数组、结构体等数据类型。注意：每种编程语言所包含的数据类型略有差异，上面只列出了大部分编程语言通常包含的数据类型。有些编程语言包含的数据类型比上面列出的多，有些则比上面的少。例如 MATLAB 语言中不能够直接定义整型变量，只要申请变量，系统就会将变量默认定义为 double 类型，如果强制性地定义整型变量则会报错。如果想生成整型变量则必须先生成 double 类型，然后再进行类型强制转换。需要解释的是，之所以可以将数组和结构体理解为复杂数据类型，原因在于：数组是相同类型数据的集合，结构体则是不同类型数据的集合。

核心层的第 2 个模块为流程控制模块，该模块主要包含分支语句与循环语句两种不同类型的语句。分支语句用于处理算法流程中需要产生分支的情形，循环语句则用于处理算法流程中需要进行循环处理的情形。

核心层的第 3 个模块为函数模块。函数是完成某一特定功能的代码块（代码块即代码的集合），例如计算课程平均成绩的函数就是实现这一功能的代码集合。函数被用于进行代码的封装和复用。封装可以提高代码的安全性，一些需要保密的代码可以封装在函数中，这样一般人看不到；复用性则可以提高编程的效率，一些相近的功能可以调用同一个函数来实现，从而避免重复写相同的代码。例如，若要编写代码分别计算一个班级语文、数学、英语三门课程的平均成绩，则可以先写一个计算平均成绩的函数，然后调用此函数三次，分别实现计算语文、数学、英语各门课程的平均成绩，这样就不必每计算一门课程的平均成绩都要去重复写计算平均成绩的代码，从而避免了重复性劳动，提升了编程效率。

核心层的第 4 个模块为类模块。类的出现主要是为了实现代码的继承和派生，这可以极大地提高代码的复用性。比如，可以将计算学生各门课程成绩的总和以及显示学生学号、姓名等信息的已有代码打包在一起，形成一个类，称为学生类。基于这样一个类，要实现高考学生的总分排序，那么把已有的代码拿过来，再加上总分排序的功能就可。将已有的代码直接拿过来使用的过程称为类的继承，在已有类的功能基础上再添加新的功能的过程称为类的派生。例如，可以将增加了总分排序功能的代码集合打包后称为高中生类。这里由学生类派生出了高中生类，高中生类继承于学生类。

（2）**扩展层。包含了 I/O（input/output，即输入 / 输出）、图像处理、界面编程、网络通信、数据库操作、并行计算、混合编程等模块。**扩展层是编程语言实现功能拓展的模块集合。I/O 模块是为了实现数据和文件的输入 / 输出。图像处理模块则是为了使该编程语言具有图像、视频处理和显示功能。界面编程模块是为了给编写的程序加上界面，以实现方便而友好地与用户进行交互，主要包括为用户展示计算结果以及获得用户的界面输入等。网络通信模块则使该编程语言具备网络通信的功能，能够实现数据的网络传输，这是实现网页浏览、网络聊天等功能的基础。数据库操作模块使该编程语言能够对数据库进行操作，实现数据的增加、删除、修改、查询等功能。并行计算模块使该编程语言能够进行并行计算，提升数据处理的效率。混合编程模块则使该编程语言能够与其他语言进行混合编程，实现不同编程语言之间的相互调用，例如利用 C++ 语言中的混合编程模块实现在 C++ 代码中调用 Python 代码。

需要指出的是，不同的编程语言其架构会略有差异，无须用图 4-2 所示通用架构去非常严格地对应各种编程语言的架构。每门编程语言都有自己的特色，架构上略有差异正是其具有自身特色的直接反映。但总的来说，常用编程语言的架构与图 4-2 所示的通用架构大致接近，所以只要根据这一通用架构去学习具体的编程语言，就可做到了然于胸、思路清晰、事半功倍。假设你要学 C++ 语言，按照此通用架构，首先要搞清楚 C++ 中有哪些基本的数据类型，分别怎么去定义各种数据类型的变量以及给这些变量赋值；接下来，弄清楚 C++ 中分支和循环语句有哪些，分别怎么实现；然后，掌握 C++ 中定义和实现函数的方法；接下来，弄清楚 C++ 中类的基本概念、定义和实现方法，弄明白类的继承和派生的作用及实现方法。通过上面这些学习过程基本上掌握了 C++ 的核心架构，C++ 的内容就已经掌握了一大半。此外，还需要理解 C++ 实现外围扩展功能的基本方法，例如 I/O、图像处理、界面编程、网络通信、数据库操作、并行计算、混合编程等功能。如果你学会 C++ 后还希望学习 Java 语言，那么只须根据编程语言的通用架构重复上述步骤，就可非常容易地掌握 Java 语言。从上面的过程不难发现，学完一门编程语言之后，再学其他的编程语言只需将编程语言的通用架构拓展到你想学的编程语言即可，基本只须查一下该语言的官方文档，搞清楚通用架构中的各个模块如何实现，就能迅速上手该编程语言。这也就是所谓的"以不变应万变"。学习编程关键就是要掌握编程语言的通用架构。

4.1.3　编程规范与程序员的自我修养

紧接着，讨论第 3 个问题：什么样的代码是好的代码，什么样的程序员是优秀的程序员？ 先看图 4-3a 中的代码，你能明白这段代码要做什么事情吗？再看图 4-3b 中的代码，你可以知道这段代码在做什么吗？显然图 4-3a 中的代码所代表的实际含义是不清晰的，而图 4-3b 中的代码即使是没有学过编程的人也可以搞明白，这是在计算水果的总

```
int a=3;
int b=2;
int c=a*b;
```

```
int price=3;
int weight=2;
int fruitCost=price*weight;
```

(a) 不规范的代码　　　　　(b) 规范的代码

图 4-3　不同风格的代码示例

价。造成这种结果的差异的原因是图 4-3a 中的代码命名变量时没有明确含义，不符合编程对于变量命名的规范。通过对比两段代码，谁好谁差，高下立判。

◆ **什么是好的代码**

好的代码如同一件艺术品，具有美感。好的代码必须符合以下几个原则：

（1）具有规范性，代码的编写严格遵守编程规范。

（2）具有易读性，代码阅读起来让人赏心悦目。

（3）具有友好性，编写的代码能够从代码阅读者和使用者的角度出发充分考虑他们的需求和困难。

（4）具有安全性，代码必须安全可靠，没有漏洞。

（5）具有高效性，编写的代码必须运行时间尽可能短。

（6）具有易维护性，编写的代码必须便于维护。

（7）具有可扩展性，编写的代码充分考虑后续升级和扩展的需求，预留足够的扩展接口。

（8）具有易用性，编写的代码必须使用方便。

◆ **什么是编程规范**

编程规范就是编程时大家必须遵守的编程规则，包括变量的命名规则、函数的命名规则、类的命名规则、代码的对齐规则等。遵守编程规范好比同别人交流时必须说同样的语言一样，否则就会无法交流，无法理解彼此说话的含义。代码写出来不是为了炫技，也不是为了自我欣赏来获得成就感，而是为了给别人看、给别人用。如果写的代码不遵守编程规范，别人就很难看得懂、很难看得下去。一个编程项目，往往需要一个团队来完成，团队成员必须分工明确、相互配合。每个人先完成自己负责的功能，最后再把每个人的代码集成到一起。如果你写的代码仅自己看得懂，大家怎么相互交流和配合呢？别人看不懂你的代码，又怎么将你的代码集成到一个系统里呢？更甚至于，如果你写的代码只有自己能看懂，别人又怎么放心用你写的代码呢？所以这里提醒各位读者，写代码之前必须先阅读编程规范，知道什么是好的代码；否则，如果不先熟悉编程规范，一上来就随意乱写代码，那就不是写代码，而是随手涂鸦了！编程规范很重要，那么编程规范从哪里来呢？编程规范是每个项目团队自己协商约定好的编程标准。不同的公司有自己的编程规范，比如谷歌有谷歌的编程规范，华为有华为的编程规范，阿里巴巴有阿里巴巴的编程规范。这些规范从网上都能够搜索到。如果有时间，你可以下载并阅读。虽然不同公司各有自己的编程规范，但这些规范也大同小异，因为大部分的编程规范是大家必须共同遵守的。关于通用的编程规范可以参考如下：

- 《代码整洁之道》[1]是一本著名的关于编程规范和经验总结的图书，该书描述了关于怎样才能写出简洁而高质量代码的法则，适合有一定编程经验的人阅读。初学者也可以阅读此书，由于初学者没有编程实战经验，第一遍阅读此书时可能会觉得质量一般，但当你有了一定编程经验后再阅读此书，结合自己的亲身体会和书中的经验，你想必会将作者的经验总结奉为至理名言。

- 在《C++ 编程规范：101 条规则、准则与最佳实践》[2]中，两位全世界著名的 C++ 专家将全球 C++ 社区的集体智慧和经验凝结成一整套编程规范。这些规范可以作为每一个开发团队制定实际开发规范的基础，更是每一位 C++ 程序员应该遵循的编程准则。

- 《阿里巴巴 Java 开发手册》[3]以码出高效、码出质量为目标。它结合作者的开发经验和架构历程，提炼阿里巴巴集团技术团队的集体编程经验和软件设计智慧，浓缩成立体的编程规范和最佳实践。该手册以开发者为中心视角，划分为编程规约、异常日志、单元测试、安全规约、MySQL 数据库、工程结构、设计规约七个维度，每个条目下有相应的扩展解释和说明、正例和反例，能有效地帮助开发者迅速成长，也能够帮助团队有效形成代码规约文化。

- *The Java Language Specification: Java SE*[4]是一本全方位描述 Java 编程规范的图书。作者以 Java 语言的编程架构为线索，依次介绍各部分需要注意的编程规范和编程要点。全书结构清晰，写作详尽而友好，值得一读。

▶ 阿里巴巴编程规范课程也值得学习。该课程视频网址为 https://www.bilibili.com/video/BV1c54y1r7ot?p=1。

◆ **什么是好的程序员**

好的程序员具备以下特质：

（1）写出的代码架构清晰，各部分实现什么功能一目了然。

（2）编写的代码严格遵守编程规范，就算没有学过编程的人阅读他的代码也会觉得赏心悦目。

（3）写出的代码简洁而高效，能够用最少的代码完整而严谨地实现所要求的功能。

（4）逻辑思维清晰，善于从待解决的复杂问题中抽象出解决问题的算法。

（5）知识全面，而不仅仅局限于某个领域，因为不同领域之间是可以相互借鉴的。

（6）能够与时俱进，因为计算机领域的知识更新速度越来越快，不学习就会被时代所淘汰。

4.1.4　编程领域的划分

最后看第 4 个问题：整个编程领域到底包含哪几个子领域？为什么这个问题重要呢？因为只有先搞清楚整个编程领域到底包含哪几个子领域，才能明白你将来要从事哪个子领域的编程工作，才知道究竟应该怎么学。编程是一个非常广泛的领域，要学的内容实在太多、太杂。作为一名学习编程的新手，如果对编程的领域和各领域要学的内容没有一个宏观的、整体的认识，一上来就贸然开始学习，会非常容易迷失方向。

每个编程子领域需要的编程技能是不一样的，必须有针对性地进行学习和训练，这样才能"集中火力，攻下山头"，拥有自己的一席之地。如图 4-4 所示，可以将整个编程领域分为桌面端编程、Web 端编程、移动端编程三个子领域。桌面端编程一般是指编写在PC 端运行的应用程序，例如 exe 程序等；Web 端编程是指编写网页等在网站服务器上运行的程序；移动端编程则主要是指编写在手机、平板电脑等移动端上运行的程序，例如各种 APP 等。

编程的每个子领域需要掌握的编程语言和编程工具差别非常大。决定进入某个子领域后，很多人会搞不清楚到底需要学习什么样的编程语言及掌握什么样的编程工具，一头雾水，没有清晰的学习路线。为此，非常有必要从宏观的视角，直观而清晰地呈现编程的每个子领域的编程语言和工具。如图 4-4 所示，该图分别从编程主体语言、界面编程使用的工具、后台数据操作使用的编程语言三个方面进行了可视化的呈现。注意，该图只是列出了每个编程子领域进行项目开发时主流的开发环境、编程语言、界面编程工具、对后端数据库进行操作时使用的编程语言，并不是说只能使用这些开发环境、编程语言、界面编程工具，读者也可以使用图中未列出的开发环境、编程语言、界面编程工具进行项目开发。所谓主体语言是指在进行某个项目开发时，处于主要位置且贯穿始终使用的编程语言。例如，开发一个人脸识别的软件时，程序的主体框架使用 C++ 来编写，程序的某些子部分使用 Python 语言来实现特定的算法。即需要在 C++ 的主体框架中调用 Python，此时 C++ 就是该项目的主体语言。

首先看桌面端编程。进行桌面端编程项目的开发时，使用的主体语言主要是 C++ 或 C等，尤其在从事 AI 领域桌面端编程项目的开发时，使用最多的是 C++ 语言。读者若从事AI 领域的桌面端编程项目开发，必须熟练掌握好 C++ 语言。编写桌面端软件使用的界面编程工具主要包括了 Qt、MFC 等。MFC（Microsoft Foundation Classes），即微软基础类库，是微软公司提供的一个类库，以 C++ 类的形式封装了 Windows API，并

图 4-4　编程主要子领域可选的编程语言和工具示例

且包含一个应用程序框架，以减少应用程序开发人员的工作量。其中包含大量 Windows 句柄封装类和很多 Windows 的内建控件和组件的封装类。开发者在使用 Visual Studio 进行桌面端项目开发时，可以非常方便地使用 MFC 进行窗口界面的开发。MFC 的缺点是不支持跨平台，即在 Visual Studio 下使用 MFC 编写的界面，在 Linux 下需要重新编译。Qt 是 1991 年由 Qt Company 开发的一个跨平台 C++ 图形用户界面应用程序开发框架，可以非常方便地编写界面。相比 MFC，Qt 编写的界面更加美观，且支持跨平台运行，即可以做到一处编译、处处运行。如需利用 C++ 或者 C 进行后台数据库操作，则必须学习 SQL 语言和数据库的基本知识。

接下来看看 Web 端编程。Web 编程涉及的编程语言和编程工具非常庞杂。如果要进行 Web 项目的开发，使用比较广泛的主体语言包括 Java、ASP. NET、PHP、C# 等。其中 Java 用得最多，这就是进行 Web 编程的人大多选择学习 Java 语言的原因。Web 项目的前端界面的编写需要用到的编程语言包括 JavaScript、HTML、CSS。这三种编写 Web 前端必须使用的编程语言需要认真掌握。若要进行后台数据库操作，则必须学习 SQL 语言。

最后来讨论一下目前非常热门的移动端编程。移动端编程根据使用的操作系统的不同，可以分为 Android 移动端编程和 iOS 移动端编程。

（1）Android 移动端编程。Android 移动端编程的开发环境基于 Android Studio，使用的主体语言包括 Java 和 Kotlin 等。早期的 Android 移动端编程项目使用 Java 语言进行开发。后来，Google 公司推出了官方的编程语言 Kotlin。Kotlin 可以兼容 Java 开发的项目，支持基于 Java 语言开发完成的项目在 Kotlin 环境中运行。前端界面的编写可以使用 DroidDraw 非常方便地完成，如需对后台数据库进行操作，则需要学习 SQL 语言和移动端数据库（例如 SQLite 等）的基本知识。

（2）iOS 移动端编程。开发环境基于 Xcode，使用的主体语言包括 Objective-C 以及 Swift 等。早期 iOS 移动端项目的开发基于 Objective-C，后来苹果公司又推出了更为简单友好的 Swift 语言。iOS 移动端项目的界面可以使用 UIKit 或者 SwifUI 高效而方便地完成。如果需要操作后台数据，则读者还需要学习 SQL 语言和移动端数据库（例如 SQLite 等）的基本知识。

鉴于每个编程子领域需要的编程知识和技能非常不一样、学习方式差别也较大，4.2 节起将对这三个子领域的学习方法做详细介绍，并推荐一些常用教材方便大家学习。

在开始论述具体的编程语言之前，有几点重要的编程常识必须重点强调：

◆ **开发一个软件的主要流程**

了解开发一个软件的主要流程对于编程者而言非常重要，它能够让编程者对开发一个软件有个整体的认知。开发一个软件的主要流程包括软件前端界面设计、后台功能实现、前端和后台联合测试、软件的打包发布等步骤。

学习一门编程语言，怎样才算是基本合格了？那就是你能够利用该编程语言编写并发布自己的软件，上传到 Github 这样的开源平台，如果你的软件受到下载者的好评，那么你对这门编程语言的掌握才算合格。遵循上面软件开发的基本流程，在学习一门编程语言时，应当思考如下问题：

（1）使用这门编程语言在开发一个软件时，是怎么实现界面设计的？针对此问题，在本书后续讨论具体的编程语言该如何学习的小节当中，都会述及该语言的界面编程方式。

（2）界面中的每个功能，在后台是怎么实现的？是通过一个函数还是通过一个类？怎样将界面中的一个功能与后台的代码建立连接？

（3）怎样对开发出的软件的前端与后台进行联合测试，怎样找出软件中的 bug？

（4）测试完成后，怎样发布自己的软件？是通过发布 exe 桌面端安装程序，还是通过发布网页，还是通过发布 APP？

学习一门编程语言，如果能够想明白上面四个问题并实现和发布一个具体软件，那么你对该编程语言的掌握也就过关了。

编程类似于学开车，开车只有上路开才能真正学会，编程就是要面向实战，通过写软件和做项目才能够学会。例如，如果需要开发一个"加法器"软件来实现任意两个实数的相加，那么该软件的开发流程如图 4-5 所示。该图形象展示了开发一个软件的主要流程。首先需要设计一个"加法器"的界面；然后通过后台编写代码实现单击"等号按钮"自动求和的功能，即鼠标单击等号后将用户输入界面中的两个实数自动求和，再把结果显示在等号右边的文本框中；接下来将前端界面和后台代码进行联合测试；最后，经过测试确定程序没有问题后将程序打包生成后缀名为 exe 的软件供用户下载安装。读者在学习某一门编程语言时，建议仿照上面的流程自己编写并发布一个

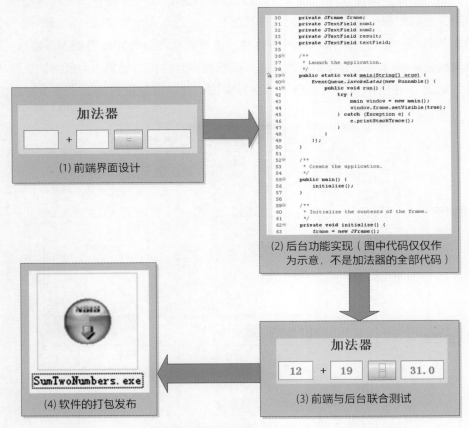

图 4-5　开发一个软件的主要流程（以开发一个加法器软件为例）

软件，如果能够达到这样的水平，则算是初步掌握了该编程语言。

◆ **编写软件界面的方式**

通常情形下，界面对于一个程序来说非常重要。"比尔·盖茨为操作系统加了一个界面就产生了微软"这样的说法或许有些夸张，但足以证明了界面对于提升软件友好性、易用性、便捷性的重要作用。一般而言，编写软件界面的方式包括拖拽控件方式、编写代码行的方式、拖拽控件与编写代码行相结合的方式。其中，拖拽控件方式是一种可视化地编写界面的方式，所见即所得；编写代码行的方式是一种非可视化地编写界面的方式，需要运行代码后才可以看到所编写界面的效果。所谓界面编程中的控件是指软件界面中常用的按钮、文本框、下拉框等组成软件界面的基本单元。

（1）**拖拽控件方式**。这种方式与搭积木非常类似，搭积木时是将一个一个小零件拼接成一个完整的物体，而拖拽控件编写界面的方式则是将一个一个控件由控件区拖拽到主界面中，然后根据自己的需求修改控件的颜色、位置、大小等属性，从而形成一个最终的软件界面。控件好比搭积木时的零件，最终的软件界面好比用积木搭建成的物体。该方式是一种可视化编写界面的方式，即拖拽得到的界面效果即为最终的软件界面效果。如图 4-6 所示，该人脸识别系统界面的构建，通过拖拽的方式将主界面需要的

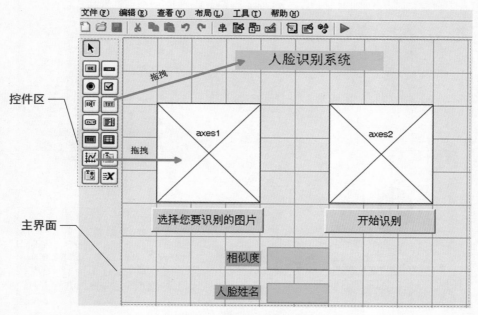

图 4-6　用拖拽控件的方式编写软件的界面

控件由控件区拖拽到主界面中即可实现，例如标题"人脸识别系统"通过将控件区的静态文本框拖拽到主界面，然后修改该静态文本框的字符属性得到最后的效果，而主界面中用于显示待识别的人脸照片的界面则通过拖拽控件区中的坐标控件到主界面中得到（即主界面区域中的 axes1）。

（2）**编写代码行的方式**。该方式的主要思想是：主界面中的每个控件都通过编写代码行来生成，并通过代码行的方式来控制控件的颜色、位置、大小等属性，界面的最终效果必须通过运行该代码查看。该方式是一种非可视化编写界面的方式，要求编程者具有较强的编程能力，对于希望快速入门界面编程的初学者不太适合。通过代码行方式编写界面的优势在于：软件界面的编写不必像拖拽控件方式编写界面那样受控件种类有限的约束（即如果你需要的控件在控件区找不到，就无法在软件界面中生成该控件），可以随心所欲地生成任何控件。这一方式适用于对编写界面要求较高的场合，能够对界面的外观和属性进行精准控制，也能够自由灵活地生成界面。

（3）**拖拽控件与编写代码行相结合的方式**。这一方式首先采用拖拽控件的方式快速搭建初始的界面，然后通过编写代码行的方式对界面中的控件进行调整，最终生成效果满足要求的界面。该方式结合了拖拽控件方式和编写代码行方式编写界面的各自优点，既能够保证编写界面的效率和便捷性，又能够保证编写界面的自由灵活性及高质量。

◆ **软件的开发工具包（SDK）与集成开发环境（IDE）**

通常情形下，无论是安装一个软件还是开发一个软件，实际上主要是做两件事情：产生 SDK（software development kit，软件开发工具包）和 IDE（integrated development environment，集成开发环境）。SDK 一般是指通过该软件编程需要使用到的库或者包，例如图形处理的库、数据库操作的库等；IDE 一般是指该软件的操作界面，即人机交互环境。以 Python 为例，图 4-7 显示了 Python 的 SDK 和 IDE，SDK 位于底层的开发工具包，即一个个文件夹；上层的 IDE 为一个编程的交互式界面，为编程人员提供友好易用的开发环境。如果是安装一个软件，一般情形下分成两步：首先安装该软件的 SDK（也即，将 SDK 解压到你的安装目录），然后再安装该软件的 IDE，并通过配置环境变量将 IDE 与 SDK连接起来。以安装 Python 为例，首先去其官方网站（简称"官网"）下载 Python安装包进行安装，然后下载 Eric（Python 的其中一种 IDE）进行安装，并配置好环境变量，将 IDE 与 SDK 进行连接。很多情形下，在安装软件时，软件的 IDE 和

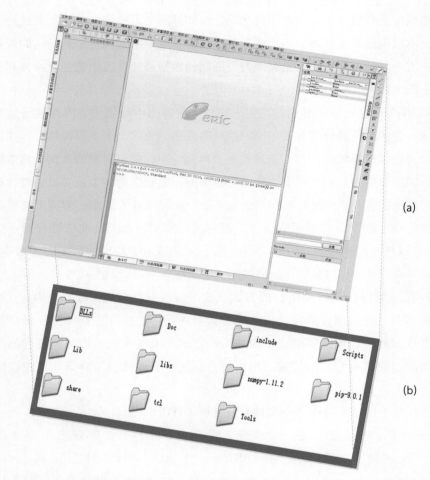

图 4-7　IDE 与 SDK 实例: (a) Python 的 IDE 界面 Eric; (b) Python 的 SDK

SDK 已集成在一个安装包里, 当用户双击后, 就同时安装了软件的 SDK 和 IDE, 所以用户没有 SDK 和 IDE 的概念。不管软件的 SDK 和 IDE 是集成在一个安装程序中, 还是分散在两个安装程序包里, 读者需要有清晰的 SDK 和 IDE 的概念, 明白安装软件时到底做了哪些事情。通过上述对软件安装过程的描述, 读者很容易想到, 如果自己去开发一个软件, 实际上需要编写两个主要的模块, 即软件的 SDK 和 IDE。具体来说, 在开发一个软件时, 首先是编写软件的界面, 形成该软件的 IDE, 然后把该软件的各个功能写成类或者函数, 相近功能的类或者函数放在一起形成一个库或者包, 例如所有数值计算的类放在一起, 组成数值计算包。不同功能的包组成该软件的 SDK。方便而友好的软件界面可以显著提升软件的可操作性、易用性及友好性。建议读者在进行软件开发时，尽量为自己的软件编写界面，即让自己的软件同时具备 SDK 和 IDE。

◆ **项目文件的组织**

在编写一个软件时，其项目文件该如何组织，即源文件的目录架构怎么设计，这是一个非常关键的问题。关于项目文件的组织，说得通俗一点就是项目的所有文件到底是怎么存放的。一般而言，一个项目会对应一个总文件夹，总文件夹下面又分几个子文件夹，子文件夹又包含子文件夹……这样一直嵌套下去。对于一个大型项目，其项目文件非常多，如何组织好这些文件的存放方式是非常有讲究的。高手在写一个软件时高度重视项目文件的组织方式。好的组织方式使软件架构清晰、容易维护，同时也使源文件之间的逻辑关系更加清晰，相互的调用效率更加高效。只有做过几个大型项目的开发，你才会对此有深刻体会。这里仅提醒大家引起重视，不做具体展开描述，如想学习此方面的知识，可以在 Github 上观摩优秀的软件或项目文件的组织架构进行学习领悟，也可以查阅编程高手写的关于项目文件组织方式的博客或文章进行学习。举个例子，如果使用 C 或者 C++ 语言进行项目开发，那么项目文件的组织可以按照如图 4-8 所示的方式进行。首先，项目的所有文件放

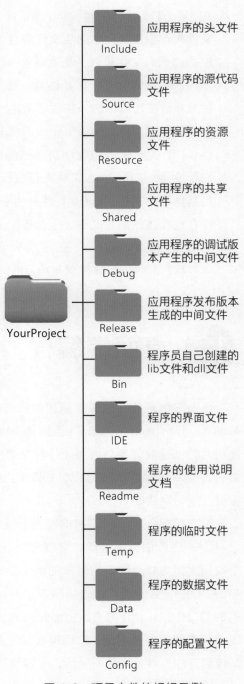

应用程序的头文件 — Include

应用程序的源代码文件 — Source

应用程序的资源文件 — Resource

应用程序的共享文件 — Shared

应用程序的调试版本产生的中间文件 — Debug

应用程序发布版本生成的中间文件 — Release

程序员自己创建的lib文件和dll文件 — Bin

程序的界面文件 — IDE

程序的使用说明文档 — Readme

程序的临时文件 — Temp

程序的数据文件 — Data

程序的配置文件 — Config

YourProject

图 4-8 项目文件的组织示例

在 YourProject 文件夹内。然后，此文件夹内可以分别放 12 个子文件夹：Include 文件夹存放应用程序的头文件集合，也就是 .h 文件集合；Source 文件夹存放应用程序的源代码文件集合，也就是 .c 或者 .cpp 文件集合；Resource 文件夹存放应用程序的一些资源文件，比如图片、视频、音频、对话框、图标以及光标等；Shared 文件夹存放应用程序的一些共享文件；Debug 文件夹存放应用程序进行调试时调试版本产生的中间文件；Release 文件夹存放应用程序进行发布时，发布版本产生的中间文件；Bin 文件夹存放程序员自己创建的 lib 文件和 dll 文件；IDE 文件夹存放程序的界面文件；Readme 文件夹存放程序的使用说明文档；Temp 文件夹用于存放程序的其他临时文件；Data 文件夹用于存放程序运行所需的数据文件；Config 文件夹用于存放程序的配置文件。上述各个文件夹还可包含子文件夹，每个子文件夹内存放若干相应的文件。注意，一个文件夹必然有一个存放的位置，即有一个对应的存放目录。所以项目文件的存放位置与项目的文件目录是等价的。

4.2 桌面端编程

桌面端编程使用最多的编程语言之一就是 C++，下面就以 C++ 作为代表来介绍桌面端编程。C++ 是常年稳居 TIOBE 编程语言排行榜前五的主流编程语言，在 IT 界被广泛使用，特别是在需要与底层硬件打交道的场合。在 AI 领域，C++ 语言是必会的编程语言之一，其重要性不言而喻。本节将重点介绍 C++ 语言的知识架构、界面编程工具、常用教材、学习路线等内容。

首先回顾一下 C++ 语言的发展历程[5]。

C++ 是 C 语言的继承，它既可以进行 C 语言面向过程的程序设计，又可以进行以抽象数据类型为特点的面向对象的程序设计。世界上第一种计算机高级语言是诞生于 1954 年的 FORTRAN 语言，之后出现了多种计算机高级语言。1970 年，AT&T Bell 实验室的 D. Ritchie 和 K. Thompson 共同发明了 C 语言。研制 C 语言的初衷是用它编写 UNIX 系统程序，因此，C 语言实际上是 UNIX 的"副产品"。它充分结合了汇编语言和高级语言的优点，高效而灵活，又容易移植。

20 世纪 70 年代中期，Bjarne Stroustrup 在剑桥大学计算机中心工作。他使用过

Simula 和 ALGOL，接触过 C。他对 Simula 的类体系感受颇深，对 ALGOL 的结构也很有研究，深知运行效率的意义。既要编程简单、正确可靠，又要运行高效、可移植，这是 Bjarne Stroustrup 的初衷。以 C 为背景，以 Simula 思想为基础，正好符合他的设想。1979 年，Bjarne Stroustrup 到了 Bell 实验室，开始从事将 C 改良为带类的 C 的工作。1983 年该语言被正式命名为 C++。

C++ 语言发展大概可以分为三个阶段，将这三个阶段的起止时间、主要发展成果等内容可视化于图 4-9 中，以便读者理解。

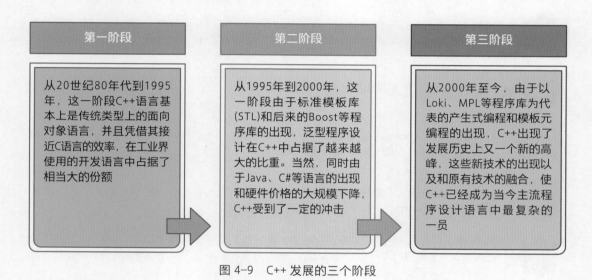

图 4-9　C++ 发展的三个阶段

图 4-10 更为详细地呈现了 C++ 主要发展年代列表。图中按照年份先后顺序展现了 C++ 发展历史上的重大事件，以便读者对 C++ 有更为深入的了解。

4.2.1　C++ 语言的知识架构

C++ 编程一般使用 Visual Studio（简称"VS"）软件。VS 是美国微软公司的开发工具包系列产品，是一个基本完整的开发工具集，它包括了整个软件生命周期中所需要的大部分工具，如统一建模语言工具、代码管控工具、集成开发环境等。所写的目标代码适用于微软支持的所有平台，包括 Microsoft Windows、Windows Mobile、Windows CE、.NET Framework、.NET Compact Framework、Microsoft

1967 年，Simula 语言中第一次出现了面向对象的概念，但由于当时软件规模还不大、技术也不太成熟，面向对象的优势并未发挥出来

1980 年，Smalltalk-80 出现后，面向对象技术才开始发挥魅力

1979 年，Bjarne Stroustrup 借鉴 Simula 中"Class"的概念，开始研究增强 C 语言，使其支持面向对象的特性。Bjarne Stroustrup 写了一个转换程序"Cfront"，把 C++ 代码转换为普通的 C 代码，并使它在各种各样的平台上立即投入使用。**1983 年**，这种语言被命名为 C++

1986 年，Bjarne Stroustrup 出版了 *The C++ Programming Language*，这时 C++ 已经开始受到关注。Bjarne Stroustrup 被誉为"C++ 之父"（Creator of C++）

1989 年，负责 C++ 标准化的 ANSI X3J16 挂牌成立

1990 年，Bjarne Stroustrup 出版了 *The Annotated C++ Reference Manual*（简称"ARM"），由于当时还没有 C++ 标准，ARM 成为事实上的标准

1990 年，Template（模板）和 Exception（异常）加入 C++ 中，使 C++ 具备了泛型编程（Generic Programming）和更好的运行期错误处理方式

1991 年，负责 C++ 语言国际标准化的技术委员会工作组 ISO/IEC JTC1/SC22/WG21 召开了第一次会议，开始进行 C++ 国际标准化的工作。从此，ANSI 和 ISO 的标准化工作保持同步，互相协调

1993 年，RTTI（运行期类型识别）和 Namespace（命名空间）加入 C++ 中

1994 年，C++ 标准草案出台。Bjarne Stroustrup 出版了 *The Design and Evolution of C++*（简称"D&E"）。本来 C++ 标准已接近完工，这时 STL（标准模板库）的建议草案被提交到标准委员会，对 STL 标准化的讨论又一次推迟了 C++ 标准的出台

1998 年，ANSI 和 ISO 终于先后批准 C++ 语言成为美国国家标准和国际标准

2000 年，Bjarne Stroustrup 推出了 *The C++ Programming Language*（特别版），书中内容根据 C++ 标准进行了更新

图 4-10　C++ 主要发展年代列表

Silverlight 和 Windows Phone。VS 是目前最流行的 Windows 平台应用程序的集成开发环境，使用 VS 可以非常方便地开发 C++ 项目。VS 软件的下载地址为 https://visualstudio.microsoft.com/。

4.1.2 节呈现了编程语言的通用架构（图 4-2），并指出学习其他编程语言，只需将该通用架构拓展到要学习的编程语言上即可。这就像我们拿了一个制造零件的模具，要做不同材质的零件，只要将这个模具作用到不同的材料中即可。请读者牢牢记住图 4-2 中编程语言的通用架构，后面论述不同编程语言的学习方法都是将该通用架构拓展到具体的编程语言中来进行的。根据这一想法，将图 4-2 中编程语言的通用架构拓展到 C++，就得到了如图 4-11 所示 C++ 语言的知识架构。下面将根据图 4-11 来描述如何学习 C++ 语言。

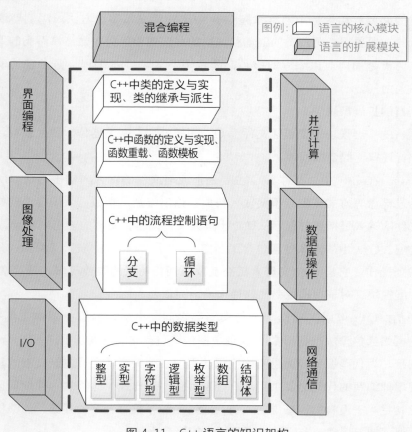

图 4-11　C++ 语言的知识架构

◆ **C++ 语言的核心模块**

（1）C++ 中的数据类型。要理解 C++ 中变量的数据类型分为哪些种类，并熟练掌握每一种数据类型的变量的声明和赋值的方法，具体来说，就必须理解整型、实型、字符型、逻辑型、枚举型、数组、结构体等变量的定义及其赋值方法。

（2）C++ 中的流程控制语句。熟练掌握 C++ 中流程控制语句的实现方法。具体来说，需要掌握分支语句、循环语句的实现方法。其中分支语句包括 if 语句、switch 语句，循环语句包括 for 语句、while 语句、do-while 语句。

（3）C++ 中函数的定义与实现、函数重载及函数模板的使用方法。熟练掌握 C++ 中函数的定义与实现，以及如何在主程序中调用自己编写的函数；掌握函数重载及函数模板的使用方法；明白使用函数的好处，会利用函数实现代码的封装。

（4）C++ 中类的定义与实现、类的继承与派生方法。理解面向对象编程的核心思想，明白使用类的必要性和优势。熟练掌握 C++ 中类的定义和实现方法。深刻理解类的派生和继承的主要思想，明白类的继承和派生的必要性和优势。熟练掌握类的继承和派生的方法。类是面向对象编程的核心，读者如果学习 C++ 编程，务必在关于类的内容上面下大力气。

◆ **C++ 语言的扩展模块**

C++ 语言的扩展模块主要包括文件 I/O、图像处理、网络通信、界面编程、数据库操作、并行计算、混合编程等。

（1）文件 I/O。在 C++ 中，文件 I/O 主要是指流与文件的输入与输出方法。所谓输入流是指通过键盘等方式往内存里面输入数据，输出流则是指数据从内存流向打印机等设备。文件的输入是指通过程序从硬盘上读入文件内容，文件的输出则相反。

（2）图像处理。C++ 中的图像处理包含了图像、动画、视频等的展示、编辑、分析、保存等一系列操作。它是 C++ 实现人机交互及可视化功能的重要手段。熟练掌握 C++ 的这个扩展模块，对于写出炫酷的软件来说至关重要。

（3）网络通信。C++ 可以实现桌面端与桌面端之间、桌面端与服务器端之间等的通信。C++ 的网络通信模块是利用 C++ 实现数据传输与存储的重要基础。

（4）界面编程。为代码编写界面是实现代码与用户之间进行快捷、友好交互的基础。如果用户使用你编写的代码必须采用运行控制台程序的方式，这将是一件烦琐且困难的事情，尤其是对于没有编程基础的人员。通过为程序编写友好的界面，能够保证你的程序具有很强的易用性、友好性，提高用户的接受程度。

（5）数据库操作。C++ 的数据库操作模块可以方便地实现对后端数据库的操作，包括与数据库建立链接，实现对数据的增加、删除、修改、查询等常见功能。这一核心功能建议读者认真学习，实现对数据库的操作是大多数软件必须具备的常见功能。

（6）并行计算。指同时使用多个计算资源来解决同一个计算问题。例如，采用多个线程或者多台计算机来处理计算所有学生平均成绩的问题。并行计算是实现大数据计算的重要手段。尤其在计算机视觉领域，利用 C++ 的并行计算功能可以实现海量图像或视频数据的处理。

（7）混合编程。指使用两种或两种以上的程序设计语言来开发应用程序的过程。例如，某个机器学习软件的主体架构采用 C++ 编写，其目的是加快程序的运行效率，但为了便捷地实现某种机器学习算法，则可以通过在主体框架的某个部分调用 Python 实现该算法的代码。这个机器学习软件就是通过 C++ 与 Python 的混合编程方式来实现的。

4.2.2　消除 C++ 编程中错误和问题的方法

在学习编程语言过程中，另外一个重要问题是当代码报错或者编程遇到问题后，应该去哪里找答案或者解决思路？读者一个本能的反应是通过百度或者谷歌去搜索报错信息或者遇到的问题，但是这种方式效率不高。更加高效的方式包括：① 查阅官方文档；② 有些在线网站将官方文档翻译成中文，并制作了非常强大的索引功能，这些网站对于解决编程的报错或遇到的问题非常方便且高效。下面具体介绍这两种方式的实现方法。

◆ **通过软件自带的官方文档查询编程错误和问题**
MSDN 是 Microsoft Developer Network 的简写。MSDN 实际上是一个以 Visual Studio 和 Windows 平台为核心整合的开发虚拟社区，包括技术文档、在线电子教程、网络虚拟实验室、微软产品下载（几乎全部的操作系统、服务器程序、应用程序和开发程序的正式版和测试版，各种驱动程序开发包和软件开发包）、Blog、BBS、MSDN WebCast、与 CMP 合作的 MSDN.HK 杂志等一系列服务。MSDN Library 是微软的一个期刊产品，专门介绍各种编程技巧和问题，可以方便地查询函数或者类的使用方法和实例；同时它也是独立于 Visual Studio 制作的唯一帮助。Visual Studio 2010 及之后版本中将 MSDN Library 改称 Help

Library，也即 MSDN Library 和 Help Library 是一回事，均指官方文档（也有人翻译为"官方手册"）。Help Library 即为 C++ 的官方帮助文档。

在编写代码时，如果遇到函数或者类的使用问题，可以双击函数名或者类名，也可选中有问题的函数或者类名再按 F1 键，就可以打开官方帮助文档进行查询。具体的查询方式分为离线查询和在线查询两种。如果已经在本地安装了 Help Library，那么按 F1 键会打开本地帮助文档进行查询；如果没有安装 Help Library，则会打开在线帮助文档进行查询。注意：官方文档均为英文，需要一定的英文阅读能力。

◆ 通过网站查询编程错误和问题

一些编程爱好者或者志愿者为了避免阅读英文 Help Library 的不便，自发将其翻译成中文，并且发布到网上。此外，在一些开发者社区或者论坛中，会有热心人回答别人编程中遇到的问题。这类网站和论坛常见的有 Microsoft C++、C 和汇编程序文档网站（网址为 https://docs.microsoft.com/zh-cn/cpp/?view=msvc-160），菜鸟教程网站（网址为 https://www.runoob.com/cplusplus/cpp-tutorial.html），微软开发者论坛（网址为 https://social.msdn.microsoft.com/forums/zh-cn/home），C++ 参考手册（网址为 https://zh.cppreference.com）。

4.2.3　通过 C++ 标准模板库代码，快速提高编程能力

练习书法者要提高自己的书法技艺，首先要临帖。类似地，要快速提高自己的编程能力，写出标准规范、质量高的代码，可借鉴 C++ 的标准模板库代码（Standard Template Library, STL）。先仔细观摩和理解 STL 中的代码，然后仿照其风格编写代码，这样就能够快速提高自己的编程能力。那么，如何下载和查看 STL 源码呢？有如下三种方式：

◆ 通过网络下载的标准库及文档查看源码

SGI 版本的 STL 源码一般来说可读性较好，读者可以首选该版本的 STL 进行学习。SGI 版本的 STL 源码可以去 GitHub 网站进行下载，网址为 https://github.com/steveLauwh/SGI-STL。此外，读者也可以从 glibc 网站下载 STL 源码进行学习，网址为 http://ftp.gnu.org/gnu/glibc。

◆ **通过已经出版的关于 STL 的图书查阅 STL 源码**

市面上有一些讲解 STL 源码的常用教材，读者也可以通过这些教材进行 STL 源码的

学习。推荐两本参考图书：侯捷编写的《STL 源码剖析》；Ivor Horton 编著、郭小虎等翻译的《C++ 标准模板库编程实战》。

◆ **通过 Visual Studio 自带的 STL 源码库查看**

可以通过 Visual Studio 安装包中自带的标准模板库来查看 STL。例如，如果你安装的是 Visual Studio 2010，就可以在 Microsoft Visual Studio 10.0\VC\crt\src 路径下找到 Visual Studio 自带的 **STL 源码库**。读者可以学习此源码库，提高自己的编程能力。

4.2.4　与 C++ 配套的界面编程工具

在 4.1 节"开发一个软件的主要流程"部分已经述及，要开发一个软件，第一步就是要为该软件编写一个界面。C++ 配套的界面编程工具常见的有 Qt 与 MFC，其中，Qt 支持跨平台；MFC 不支持跨平台，它是 Windows 系统下的界面开发工具。Qt 的官网及下载地址为 https://www.qt.io/，从该网站可以下载 Qt 安装源文件。Qt 分为试用版、开源版、商业版，试用版允许用户在试用期内免费使用，但超过试用期须付费；开源版允许用户使用 Qt 开发开源的软件，但如使用开源版开发商业软件会受到一定的限制；商业版具有比开源版更加丰富的功能，用户可以自由开发自己的商业软件。

下载 Qt 后进行安装，安装完成后双击则可打开该软件。Qt 打开后的界面如图 4-12 所示，该界面列出了一些常见的界面开发样例，使用 Qt 的开发人员可以参考这些样例进行二次开发，而不必从零开始。这既提高了开发的效率，同时也降低了开发的难度。Qt 的优势除了跨平台之外，还在于使用 Qt 既可以通过编写代码行的方式来编写软件界面，也可以采用拖拽控件的方式构建出软件界面。Qt 编写的界面中各控件的功能通过信号与槽的机制来实现，信号就是在特定情况下被发射的事件，槽就是一个对应于特定信号的被调用的函数，它负责当控件的事件被触发时执行对应的动作。Qt 的具体使用方法，读者可以参考官方的文档，也可以通过阅读 Qt 的相关教材进行学习。后续将给出 Qt 的文档网址，在 4.2.5 节中将会推荐学习 Qt 的常用教材。

Qt 的官方文档为英文，可以点击 Qt 软件菜单栏中的"帮助"进行查看，也可以通过在线网站查询，官方文档的网址为 https://doc.qt.io。

如果不习惯看英文文档，也可以查阅文档的中文翻译版，其网址为 http://qt6.digitser.net/en-US.html 或者 http://qtdocs.sourceforge.net。

图 4-12　Qt 软件的界面

在 AI 项目开发中，一般使用 Qt 联合 Visual Studio 和 OpenCV 的方式来进行计算机视觉项目的开发。为此必须先配置好开发环境，具体来说，先安装 Visual Studio，然后在 Visual Studio 下配置 OpenCV；接下来安装 Qt，然后在 Qt 下面配置好 Visual Studio 和 OpenCV。这样的配置方式，既可以使用 Visual Studio 联合 OpenCV 来开发无需软件界面的计算机视觉项目，也可以使用 Qt 联合 Visual Studio 及 OpenCV 来开发带软件界面的计算机视觉项目。具体开发环境的配置步骤，读者可以参考网上的相关教程。

与 C++ 配套的另外一个界面编程工具是 MFC。MFC 是 Visual Studio 自带的一个工具包。使用 MFC 编写界面时，可以通过拖拽控件的方式先构建出程序的界面，然后在控件的事件函数中实现该控件对应的功能。需要学习 MFC 界面编程的读者，可以查阅 Visual Studio 教材中介绍 MFC 的内容。

4.2.5　C++ 编程教材推荐及学习路线

C++ 的学习者众多，相关教材也非常繁杂。下面根据入门、提高、进阶三个层次为读者推荐一些常用的教材，以期提升学习效率。

C++ 入门教材

- 翁惠玉编著的《C++ 程序设计：思想与方法》[6]以 C++ 为语言环境，重点讲授程序设计的思想和方法，涉及过程化程序设计和面向对象程序设计。该书秉承以程序设计方法为主、程序设计语言为辅的思想，采用以问题求解引出知识点的方法，强调编程思想和知识的应用，提供了丰富的习题和实例，多章都增加了"编程规范与常见错误"小节。全书结构合理，内容通俗易懂。
- 谭浩强编写的《C++ 程序设计》[7]是一本非常适合自学的入门级教材。该书的特色是读者群定位准确，内容取舍合理，设计了读者易于学习的内容体系，并且以通俗易懂的语言阐述了许多复杂的概念，大大降低了初学者学习 C++ 的难度。
- Siddhartha Rao 编著的 *Sams Teach Yourself C++ in One Hour a Day* [8]讲解清晰，语言优美。该书分为 C++ 编程基础知识、C++ 面向对象编程基础、学习 STL、关于 STL 的更多知识、C++ 的先进概念、附录等几部分。各部分环环相扣、层层递进，完整呈现了 C++ 中由基础到深入的丰富内容。
- "C++ 之父"Bjarne Stroustrup 编写的 *Programming: Principles and Practice Using C++* [9]是经典程序设计思想与 C++ 开发实践的完美结合，是对 C++ 编程原理和技巧的全新阐述。书中全面介绍了程序设计基本原理，包括基本概念、设计和编程技术、语言特性以及标准库等。阅读此书，能够让读者学会如何编写具有输入、输出、计算以及简单图形显示等功能的程序。此外，该书通过对 C++ 思想和历史的讨论、对经典实例（如矩阵运算、文本处理、测试以及嵌入式系统程序设计）的展示，以及对 C 语言的简单描述，为读者呈现了一幅程序设计的全景图。

C++ 提高教材

- Bjarne Stroustrup 编著、裘宗燕翻译的《C++ 语言设计和演化》[10]是 C++ 设计者关于 C++ 语言的最主要著作之一。该书系统、有条理地论述了 C++ 的历史和发展过程，讨论了 C++ 中各种重要机制的本质意义和设计背景，同时阐明了这些机制的基本用途和使用方法，最后讨论了 C++ 所适合的应用领域及未来的发展前景。

- Stephen Prata 著、张海龙等翻译的《C++ Primer Plus（中文版）》[11]是一本非常著名的 C++ 入门级教材，其通过大量短小精悍的程序详细而全面地阐述了 C++ 的基本概念和技术。该书主要内容包括基础知识，基本数据类型，复合数据类型，循环和关系表达式，分支语句和逻辑运算符，函数——C++ 的编程模块，函数探幽，内存模型和名称空间，对象和类，使用类，类和动态内存分配，类继承，C++ 中的代码重用，友元、异常和其他，string 类和标准模板库，输入、输出和文件，探讨 C++ 新标准等。

- Stanley B. Lippman 等编著、王刚等翻译的《C++ Primer（中文版）》[12]是一本经典教材。Stanley B. Lippman 是全球知名的 C++ 编程大师，其编写的这本教材是一本系统阐述 C++ 编程技巧和思想的名著。该书论述全面而具有深度，适合有一定基础的 C++ 学习者进一步提高自己的编程能力使用。

- 《Essential C++（中文版）》[13]是 Stanley B. Lippman 的另外一本名著，中文版由侯捷翻译。该书以四个面向来表现 C++ 的本质：procedural（面向过程的）、generic（泛型的）、object-based（基于对象的）、object-oriented（面向对象的）。该书不仅详细介绍了 C++ 的功能和结构，同时也阐明了 C++ 语言被发明时的设计目的和基本原理。

- 侯捷编著的《STL 源码解析》[14]通过对 STL 源码的解析，详细解构了 vector、list、heap、deque、Red Black tree、hash table、set/map 等的实现方法，深入阐述了排序、查找、排列组合、数据移动与复制等多种算法的实现。此外，还对底层的 memory pool 和高阶抽象的 traits 机制做了全面的剖析。

- Ivor Horton 著、郭小虎等翻译的《C++ 标准模板库编程实战》[15]，全面介绍了 STL 的基本概念以及基于 STL 的实战技巧。该教材的主要内容包括 STL 介绍，使用序列容器，容器适配器，map 容器，set 的使用，排序、合并、搜索和分区，更多的算法，生成随机数，流操作，使用数值、时间和复数等。

C++ 进阶教材

- Brian W. Kernighan 等编著、裘宗燕翻译的《**程序设计实践**》[16]，针对程序设计过程中的风格、算法与数据结构、设计与实现、界面、除错、测试、性能、可移植性、命名等各个方面系统讨论了一些常见问题和实用技巧，适合进阶学习使用。

- Bruce Eckel 编著、刘宗田等翻译的《C++ 编程思想（两卷合订本）》[17]是 C++ 编程方面的名著。该书系统阐述了 C++ 编程思想的精髓，阅读起来难度较大，适合进阶用。

- Scott Meyers 编著、侯捷翻译的《Effective C++：改善程序与设计的 55 个具体做法》[18]是世界顶级 C++ 大师 Scott Meyers 成名之作。该书总结了改善程序与设计的 55 个具体做法，是大师的编程精华总结。

- Scott Meyers 的另外一本名著《More Effective C++：35 个改善编程与设计的有效方法》[19]也由侯捷翻译。该书系统总结了 35 个改善编程与设计的有效方法，对于提升编程能力和培养良好的编程素养非常有用。

- Scott Meyers 编著、潘爱民等翻译的《Effective STL：50 条有效使用 STL 的经验》[20]被评为"值得所有 C++ 程序员阅读的 C++ 图书之一"。该书详细讲述了使用 STL 的 50 条指导原则，并提供了透彻的分析和深刻的实例，实用性极强，是 C++ 程序员必备的基础图书。该书揭示了专家总结的一些关键规则，包括专家们总是采用的做法，以及专家们总是避免的做法。通过这些规则，程序员可以最大限度地使用 STL。

- 陆文周编著的《Qt5 开发及实例》[21]详细介绍了 Qt 的使用技巧并给出了一些综合实例，是学习 Qt 的一本优秀教材。

- 王维波编著的《Qt5.9 C++ 开发指南》[22]从 GUI 应用程序设计基础开始讲起，到 Qt 类库概述、常用界面设计组件，再到 Model/View 结构、对话框与多窗体设计、文件系统和文件读写、绘图及数据可视化，最后介绍了 Qt 的一些高级应用，包括数据库操作、自定义插件和库、多线程、网络编程、多媒体等。该书是一本学习坡度较为平缓的教材，适合自学。

- 冯振等编著的《OpenCV4 快速入门》[23]是一本介绍 OpenCV 技术与应用的图书。该书从计算机视觉的视角来介绍 OpenCV 4 的学习过程，强调有的放矢，是一本偏向实战与应用的教材。

C++ 学习路线如图 4-13 所示。初级入门，英语基础比较好的读者可以先从（3）和（4）中任选一本学习；不习惯英文教材的读者，则可以从（1）和（2）中任选一本。翁惠玉的教材架构清晰、语言简洁，需要较少阅读时间；谭浩强的教材则比较详尽，学习坡度平缓，适合编程基础为零的新手。入门阶段阅读教材要快，重点放在动手实践上。

等有了一定的动手实践经验后，则可以进入中级提高阶段。中级提高阶段首先要了解 C++ 语言的发展和演化过程，所以建议读者阅读推荐图书（1），重点理解 C++ 语言每个阶

高级进阶，（1）和（2）、（3）～（5）、（6）和（7）中分别任选一本阅读，（8）必读：

（1）《程序设计实践》（Brian W. Kernighan 等著，裘宗燕译）

（2）《C++ 编程思想（两卷合订本）》（Bruce Eckel 著，刘宗田等译）

（3）《Effective C++：改善程序与设计的 55 个具体做法》（Scott Meyers 著，侯捷译）

（4）《More Effective C++：35 个改善编程与设计的有效方法》（Scott Meyers 著，侯捷译）

（5）《Effective STL：50 条有效使用 STL 的经验》（Scott Meyers 著，潘爱民等译）

（6）《Qt 5 开发及实例》（陆文周）

（7）《Qt 5.9 C++ 开发指南》（王维波）

（8）《OpenCV 4 快速入门》（冯振等）

中级提高，（1）必读，（2）～（4）、（5）和（6）中分别任选一本阅读：

（1）《C++ 语言设计和演化》（Bjarne Stroustrup 著，裘宗燕译）

（2）《C++ Primer Plus（中文版）》(Stephen Prata 著，张海龙等译）

（3）《C++ Primer（中文版）》(Stanley B. Lippman 等著，王刚等译）

（4）《Essential C++（中文版）》(Stanley B. Lippman 著，侯捷译）

（5）《STL 源码解析》（侯捷）

（6）《C++ 标准模板库编程实战》（Ivor Horton 著，郭小虎等译）

初级入门，（1）～（4）中任选一本阅读：

（1）《C++ 程序设计：思想与方法》（翁惠玉）

（2）《C++ 程序设计》（谭浩强）

（3）*Sams Teach Yourself C++ in One Hour A Day* (Siddhartha Rao)

（4）*Programming: Principles and Practice Using C++* (Bjarne Stroustrup)

图 4-13　C++ 的学习路线图

人工智能怎么学

段所吸收的新的编程理念和设计思想。同时，可以从推荐教材（2）～（4）中任选一本继续阅读，着重提高自己对于 C++ 编程思想的领悟。在中级提高阶段，一件比较重要的事情就是学习 STL，其主要目的是了解什么样的 C++ 代码是规范且高质量的，并模仿这些标准规范的高质量代码，快速提高编程水平，建议从教材（5）和（6）中任选一本学习。

在高级进阶阶段，则重点对 C++ 的高级编程技巧和编程思想进行理解、掌握。这一阶段重点要解决如何写出高质量、高效率、高安全、可扩展、可维护的 C++ 代码，达到专业人士的水平，而非依旧停留在可以随心所欲实现算法的水平上。所以，在该阶段推荐阅读世界顶级 C++ 编程大师所撰写教材，吸收他们编程思想和技巧中的精华。具体来说，（1）和（2）中任选一本阅读，以便更加深入理解 C++ 的编程思想；（3）～（5）中任选一本，这三本书是世界顶级 C++ 大师 Scott Meyers 的 "Effective 三部曲"。从书名可知，这些图书的重点是传授大师在编程中的一些高阶心得体会，其目的是教会读者写出高效率、高质量、专业级别的代码。也许刚开始阅读时会有些晦涩难懂，但是你只要坚持下来，达到了一定水平，你就能体会到编程大师所追求的编程境界。（6）和（7）是为使用 C++ 编写界面服务的，可以任选一本阅读。必须再次强调，编写软件界面非常重要，它是软件是否友好、易用的关键。很多专业软件或操作系统都是使用 Qt 开发的界面。你若掌握了 Qt 编写界面的技能，在编程中必然会大有益处，有朝一日这一技能必将成为你写出炫酷软件的核心武器。在 AI 领域，使用 C++ 联合 OpenCV 进行计算机视觉方面的项目开发是计算机视觉的主流技术之一，因此推荐读者阅读教材（8）。

4.2.6　在线课程推荐

▶ 清华大学郑莉教授的 **C++ 语言程序设计基础**课程，从 C++ 程序设计的基础讲起，由浅入深，娓娓道来，课程讲解详尽，内容生动，而且富有条理，特别适合初学者入门学习。课程视频网址为 https://www.xuetangx.com/course/THU08091000247/12424464 或者 https://space.bilibili.com/702528832。

▶ 如果希望在 C++ 编程方面得到进一步的提高，可以继续学习清华大学郑莉教授的 **C++ 语言程序设计进阶**课程。该课程是其主讲的 C++ 语言程序设计基础课程的延续，主要呈现了 C++ 编程的一些高级方法和技巧，适合对 C++ 编程有较高要求的人进行学习。课程视频网址为 https://www.xuetangx.com/course/THU08091000248/12423391。

▶ 浙江大学翁恺老师的**面向对象设计 C++** 中文课程条理清晰，语言幽默，富有吸引力，课程代入感强，容易让人学得进去、上手容易，特别适合初学者自学。课程视频网址为 https://www.bilibili.com/video/BV1yQ4y1A7ts。

4.3 Web 端编程

Java 是当前的主流编程语言之一，常年稳居 TIOBE 编程语言排行榜前五。Java 的使用领域非常广泛，包括了桌面端编程、Web 端编程、移动端编程等几乎所有的编程领域。毫不夸张地说，使用 Java 进行编程的程序员是所有编程语言中人数最多的。本节将重点描述 Java 语言的知识架构、界面编程工具、常用教材、学习路线等主要内容。

在描述主要内容之前，首先来了解下 Java 语言的发展历程[24-25]。

Java 是一门面向对象编程语言，其不仅吸收了 C++ 语言的各种优点，还摒弃了 C++ 中难以理解的多继承、指针等概念，因此 Java 语言具有功能强大和简单易用两个特征。Java 语言作为静态面向对象编程语言的代表，极好地实现了面向对象理论，允许程序员以优雅的思维方式进行复杂的编程。

Java 的创立非常具有戏剧性。1990 年 12 月 SUN 公司开始了一个名为"Stealth 计划"的内部项目，起因是该公司工程师帕特里克·诺顿被自己开发的 C 和 C 语言编译器折磨得不胜其烦，其中的 API（Application Programming Interface，应用程序接口）非常不好用。于是他决定改用 NeXT，并向公司申请了该项目。"Stealth 计划"后来被更名为"Green 计划"，并且"Java 之父"詹姆斯·高斯林（James Gosling）和麦克·舍林丹也加入了该计划。他们和其他工程师在位于美国加利福尼亚州门洛帕克市沙丘路的一个小工作室里一起研究和开发新技术。作为富有创新意识的一群人，他们将目光瞄准了下一代智能家电程序设计。项目组最初打算用 C 语言进行项目开发，但是很多成员包括 SUN 的首席科学家比尔·乔伊很快发现了一些严重的问题：① C 和可用的 API 在某些方面存在很大问题；② 项目组使用的是内嵌类型平台，可以使用的资源极其有限；③ C 语言太复杂，以致很多开发者在编写程序时经常出错；④ C 语言缺少垃圾自动回收机制；⑤ C 语言缺少可移植的安全性、分布式程序设计、多线程等功能；⑥ C 语言编写的程序无法很方便地移植到各种设备平台上。基于上述，同时考虑到项目资金的限制，比尔·乔伊建议开发一种兼具 C 语言和 Mesa 语言优点的新语言。最初，詹姆斯·高斯林试图修改和扩展 C 的功能来实现此目的，但是后来他放弃了。他决心创造出一种全新的语言，并以他办公室外的树命名为"Oak"（橡树）。

经过艰苦卓绝的努力，到了 1992 年夏天，项目组已经能够演示新平台的一部分，包括 Green 操作系统，Oak 的程序设计语言和类库，以及支撑该操作系统的硬件。他们最初的计划是将该操作系统运行在一种名为 Star7 且类似 PDA（Personal Digital Assistant，个人数字助理）的设备上。这种设备的特点是具有鲜艳的图形界面，同时使用被称为"Duke"的智能代理来帮助用户。1992 年 12 月 3 日，项目组使用这种设备进行了展示。同年 11 月，Green 计划被转化成一个 SUN 公司的全资子公司即 FirstPerson 有限公司。项目组随即被重新安排到了帕洛阿尔托。FirstPerson 团队对建造一种高度互动的设备颇感兴趣。在时代华纳发布关于电视机顶盒的征求提议书时，FirstPerson 团队随即敏锐地觉察到了机会，于是提出了一个机顶盒平台的提议。遗憾的是，有线电视业界觉得 FirstPerson 的平台会释放过多的控制权给用户，因此 FirstPerson 的投标败给了 SGI。雪上加霜的是，与 3DO 公司的另外一笔关于机顶盒的交易也没能获得成功。FirstPerson 走到了山穷水尽、没有资金支持继续研究的地步，于是 FirstPerson 公司被并购回 SUN 公司。

1994 年的 6—7 月，在经历了一场历时三天的激烈讨论之后，项目组决定再一次改变努力的方向。这次他们决定将该技术应用于万维网。他们认为随着 Mosaic 浏览器的到来，因特网正在向高度互动的目标演进，而这一远景正是他们在有线电视网中看到的。于是，帕特里克·诺顿写了一个小型万维网浏览器原型，即 WebRunner。后来，又被更名为 HotJava。同年，Oak 语言被更名为 Java。1994 年 10 月，项目组向公司高层演示了 HotJava 和 Java 平台。

1995 年 5 月 23 日的 SunWorld 大会上，SUN 公司的科学指导约翰·盖吉宣告了 Java 技术的诞生。1996 年 1 月，Sun 公司成立了 Java 业务集团，专门开发 Java 技术。

为了让读者对 Java 的发展历程有更为清晰的了解，图 4-14 按照年份的先后顺序展现了 Java 发展历史上的各个版本及其相关技术的改进。

4.3.1 Java 语言的知识架构

Java 编程一般使用 IntelliJ IDEA 或 Ecplise 软件，本书将使用 Ecplise 进行

JDK 1.0 1996 年 1 月 23 日，JDK 1.0 发布，代表技术包括 Java 虚拟机（Sun Classic VM）、Applet、AWT 等

JDK 1.1 1997 年 2 月 19 日，JDK 1.1 发布，代表技术包括 Jar 文件格式、JDBC、JavaBeans、RMI、内部类、反射等。JDK 1.1 一共发布了 1.1.0～1.1.8 九个版本，从 1.1.4 之后，每个 JDK 版本都有自己的一个代号

JDK 1.2 1998 年 12 月 4 日，JDK 1.2 发布，这个版本把 Java 技术体系分为三部分，即 J2SE（面向桌面应用开发）、J2EE（面向企业级开发）、J2ME（面向移动终端开发），代表技术包括 EJB、Java Plugin-in、Java IDL、Swing、内置 JIT 编译器、Collections 集合类等

JDK 1.3 2000 年 5 月 8 日，JDK 1.3 发布，从这个版本开始 HotSpot 成为 JDK 的默认虚拟机，代表技术有 JNDI、Timer、Java 2D、JavaSound、数学运算等

JDK 1.4 2002 年 2 月 13 日，JDK 1.4 发布，这是 Java 真正走向成熟的一个版本，代表技术包括正则表达式、异常链、NIO、日志类、XML 解析器和 XSLT 转换器等

JDK 1.5 2004 年 9 月 30 日，JDK 1.5 发布，代表技术有自动装箱、泛型、动态注解、枚举、可变长参数、增强 for 循环等。这个版本还改进了 Java 的内存模型，提供了 java.util.concurrent 并发包等

JDK 6 2006 年 12 月 11 日，JDK 6 发布，从这个版本开始，J2SE、J2EE、J2ME 的称呼将不再使用，启用 Java SE、Java EE、Java ME 的命名方式。另外，JDK 的公开版本号也变成 JDK 6、JDK 7 这样的命名方式

JDK 7 2009 年 2 月 19 日，JDK 7 发布，主要改进包括提供新的 G1 收集器、升级类加载架构、Fork/Join 框架等

JDK 8 2014 年 3 月 18 日，JDK 8 发布，这又是一个里程碑式的版本，代表技术包括 Lambda 表达式、函数式编程、Stream API、新的时间类型等

JDK 9 2017 年 9 月，JDK 9 发布，加入连续跳票两个版本的 JigSaw 模块，新增了 REPL（Read-Eval-Print Loop）工具 JShell、增强 Stream API 等

JDK 10 2018 年 3 月 20 日，JDK 10 发布，这个版本的主要研发目标是内部重构，诸如统一源仓库、统一垃圾收集器接口、统一即时编译器接口（JVMCI 在 JDK 9 时已有，这里是引入新的 Graal 即时编译器）等

JDK 11 2018 年 9 月 25 日，JDK 11 发布，这是自 Java 8 后首个长期支持的版本，其中包括 ZGC 这样的革命性垃圾收集器，代表技术有本地变量类型推断（var）、Stream 加强、字符串加强、HTTP Client API 等

JDK 12 2019 年 3 月 19 日，JDK 12 发布，主要特性包括 switch 支持表达式、Java 微测试套件（JMH 等功能）

JDK 13 2019 年 9 月 13 日，JDK 13 发布，主要特性包括重新实现传统套接字 API、switch 表达式预览版、增强 ZGC 将未使用的堆内存返回给操作系统等

JDK 14 2020 年 3 月 17 日，JDK 14 发布，主要特性包括 switch 表达式最终版、增强 ZGC 收集器支持 Window/Mac、弃用 ParallelScavenge+SerialOld 的 GC 组合等

图 4-14　Java 发展年代列表

介绍。Ecplise 是免费开源的，而 IntelliJ IDEA 则需要付费使用。Eclipse 是一个开放源代码的、基于 Java 的可扩展开发平台。Eclipse 最初是由 IBM 公司开发的替代商业软件 Visual Age for Java 的下一代 IDE 开发环境，2001 年 11 月贡献给开源社区，由非营利软件供应商联盟 Eclipse 基金会管理。通过 Ecplise，可以非常方便地进行 Java 项目的开发。Ecplise 的下载地址为 https://www.eclipse.org/downloads/。

前面图 4-2 中呈现了编程语言的通用架构，学习其他编程语言只需将该通用架构拓展到要学习的编程语言上即可。将图 4-2 中编程语言的通用架构拓展到 Java 语言，得到了如图 4-15 所示 Java 语言的知识架构。下面将根据图 4-15 来描述如何学习 Java 语言。

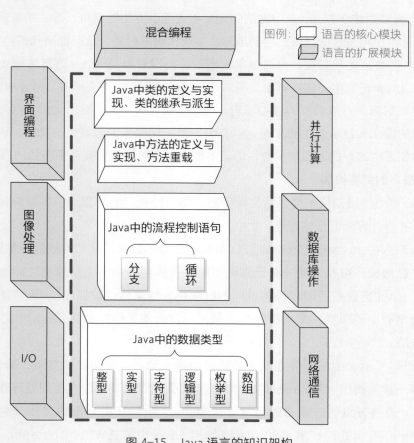

图 4-15　Java 语言的知识架构

◆ **Java 语言的核心模块**

（1）Java 中的数据类型。了解 Java 中变量的数据类型的种类，并熟练掌握不同数据类型的变量的定义和赋值的方法。也就是说，必须理解整型、实型、字符型、逻辑型、枚举型、数组的定义及其赋值方法。注意，这里将数组视为一种特殊的数据类型。与 C++ 语言相比，在 Java 中不存在结构体类型，如果需要像 C++ 语言那样使用结构体数据类型，可以通过类的功能来实现。

（2）Java 中的流程控制语句。熟练掌握 Java 中流程控制语句的实现方法。具体来说，需要掌握分支语句 if 语句、switch 语句的实现方法以及循环语句 for 语句、while 语句、do-while 语句的实现方法。

（3）Java 中方法的定义与实现、方法重载。在 Java 语言中，函数被称为方法。学习 Java，需要熟练掌握 Java 中方法的定义与实现、方法的调用、方法的重载等，明白在 Java 中使用方法的好处，会利用方法实现代码的封装，从而提高代码的安全性。

（4）Java 中类的定义与实现、类的继承与派生。面向对象是 Java 语言的核心思想和优势。在 Java 语言中一切皆对象，而对象是类的实例化，可见类在 Java 中的重要性。读者要理解面向对象编程的核心思想，熟练掌握 Java 中类的定义和实现方法。深刻理解类的派生和继承的主要思想，以及类的继承和派生的必要性、优势。认真掌握类的继承和派生的方法。理解多态性的基本概念以及通过类来实现多态性的方法。

◆ **Java 语言的扩展模块**

Java 语言的扩展模块主要包括文件 I/O、图像处理、网络通信、界面编程、数据库操作、并行计算、混合编程等。

（1）文件 I/O。在 Java 中，所有的 I/O 机制都是基于数据"流"方式进行输入 / 输出。这些"数据流"可视为同一台计算机不同设备或网络中不同计算机之间流动的数据序列。Java 把这些不同来源和目标的数据统一抽象为"数据流"。这些流序列中的数据通常有两种形式：文本流和二进制流。读者需要熟练掌握 Java 中文件 I/O 的主要方法。

（2）图像处理。Java 中的图像处理主要是指图像、动画、视频等的显示、编辑、分析、保存等一系列操作。Java 图像处理功能非常强大，很多图像、视频处理软件都是基于 Java 语言开发的。读者如果希望从事 Java 项目开发方面的工作，需要熟练掌握 Java 的图像处理扩展模块。可以使用 Java 中的 AWT（Abstract Window Toolkit，抽象窗口工具集）方便地实现绘图功能。

（3）网络通信。Java是伴随着互联网诞生而发展并强大起来的语言，其核心优势是可以非常方便地实现互联网间的网络通信，特别是网站页面与服务器端之间的通信。掌握好基于Java的网络通信技术，对于Java互联网项目的开发至关重要。

（4）界面编程。Eclipse中的SWT和JFace这两个工具包，为开发人员进行Java界面编程提供了非常强大的功能。开发者既可以采用拖拽方式实现界面的编写，也可以使用编写代码行的方式编写界面。Java编写的软件界面非常美观，很多著名的软件采用Java进行界面编程，例如，MATLAB的内核是基于C语言的，但其界面编程却是基于Java的。

（5）数据库操作。Java使用JDBC（Java Database Connectivity）包实现数据库的操作。它可以通过载入不同数据库的"驱动程序"而与不同的数据库进行连接。JDBC的优势在于对不同的数据库都具有很好的兼容性，而且可以使用同一套操作来操作不同的数据库。通过Java编程实现对数据库的操作是从事Web编程的核心内容之一，需要熟练掌握。

（6）并行计算。Java可以通过特定的计算框架实现并行计算，例如Fork/Join计算框架等。当处理大数据时，采用Java进行并行计算会显著提升计算的效率，但是当数据量较小时则无必要。作为著名的大数据计算框架之一，Hadoop就是使用Java进行开发的。掌握Java的并行计算扩展模块，对于进行大规模的数据处理是必须的。

（7）混合编程。使用Java与其他语言进行混合编程是非常常见的需求。例如在开发一个AI计算架构时，往往采用Java语言编写主体框架，而使用Java调用Python来实现具体的AI算法。这好比建造一座建筑时，主体架构使用钢材，而局部使用砖块。因此，掌握Java的混合编程技巧就显得非常有必要。

4.3.2 消除Java编程中错误和问题的方法

如果在Java编程中出现了错误和问题该如何解决？此时往往需要查询在出错处类的使用方法，共有两种方式可以进行查询：① 本地查询；② 在线查询。下面分别做一介绍。

◆ **通过软件自带的官方文档查询编程错误和问题**
在Eclipse中，选中类名然后按F4，即可查询选中类的用法。或者通过如下步骤也可查询：

选中类名→右键→打开类型层次结构。

注意：用上述方式进行查询时，查看到的是英文文档，需要较好的英语能力。

◆ **通过网站查询编程错误和问题**

在 Java 编程过程中如果出现了错误和问题，读者可以通过 Java 英文版官方文档网站进行查询，从而解决出现的错误和问题。其网址为 https://docs.oracle.com/en/java/index.html。

一些编程爱好者或者志愿者为了避免阅读英文的不便，将官方文档翻译成中文，并放在网站上供大家查询，在 Java 编程过程中如果遇到了错误和问题，读者可以查询该网站使问题得到迅速解决。网址为 https://tool.oschina.net/apidocs。

4.3.3　与 Java 配套的界面编程工具

Java 使用 Eclipse 中的 SWT（Standard Widget Toolkit，标准窗口工具集）和 JFace 库来进行 GUI 编程。SWT 是一个开源的界面编程框架，与 AWT、Swing 有相似的用处。作为最著名的开源 IDE 之一，Eclipse 就是用 SWT 开发的。采用 SWT 编写的程序界面无论在响应速度还是在美观程度上，都远远超过 AWT 和 Swing。SWT 采用了 JNI（Java Native Interface，Java 本地接口）技术，其优点在于它和本地操作系统紧密联系在一起，使用 SWT 编写的界面效果与本地操作系统窗口几乎没有区别。但 SWT 也存在一定局限，其反映的是本地操作系统的基本窗口小部件，在许多环境下这种方法太低级。解决方法是采用 JFace 库作为 SWT 库的增强库。JFace 库没有隐藏 SWT 库，而是 SWT 库的扩展，JFace 库不会与本地系统进行交互。

使用 SWT 和 JFace 进行界面编程时的界面如图 4-16 所示。可以使用编写代码行的方式编写界面，也可以使用拖拽控件的方式进行编程。图 4-16 展示了如何通过拖拽控件的方式实现两个数求和的加法器界面。该加法器可以手动输入两个加数，然后点击 "=" 来实现求和，也可以点击 "打开" 按钮，读取文本文件中的两个数自动求和。通过拖拽 "JLable" 控件到主界面中，并修改其字符属性，可以实现软件标题 "加法器"；通过拖拽 "JText" 控件到主界面中，可以实现显示求和结果的文本框。各个按钮的功能可以用按钮对应的事件函数来加以实现。

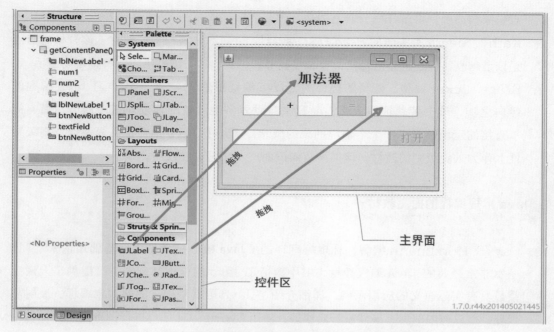

图 4-16　使用 SWT 和 JFace 进行界面编程时的界面

4.3.4　Java 编程教材推荐及学习路线

Java 是使用最为广泛的语言之一，其涉及的知识点非常繁杂。特别是从事 Java 网络编程的人员，需要涉猎的知识点非常多。"一入 Java 深似海"，这句半开玩笑的话很形象地说明了 Java 编程涉及的知识面之广。很多初学者由于功力不深，加之没有明确的学习路线，在学习过程中由于需要学的东西过多、过杂，非常容易感到迷茫，有人甚至中途迷失掉。为此，本小节首先为读者按照入门、提高、进阶的顺序推荐一些常用教材，提高大家的学习效率，然后为大家呈现 Java 的学习路线。

Java 常规编程的教材推荐及学习路线

Java 常规编程的入门教材

- 明日科技编著的《Java 从入门到精通》[26]是一本非常适合入门的教材，该教材的特点是架构清晰，讲解详尽，非常适合自学。

- Kathy Sierra 等编著的 *Head First Java* [27] 是一本非常特别的教材，该教材的特点是诙谐幽默，读起来非常轻松，有看漫画书的感觉，学习坡度平缓，特别容易上手。
- Bruce Eckel 编著、陈昊鹏翻译的《Java 编程思想》[28] 是一本学习 Java 编程的经典之作，该书荣获很多大奖，受到来自世界各地读者的喜爱。其以通俗易懂、简单直接的示例解释了一个个晦涩抽象的概念，阐述了 Java 语言基础语法以及高级特性。作为入门级别的教材，该书涉及知识面广、学习难度较高。

Java 常规编程的提高教材

- Cay S. Horstmann 编著、林琪等翻译的《Java 核心技术卷 I：基础知识》[29] 是一本非常经典的 Java 编程教材，书中囊括了 Java 的全部基础知识，提供了大量完整且具有实际意义的应用示例，详细介绍了 Java 语言基础、面向对象编程、反射与代理、接口与内部类、事件监听器模型、使用 Swing UI 工具进行图形用户界面程序设计、打包应用程序、异常处理、登录与调试、泛型编程、集合框架、多线程和并发等内容。
- Cay S. Horstmann 编著、陈昊鹏翻译的另外一本 Java 编程的权威著作《Java 核心技术卷 II：高级特性》[30] 对 Java 复杂的新特性进行了深入而全面的研究，展示了如何使用它们来构建具有专业品质的应用程序。作者所设计的经过全面完整测试的示例，反映了目前的 Java 程序风格和最佳实践。
- Joshua Bloch 编著、俞黎敏翻译《Effective Java（中文版）》[31] 是一本 Java 经典教材。该书一共包含 90 个条目，每个条目讨论 Java 程序设计中的一条规则。这些规则是最有经验的优秀程序员在编程实践中的精华总结。

Java 常规编程的进阶教材

- 周志明编著《深入理解 Java 虚拟机：JVM 高级特性与最佳实践》[32] 从工作原理和工程实践两个维度深入剖析 JVM，是计算机领域公认的经典著作。全书以实战为导向，通过大量与实际问题相结合的案例，分析和展示了解决各种 Java 技术难题的方案和技巧。

- Brian Goetz 编著、童云兰翻译的《Java 并发编程实战》[33] 是一本关于 Java 并发编程的著名教材。该书从并发性和线程安全性的基本概念出发，呈现的主要内容包括了四部分：第一部分基础知识，主要包括线程安全性、对象的共享、对象的组合、基础构建模块；第二部分结构化并发应用程序，主要包括任务执行、取消与关闭、线程池的使用、图形用户界面应用程序；第三部分活跃性、性能与测试，主要包括避免活跃性危险、性能与可伸缩性、并发程序的测试；第四部分高级主题，主要包括显式锁、构建自定义的同步工具、原子变量与非阻塞同步机制、Java 内存模型等。
- Kamalmeet Singh 编著、张小坤等翻译的《Java 设计模式及实践》[34] 是一本关于设计模式的著名教材。该书首先介绍面向对象编程和函数式编程范式，然后描述常用设计模式的经典使用方法，并解释如何利用函数式编程特性改变经典的设计模式。

Java 常规编程的学习路线如图 4-17 所示。在初级入门阶段，读者可以从教材（1）～（3）中任选一本进行学习。如果已经有一定的编程基础，建议选择《Java 编程思

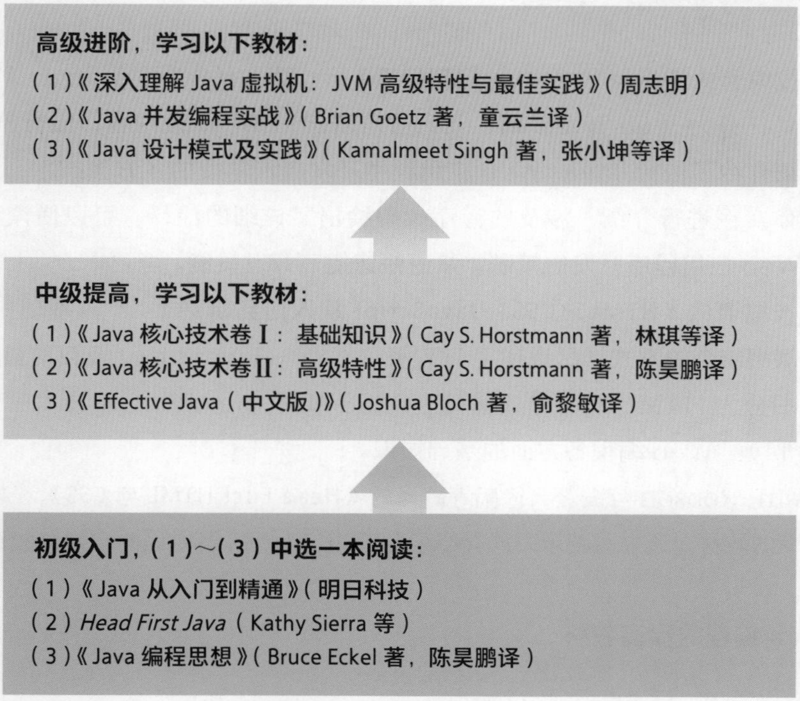

高级进阶，学习以下教材：
（1）《深入理解 Java 虚拟机：JVM 高级特性与最佳实践》（周志明）
（2）《Java 并发编程实战》（Brian Goetz 著，童云兰译）
（3）《Java 设计模式及实践》（Kamalmeet Singh 著，张小坤等译）

中级提高，学习以下教材：
（1）《Java 核心技术卷 I：基础知识》（Cay S. Horstmann 著，林琪等译）
（2）《Java 核心技术卷 II：高级特性》（Cay S. Horstmann 著，陈昊鹏译）
（3）《Effective Java（中文版）》（Joshua Bloch 著，俞黎敏译）

初级入门，（1）～（3）中选一本阅读：
（1）《Java 从入门到精通》（明日科技）
（2）*Head First Java*（Kathy Sierra 等）
（3）《Java 编程思想》（Bruce Eckel 著，陈昊鹏译）

图 4-17　Java 常规编程的学习路线图

想》；如果没有任何编程基础，则可以从《Java 从入门到精通》、*Head First Java* 中任选一本，从零基础开始入门。在中级提高阶段，通过阅读《Java 核心技术卷 I：基础知识》与《Java 核心技术卷 II：高级特性》，对 Java 的核心技术进行深入学习；该套教材是学习 Java 编程的必读经典教材，如果想使自己的 Java 编程能力从入门级别得到明显的飞跃提升，则务必认真学习这套教材，如果没有完整、足够的时间学习，可以适当跳过一些章节。如果想进一步提高自己使用 Java 进行规范编程、高效编程的能力，则可以阅读《Effective Java（中文版）》；该教材是对 Java 编程中一些精华和心得体会所做的总结，可以使读者避免"踩"Java 编程中的一些大坑。在高级进阶阶段，读者需要理解 Java 虚拟机的一些高级特性、掌握并发编程的技巧以及高阶的 Java 设计模式，读者可以学习推荐教材（1）～（3）。

Java Web 编程的教材推荐及学习路线

Java Web 编程的入门教材

- 明日科技编著的《Java Web 从入门到精通》[35] 是一本非常适合 Java Web 编程入门的教材，分为 Web 开发基础、JSP 语言基础、JSP 高级内容、流行框架四部分。该书详细介绍了进行 Java Web 应用程序开发应该掌握的各方面技术，所有知识都结合具体实例进行介绍，涉及的程序代码给出了详细的注释，可以使读者轻松领会 Java Web 应用程序开发的精髓，从而快速提高开发技能。

- 未来科技编著的《HTML5+CSS3+JavaScript 从入门到精通》[36] 以基础知识、示例、实战案例相结合的方式详尽讲述了 HTML、CSS、JavaScript 及目前最新的前端技术。全书分为 HTML 网页样式基础、CSS3 布局、JavaScript 技术三部分，详细介绍了 Java Web 编程各方面的基础知识。

- Elisabeth Robson 等编著、徐阳等翻译的《Head First HTML 与 CSS》[37] 是一本语言非常幽默的教材，该书以图示方式介绍了 HTML 和 CSS 各方面的知识，颇具趣味性。

Java Web 编程的提高教材

如果希望在 Java Web 编程方面得到进一步的提升，需要阅读 HTML、CSS、

JavaScript 方面更加深入的教材。

- Adam Freeman 著、谢廷晟等翻译的《**HTML5 权威指南**》[38] 是系统学习 HTML5 网页设计的权威教材，其详细介绍了 HTML5 基础知识及其高级特性。
- Eric A. Meyer 等著、安道翻译的《**CSS 权威指南**》[39] 是一本全面介绍 CSS 的教材，其知识体系完备，讲解详细，适合希望在 CSS 方面进一步提高的读者。
- David Flanagan 著、李松峰翻译的《**JavaScript 权威指南**》[40] 涵盖 JavaScript 语言本身，以及 Web 浏览器所实现的 JavaScript API。该书适合有一定编程经验的人阅读，特别是想让自己对 JavaScript 语言和 Web 平台的理解掌握再上一个台阶的学习者。

Java Web 编程的进阶教材

Java Web 编程的进阶涉及使用 Java 连接后端的数据库以及构建 Web 服务器方面的知识，其相关教材如下：

- 许令波编著的《**深入分析 Java Web 技术内幕**》[41] 主要围绕 Java Web 相关技术，从前端知识、Java 技术、Java 服务端技术三个方面进行了深入的阐述，基本上涵盖了 Java Web 技术的各个方面，通过学习此书读者能够对整个 Java Web 的开发过程形成一个完整的脉络图。
- Nicholas S. Williams 著、王肖峰翻译的《**Java Web 高级编程**》[42] 是一本关于 Java EE 开发的教材，其全面讲解了 Servlet、JSP、WebSockets、Spring Framework、AMQP、JPA 和 O/RM、Spring Data、全文搜索、Apache Lucene 和 Hibernate Search、Spring Security 和 OAuth 的知识，适合已经了解 Java SE、SQL 和基本的 HTML 知识，准备将自己的 Java 编程能力提升到更高水平的程序员阅读。
- 孙卫琴编著的《**Tomcat 与 Java Web 开发技术详解**》[43] 详细阐述了 Java Web 应用开发中的各类技术，该教材主要内容包括：Java Web 开发和 Tomcat 的基础知识，Java Web 开发的高级技术，在 Java Web 应用中使用第三方软件（如 Spring、Velocity 和 Log4J 等）的方法，以及 Tomcat 中的各种高级功能。

需要指出的是，Java Web 编程所涉及的计算机方面的知识实在太多，这里并没有推荐计算机网络、数据库等方面的教材，主要是为了避免推荐的教材过多，致使一些读者被"吓跑"。读者可以通过上面的推荐教材尽快掌握 Java Web 编程的核心知识和技能，在后续项目实战中如果遇到了相关问题，可以进一步阅读该问题涉及的计算机领域的相关教材。

Java Web 编程的学习路线如图 4-18 所示。在初级入门阶段，读者可以从图示三本教材中任选一本进行学习，通过较短的时间初步掌握 HTML5、CSS3 及 JavaScript 的基础知识。在中级提高阶段，读者可以通过阅读图示这三本书全面系统地学习 HTML5、CSS3 及 JavaScript 的高阶知识，三本书的厚度和难度均较大，读者需要有一定的耐心和毅力；通过此阶段的学习，读者可做到熟练掌握和运用 Java Web 编程方面的知识和技能。在高级进阶阶段，读者需要对 Java Web 编程的高级技能，例如网络数据库的高级操作技巧、Web 服务器的构建等进行学习和实践；通过学习图示这三本书，对 Java Web 编程的高级技巧进行掌握。

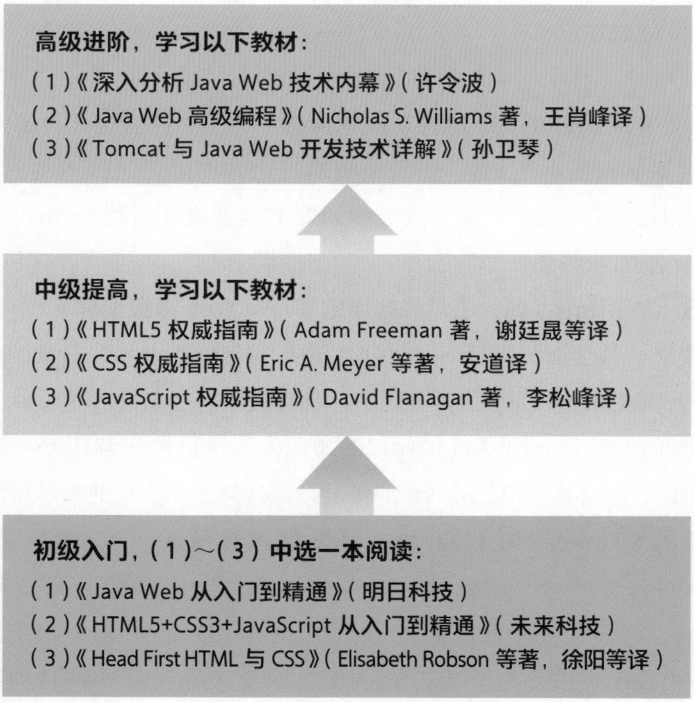

高级进阶，学习以下教材：
（1）《深入分析 Java Web 技术内幕》（许令波）
（2）《Java Web 高级编程》（Nicholas S. Williams 著，王肖峰译）
（3）《Tomcat 与 Java Web 开发技术详解》（孙卫琴）

中级提高，学习以下教材：
（1）《HTML5 权威指南》（Adam Freeman 著，谢廷晟等译）
（2）《CSS 权威指南》（Eric A. Meyer 等著，安道译）
（3）《JavaScript 权威指南》（David Flanagan 著，李松峰译）

初级入门，（1）～（3）中选一本阅读：
（1）《Java Web 从入门到精通》（明日科技）
（2）《HTML5+CSS3+JavaScript 从入门到精通》（未来科技）
（3）《Head First HTML 与 CSS》（Elisabeth Robson 等著，徐阳等译）

图 4-18　Java Web 编程的学习路线图

4.3.5 在线课程推荐

▶ 浙江大学翁恺老师的**程序设计入门——Java 语言**中文课程采用翻转课堂形式呈现，通过一个个短视频来讲述一个个知识点，形式新颖，可理解性强。课程视频网址为 https://www.bilibili.com/video/BV1PV411Z7Mj?p=1。

▶ 清华大学郑莉教授的 **Java 程序设计**中文课程，主要讲解了 Java 语言基础知识、类与对象、类的重用、接口与多态、输入与输出、对象群体的组织、图形用户界面等内容。课程体系非常完整，讲解清晰，细致而深入，富有逻辑性，可理解性强，特别适合入门学习。课程视频网址为 https://www.xuetangx.com/course/THU08091000251/12423406 或者 https://www.bilibili.com/video/BV1qW411z7Dy?p=1。

 4.4 移动端编程

移动端编程是现在新兴的主要编程领域之一，该领域聚集了非常多的开发人员。这主要得益于手机和平板电脑的快速普及，人们以前需要在台式机上完成的事情，现在都可以非常方便地在手机或平板电脑上完成。由于手机和平板电脑携带更加方便，移动端编程变得越来越重要。移动端编程主要分为 Android 编程和 iOS 编程。移动端编程的主要内容是编写 APP 以及构建与 APP 对应的后端服务器。下面分别介绍 Android 编程和 iOS 编程的常用语言、工具、常用教材及学习路线。

4.4.1 移动端编程常用语言及工具

◆ **Android 移动端编程的常用语言及工具**
首先重点讨论 Android 移动端编程的 IDE 和 SDK。Android 移动端编程的 IDE 早期采用 Eclipse 居多，后来谷歌公司推出 Android Studio。Android Studio 与 Eclipse 相比，具有很多优势，例如更快的速度、更加漂亮的界面、更加智能等。目前进行 Android 移动端编程主要使用 Android Studio。
Android 移动端编程的 SDK 主要包含 Android 软件包、Java 软件包和 Kotlin

软件包。下面介绍这三个软件包的安装：首先下载并安装最新版本的 Java 软件包，然后再安装 Android Studio。在安装 Android Studio 时，需要在安装对话框中设置好最新版本 Java 软件包的安装路径，这样 Android Studio 就能够调用最新版本的 Java 软件包。如果不需要使用最新版本的 Java 软件包，则无须事先下载并安装最新版本的 Java 软件包，可以直接在安装好 Android Studio 之后通过配置 JRE 环境的方式来安装 Java 软件包。Kotlin 软件包的安装则可以通过在 Android Studio 中安装 Kotlin 插件的方式来进行。

进行上述开发环境配置后，即可使用 Android Studio 开发在 Android 系统上运行的 APP，使用的主要编程语言为 Kotlin。维护一些早期的 Android 项目，可能还需要使用 Java 语言。

除了设备上的 APP 开发外，移动端编程还包含了后端服务器的开发。后端服务器的开发与常规网络服务器的开发差异不是特别大，这里不再赘述。

◆ **iOS 移动端编程的常用语言及工具**

iOS 移动端编程的 IDE 采用的是 Xcode，安装好 Xcode 后先新建项目，然后在项目语言中选择 Swift 或 Objective-C，即可进行 Swift 或 Objective-C 项目的开发。iOS 项目的开发一般需要苹果电脑和 iPhone 手机，这些设备较昂贵。对于初学者，也可以在 Windows 电脑上通过安装虚拟机 VMWare，然后再安装 macOS 解决。具体步骤可以在网上搜索相关教程。与 Android 移动端编程类似，iOS 移动端编程也包含了后端服务器的开发。如果进行后端服务器的开发，还必须了解网络服务器的构建方法，学习数据库的操作方法。

4.4.2　移动端编程教材推荐及学习路线

Android 移动端编程教材推荐及学习路线

- 郭霖编著的《第一行代码 Android》[44]是一本广受欢迎的教材。该教材组织架构合理，内容由浅入深，全面介绍了进行 Android 软件开发必须具备的知识、经验和技巧。

- 欧阳燊编著的《Android Studio 开发实战：从零基础到 App 上线》[45]是一本介绍 Android 开发的实战教程。该教材分为两部分：第一部分第 1 ~ 8 章，介绍 Android Studio 开发的基础知识，主要描述了 Android Studio 环境搭建、初级控件、中级控件、数据存储、高级控件、自定义控件、组合控件、调试与上线等内容；第二部分第 9～16 章，详细介绍了 APP 开发的设备操作、网络通信、事件、动画、多媒体、融合技术、第三方开发包、性能优化等内容。

- Dmitry Jemerov 等编著、覃宇等翻译的《**Kotlin 实战**》[46] 由浅入深，首先呈现了 Kotlin 语言的基本特性，然后讲解了 Kotlin 语言的高级特性。该书实战性强，主要内容包括 Kotlin 简介，Kotlin 基础，函数的定义与调用，类、对象和接口，Lambda 编程，Kotlin 的类型系统，运算符重载及其他约定，高阶函数——Lambda 作为形参和返回值，泛型，注解与反射，DSL 构建等。

- Kristin Marsicano 等编著、王明发翻译的《**Android 编程权威指南**》[47] 是一本完全面向实战的 Android 编程权威指南。全书详细介绍了 Android 实际应用的开发过程，从这些精心设计的应用中，读者可掌握到重要的理论知识和开发技巧、获得宝贵的开发经验。

- 刘望舒编著的《**Android 进阶之光**》[48] 是一本带领读者逐步进阶 Android 学习的教材，该书架构完整、条理清晰。其主要内容包括 Android 新特性，Material Design，View 体系与自定义 View，多线程编程，网络编程与网络框架，设计模式，事件总线，函数式编程，注解与依赖注入框架，应用架构设计，系统架构与 MediaPlayer 框架等。

- 邓凡平编著的《**深入理解 Android：Java 虚拟机 ART**》[49] 对 ART 虚拟机的架构设计和实现原理进行了细致入微的分析。该书主要内容包括开发环境和工具配置，深入理解 Class 文件格式，深入理解 Dex 文件格式，深入理解 ELF 文件格式，认识 C++，编译 dex 字节码为机器码，虚拟机的创建，虚拟机的启动，深入理解 dex2oat，解释执行和 JIT，ART 中的 JNI，CheckPoints、线程同步及信号处理，内存分配与释放，ART 中的 GC 等。

- 任玉刚编著的《**Android 开发艺术探索**》[50] 是一本适合 Android 进阶学习的图书，其采用理论、源码和实践相结合的方式来阐述高水准的 Android 应用开发要点。该教材主要内容包括：对 Android 开发中的一些难点知识进行了介绍；对 Android 源代码和应用层开发过程中的一些高阶知识进行了阐述；介绍了一些核心技术和 Android 的性能优化思想。该教材侧重于 Android 知识的体系化和系统工作机制的分析。

- 林学森编著的《**深入理解 Android 内核设计思想（上、下册）**》[51] 从操作系统的基础知识入手，全面剖析进程 / 线程、内存管理、Binder 机制、GUI 显示系统、多媒体管理、输入系统、虚拟机等核心技术在 Android 中的实现原理。该套教材主要分为编译篇、系统原理篇、应用原理篇、系统工具篇，基本涵盖了参与 Android 开发须具备的所有知识，并通过大量图片与实例来引导读者学习，以求尽量在源码分析外为读者提供更易于理解的思维方式。

- 何红辉等编著的《Android 源码设计模式解析与实战》[52] 深入介绍了 Android 源代码的设计模式，包括面向对象的六大原则、主流的设计模式以及 MVC、MVP 模式。其主要内容包括优化代码的第一步、开闭原则、里氏替换原则、依赖倒置原则、接口隔离原则、迪米特原则、单例模式、Builder 模式、原型模式、工厂方法模式、抽象工厂模式、策略模式、状态模式、责任链模式、解释器模式、命令模式、观察者模式、备忘录模式、迭代器模式、模板方法模式、访问者模式、中介者模式、代理模式、组合模式、适配器模式、装饰模式、享元模式、外观模式、桥接模式、MVC 介绍与实战、MVP 应用架构模式等。

Android 移动端编程的学习路线图如图 4-19 所示。在初级入门阶段，首先从教材

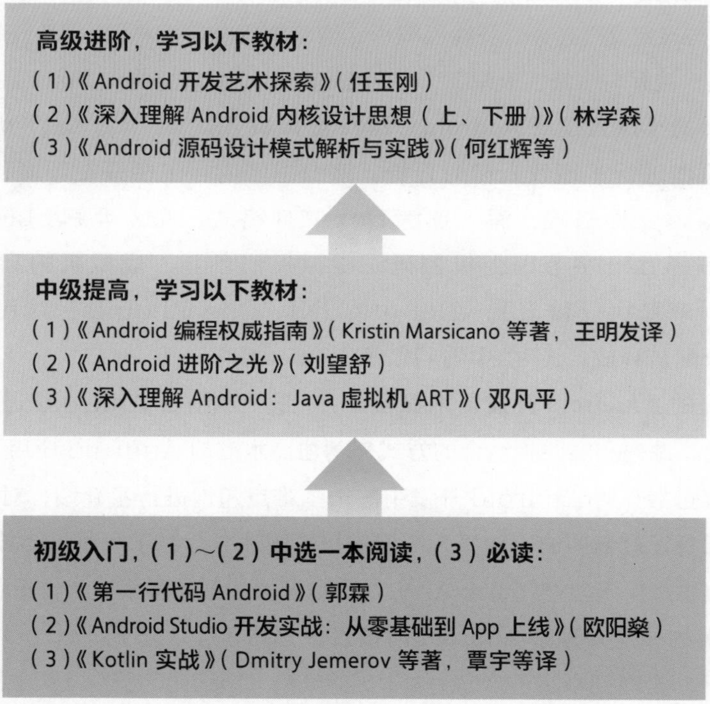

高级进阶，学习以下教材：
（1）《Android 开发艺术探索》（任玉刚）
（2）《深入理解 Android 内核设计思想（上、下册）》（林学森）
（3）《Android 源码设计模式解析与实践》（何红辉等）

中级提高，学习以下教材：
（1）《Android 编程权威指南》（Kristin Marsicano 等著，王明发译）
（2）《Android 进阶之光》（刘望舒）
（3）《深入理解 Android：Java 虚拟机 ART》（邓凡平）

初级入门，（1）～（2）中选一本阅读，（3）必读：
（1）《第一行代码 Android》（郭霖）
（2）《Android Studio 开发实战：从零基础到 App 上线》（欧阳燊）
（3）《Kotlin 实战》（Dmitry Jemerov 等著，覃宇等译）

图 4-19　Android 移动端编程的学习路线图

（1）和（2）中选择一本学习，了解 Android 移动端编程的基础知识；然后学习入门教材（3），熟练掌握 Android 开发的主流编程语言 Kotlin。在中级提高阶段，通过学习教材（1）~（3），进一步提升 Android 移动端编程的能力。在高级进阶阶段，通过学习教材（1）~（3），深入理解 Android 的内核设计思想以及 Android 源码的设计模式。

iOS 移动端编程教材推荐及学习路线

- Christian Keur 等著、王凤全翻译的《iOS 编程》[53] 是一本广受欢迎的教材，适合入门使用。该书涵盖了开发 iOS 应用的方方面面：从 Swift 基础知识到新增加的语言特性、从 AppKit 库到常见的 Cocoa 设计模式、从 Xcode 技巧到 Instruments 等。

- 张益珲编著的《Swift 4 从零到精通 iOS 开发》[54] 是一本入门级教材。该教材分为三部分：第一部分首先介绍了 Xcode 开发的工具，描述了 Swift 开发环境的搭建，介绍了 Swift 语言的特性及其应用场景，阐述了 Swift 4 的新增特性，并提供大量编程练习使读者尽快入门 Swift 语言；第二部分呈现了 Swift 开发 iOS 应用的技术，主要内容包括独立 UI 控件的应用、视图界面逻辑的开发、动画与布局技术、网络与数据处理技术等，通过此部分的学习读者将具备使用 Swift 语言独立开发一款 iOS 应用程序的能力；第三部分则主要介绍了一些应用实例，具体包括简易计算器、生活记事本、中国象棋游戏等，使读者具备实战能力。

- 由 Aaron Hillegass 等编著、王蕾等翻译的《Objective-C 编程》[55] 呈现了 Objective-C 编程语言和基本的 iOS/Mac 开发知识。该教材先从变量、条件语句、循环结构等基本的编程概念讲起；接着用浅显易懂的语言讲解 Objective-C 和 Foundation 的知识，包括 Objective-C 的基本语法、Foundation 常用类、内存管理、常用设计模式等；最后"手把手"教读者编写完整的、基于事件驱动的 iOS/Mac 应用。该教材还介绍了 Objetive-C 的高级内容，包括属性、范畴和 Block 对象等知识。全书篇幅精练、内容清晰，适合无编程经验的读者入门学习。

- Matthew Mathias 等编著、陈晓亮翻译的《Swift 编程权威指南》[56] 系统阐述了在 iOS 和 macOS 平台上，使用苹果的 Swift 语言开发 iPhone、iPad 和 Mac 应用的基本概念和编程技巧。该教材包含了大量代码示例，具有较强的实战性。

- Kazuki Sakamoto 等编著、黎华翻译的《Objective-C 高级编程：iOS 与 OS X 多线程和内存管理》[57] 在苹果公司公开的源代码基础上，深入剖析了应用于内存管理的 ARC 以及应用于多线程开发的 Blocks 和 GCD，适合有一定基础的 iOS 开发者阅读。

- Erica Sadun 编著、孟立标翻译的《iOS Auto Layout 开发秘籍》[58] 是一本介绍 iOS 自动布局新技术的图书，适合 iOS 移动编程人员进阶使用。

- 珲少编著的《iOS 性能优化实战》[59] 主要包括以下内容：iOS 应用内存管理的基本原理，以及内存管理的注意事项与检查内存问题的方法；iOS 应用的网络开发技能，以及网络调试与数据 Mock 技巧；iOS 应用程序的启动流程，以及推送与网络电话服务；iOS 视图渲染性能优化与动画技巧；完整的 iOS 多线程高级应用技术；Objective-C 语言的动态特性与 iOS 开发中运行时特性的应用，以及 JavaScript 脚本在 iOS 开发中的应用。该教材适合 iOS 移动编程人员进阶使用。

- 罗巍编著的《iOS 应用逆向与安全之道》[60] 是一本关注应用逆向与安全的教材。该教材主要内容包括环境搭建、Mach-O 文件格式、ARM 汇编、应用脱壳、运行时分析、静态分析、动态调试、iOS 插件开发、Hook 与注入、应用安全、协议安全等。

- Gaurav Vaish 编著、梁士兴等翻译的《高性能 iOS 应用开发》[61] 介绍了对用户体验产生负面影响的各个方面，并概述如何优化 iOS 应用的性能。该教材共分为 5 个部分，主要从性能的衡量标准、对应用至关重要的核心优化点、iOS 应用开发特有的性能优化技术以及性能的非代码方面，讲解了应用性能的优化问题。该教材展示了如何从工程学的角度编写最优代码，适合进阶使用。

iOS 移动端编程的学习路线如图 4-20 所示。在初级入门阶段，通过学习教材（1）了解 iOS 移动端编程的基础知识；通过学习教材（2），熟练掌握 iOS 开发的主流编程语言 Swift；通过学习教材（3），熟练掌握 iOS 开发的编程语言 Objective-C。在中级提高阶段，分别通过学习教材（1）和（2），进一步掌握 Swift 和 Objective-C 的高阶编程技巧；此外，通过学习教材（3），掌握 iOS 的自动布局技术。在高级进阶阶段，通过学习进阶教材（1）～（3），分别掌握 iOS 移动端编程中性能优化技术、应用逆向与安全技术、高性能应用开发技术。

图 4-20　iOS 移动端编程的学习路线图

4.4.3　在线课程推荐

▶ 由网友天哥主讲的 **Android 开发**中文课程讲解详尽、实战性较强，课程内容比较适合零基础的读者入门学习。课程视频网址为 https://www.bilibili.com/video/BV1Rt411e76H?p=1。

▶ 斯坦福大学的 **iOS APP 开发**英文课程语言生动，非常具有吸引力，其详细讲解了 iOS　APP 开发的步骤和技巧，是一门适合入门者学习的英文课程。课程视频网址为 https://www.bilibili.com/video/BV1rb411C7eN?p=1。

▶ 浙江大学张克俊老师等主讲的 **Swift 创新导论**中文课程系统讲述了 Swift 语言的编程入门、进阶及实践等内容，并介绍了 Swift 语言在 AI、AR、Face ID、Accessibility 等领域的典型应用，课程创新性强，适合进行 Swift 编程实战的读者学习。课程视频网址为 https://www.icourse163.org/course/ZJU-1450024180?tid=1468694561 或者 https://www.bilibili.com/video/BV1gg4y1B7He?p=1。

4.5 脚本语言及编程常用工具

首先来了解一下：什么是脚本语言？脚本语言是指相比常规的编程语言（例如C++、Java 等）而言，编写程序时比较自由而灵活的编程语言。例如，我们用脚本语言Python 去写代码时，比较随意而自由，不会严格地去限定语法、编译方式等。一般来说，脚本语言与常规的编程语言其实没有严格的区别。常规的编程语言往往会考虑软件工程及软件设计方法等，脚本语言则不会主要考虑这些方面，而是将重点放在语言灵活性和使用方便性上。

脚本语言的优势在于使用方便而灵活，可以用较少的代码高效地实现复杂的算法，可供调用的库或包非常丰富。对于 AI 而言，常见的脚本语言包括 MATLAB、Python、Julia、R 语言等。下面对其特点、常用教材、学习路线逐一加以介绍，方便读者自学和快速上手。除此之外，还将对编程常用的工具加以介绍，以便读者提升编程的效率。

4.5.1 MATLAB

本小节将介绍 MATLAB 的特点、发展历程、知识架构，以及学习 MATLAB 编程的两个层次、界面编程、常用教材、学习路线等内容。

◆ **特点**

MATLAB 是一款具有数值计算、程序仿真、数据可视化等功能的软件，使用者包含了各个研究领域的人员，例如数学、物理学、控制科学、计算机、信号处理等。"MATLAB" 的含义为 "矩阵实验室"，由 MATrix 和 LABoratory 两个英文单词的前三个字母组合而成。MATLAB 软件对应的编程语言即为 MATLAB 语言。MATLAB 语言是一种功能强大的编程语言。它是一种高级编程语言，也是一种脚本语言。MATLAB 语言的特点包括矩阵和数组运算功能强大、编程效率高、使用方便、扩展能力强、绘图方便等。鉴于 MATLAB 如此强大的功能，其受到各个领域使用者的广泛欢迎。毫不夸张地说，哪里需要数据处理和计算，哪里就有 MATLAB 的用武之地。AI 作为严重依赖数据的研究领域，自然也是 MATLAB "大放异彩" 之地。具体来说，在 AI 的主要研究领域之一计算机视觉中，一幅图像可以视为一个大的矩阵，对图像的处理也就是对矩阵进行计算；在 AI 的核心研究领域机器学习中，训练数据集可以视为训练样本矩阵，所以进行机器学习也就是对矩阵进行计算。MATLAB 是一种在矩阵计算方面具有突出优势的脚本语言，因此 MATLAB 是进行 AI 研究特别重要的编程语言之一。

◆ **发展历程**

关于 MATLAB 的发展历程，可以追溯到 20 世纪 70 年代后期。那时担任美国新墨西哥大学计算机科学系主任的 Cleve Moler 教授在教授线性代数和数值分析课程时，出于减轻学生编程负担的动机，为学生设计了一组调用 LINPACK 和 EISPACK 库程序的"通俗易用"的接口，此即用 FORTRAN 编写的萌芽状态的 MATLAB。经过几年的校际流传，在 Jack Little 的推动下，由 Jack Little、Cleve Moler、Steve Bangert 合作，于 1984 年成立了 MathWorks 公司，并把 MATLAB 正式推向市场。从这时起，MATLAB 的内核采用 C 语言编写，而且除原有的数值计算能力外，还新增了数据绘图功能。在此后的发展过程中，许多研究人员都参与了 MATLAB 的功能扩展进程，这极大地丰富了 MATLAB 的工具包，使得 MATLAB 的功能越发强大。发展到今天，MathWorks 公司每年发布两个版本的 MATLAB，即上半年发行的"MATLAB R 年份 a"与下半年发行的"MATLAB R 年份 b"，例如"MATLAB R2021a"与"MATLAB R2021b"。

◆ **知识架构**

图 4-21 显示了 MATLAB 语言的知识架构，读者可以对照其进行学习，以便快速上手 MATLAB 语言。在核心模块层，主要学习与掌握 MATLAB 中的数据类型，流程控制语句，函数的定义、实现与重载，类的定义、实现、继承与派生等内容。在扩展模块层，主要学习文件 I/O、图像处理、界面编程、混合编程、并行计算、数据可视化、数值计算等功能。MATLAB 的扩展模块非常多，图中未能一一画出，读者可以根据自己从事的领域选择性学习 MATLAB 的其他扩展模块，诸如控制仿真、生物信息计算等。

◆ **学习 MATLAB 编程的两个层次**

学习 MATLAB 可以分为应用分析层次与专业开发层次两个层次。对于不同层次的人，学习 MATLAB 的方式和要求会有差异。对于应用分析层次的人员来说，主要是利用 MATLAB 解决实际问题或者分析数据，重点是解决问题而对代码的专业性和严谨性要求不是特别高。因此，这部分人只须达到可以编写 MATLAB 函数这样的水

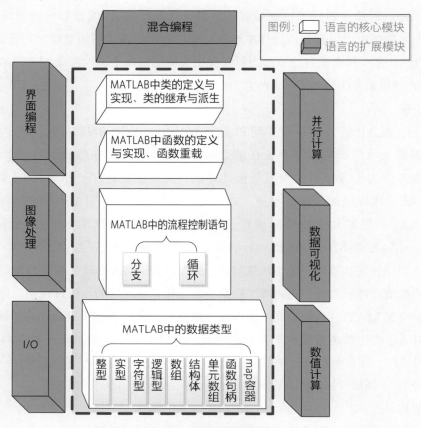

图 4-21 MATLAB 语言的知识架构

平即可，也就是说，这部分人大多数是通过面向过程的方式使用 MATLAB 进行编程。市面上的大部分教材或者教学视频基本上都是按照这样的要求进行呈现的，对于更高要求的面向对象编程的方式则很少涉及或者涉及不多。对于专业开发层次的人员来说，主要是利用 MATLAB 进行项目开发或者软件开发，需要考虑代码的安全性、效率、复用性、可维护性等关键问题，这部分人员通常需要基于面向对象的方式使用 MATLAB 进行编程。之所以强调这些是想提醒读者：如果仅仅使用 MATLAB 验证一下算法或者简单分析数据，那可以不必采用面向对象编程的方式去写代码，仅仅通过编写函数就可以解决问题；但是，如果你想通过 MATLAB 编写专业的软件，那最好还是通过面向对象编程的方式去写代码，即通过编写类的方式去实现你的软件。这对于代码的复用性、可维护性非常重要。否则，当需要扩展或者修改以往开发软件功

人工智能怎么学

能的时候，工作量就非常大。鉴于 AI 对编程有着较高要求，对于有志于学习 AI 的读者来说，最好是基于面向对象编程的方式来学习 MATLAB 语言。本书也是基于这一方式来对 MATLAB 的相关内容进行阐述。

◆ **界面编程**

关于 MATLAB 的界面编程，可以使用拖拽控件的方式，也可以使用编写代码行的方式。MATLAB 界面编程所使用的工具包，早期为 GUIDE，只需在 MATLAB 的命令窗口输入"guide"命令即可调出编写界面的窗口。后来 MathWorks 公司在 R2016a 中正式推出了 GUIDE 的替代产品 App Designer，这是在 MATLAB 图形系统转向使用面向对象系统之后（从 MATLAB R2014b 开始）一个重要的后续产品，其主要目的是顺应 Web 的潮流，帮助用户利用新的图形系统方便地设计出更加美观的 GUI。App Designer 与 GUIDE 相比，界面编程的方式更加简单，具有更多最新的界面编程控件（例如仪表盘等），而且界面可视化效果更加美观。如果要使用 App Designer，需要安装 MATLAB R2016a 或以上版本。通过在 MATLAB 的命令窗口输入"appdesigner"命令，即可调出编写界面的窗口。

◆ **常用教材**

学习 MATLAB 编程的常用教材有如下几本，可供读者参考：

- 刘浩编著的《**MATLAB R2020a 完全自学一本通**》[62]在介绍 MATLAB R2020a 集成环境的基础上，对 MATLAB 常用的知识和工具进行了详细介绍。书中各章均提供了大量有针对性的示例，可供读者实战练习。该教材适合零基础的读者入门使用。

- 天工在线编著的《**MATLAB 2020 从入门到精通**》[63]讲解了 MATLAB 编程的基础知识，并结合具体实例介绍了如何利用这些基础知识解决实际问题，是一本偏向实战的教材。

- 苗志宏等编著的《**MATLAB 面向对象程序设计**》[64]以面向对象程序设计方法的基本特征（抽象、封装、继承、多态）为主线，由浅入深、循序渐进地展开，系统介绍了 MATLAB 面向对象程序设计的思想、设计方法等。该教材重点突出、通俗易懂，各章节提供了大量的程序代码供读者参考学习，多数章节安排了相应的应用实例。

- 徐潇等编著的《**MATLAB 面向对象编程——从入门到设计模式**》[65]由浅入深地介绍了 MATLAB 面向对象编程的基本方法和设计模式。主要内容包括面向过程编程和面向对象编程，MATLAB 面向对象编程入门，MATLAB 的句柄类和实体值类，事件和响应，MATLAB 类文件的组织结构，MATLAB 对象的保存和载入，面向对象的

GUI 编程：分离用户界面和模型，类的继承进阶，类的成员方法进阶，抽象类，对象数组，类的运算符重载，枚举类型，超类，面向对象程序设计的基本思想，创建型模式，装饰者模式，行为模式，MATLAB 单元测试框架，MATLAB 性能测试框架等。

- 王文峰等编著的《MATLAB 计算机视觉与机器认知》[66] 是一本用 MATLAB 演示计算机视觉原理的基础理论著作，也是一本偏向于实战的教材。主要内容包括：视频图像采集及读取，视频图像变换及融合，视频图像噪声及处理，视频图像阈值及分割，图像特征计算及应用，运动目标检测及跟踪，目标定位及字符识别，机器故障认知及检测，深度学习及人脸识别。

- 杨淑莹等编著的《模式识别与智能计算——MATLAB 技术实现》[67] 是一本基于 MATLAB 语言实现模式识别与智能计算相关理论的经典教材。通过学习本教材，读者可显著提高使用 MATLAB 编程解决 AI 具体问题的动手能力。

◆ **学习路线**

MATLAB 编程的学习路线如图 4-22 所示。在初级入门阶段，从入门教材（1）、（2）中任选一本进行学习。可采用快速阅读的方式，用最快的速度翻阅完该教材，重点是自己在 MATLAB 软件中将书上的代码加以运行，快速上手 MATLAB。在

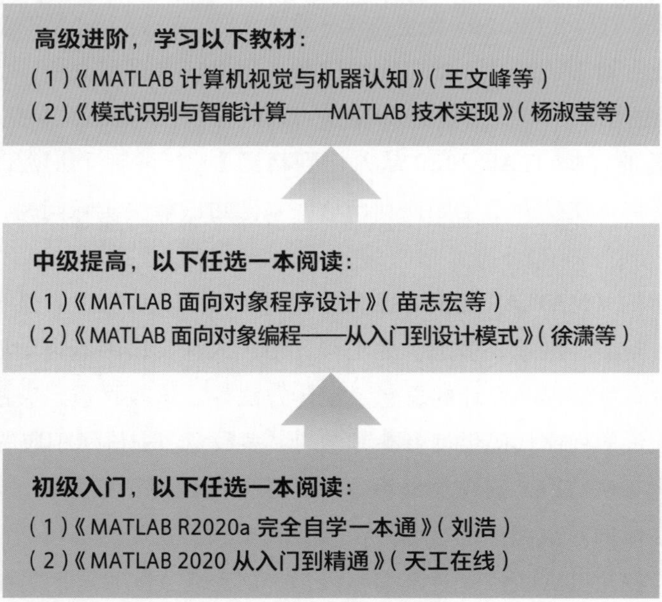

图 4-22　MATLAB 编程的学习路线图

中级提高阶段，从提高教材（1）、（2）中任选一本进行学习。此阶段的学习至关重要，教材要仔细阅读，可将重点放在理解 MATLAB 面向对象编程的思想及其实现方式上。在高级进阶阶段，重点掌握使用 MATLAB 编程解决 AI 中的具体问题，需要阅读 MATLAB 与 AI 领域相结合的教材，可以学习进阶教材（1）、（2）；当然 MATLAB 与 AI 领域相结合的教材非常多，除了推荐的进阶教材（1）、（2），读者还可以从自己感兴趣的 AI 领域寻找相应的教材进行学习。

4.5.2　Python

本小节将介绍 Python 的特点、发展历程、编程环境构建、知识架构、界面编程、常用教材、学习路线等内容。

◆ 特点

"人生苦短，我用 Python"。这是 Python 学习者耳熟能详的一句名言，它也从侧面反映出了 Python 的简单易学和使用方便。Python 是一种简洁优雅的编程语言，非常容易学习和上手，广受大众喜爱。同时，Python 是一种开源的编程语言，这意味着使用 Python 是完全免费的。Python 可移植性强，用 Python 编写的代码可以非常方便地移植到不同平台上。Python 可扩展性非常强，可以借助扩展包实现丰富的功能。借助于 Python 程序员社区之间的开放互助模式，程序员源源不断地将自己开发的 Python 包上传到社区，方便其他人下载使用。这极大地加速了 Python 功能的快速扩展，从而使 Python 成为一种快速发展和繁荣的编程语言。

◆ 发展历程

Python 由荷兰人 Guido van Rossum 于 20 世纪 90 年代初设计，他被誉为"Python 之父"。最开始设计 Python 的时候，其目标是希望将 Python 作为一门称为 ABC 语言的替代品。Python 提供了高效的高级数据结构，还能简单有效地面向对象编程。Python 所具有的简单而明确的语法、动态类型、可解释型语言的优秀本质，使它成为多数平台上写脚本和快速开发应用的编程语言。随着 Python 使用人员的不断壮大，Python 的功能不断被改进和扩展。由于 Python 在数据分析和可视化方面的工具包非常丰富，受到了 AI 和大数据领域人员的广泛喜爱，成为这些领域人员必学的编程语言之一。

◆ **编程环境构建**

Python 编程环境的构建主要包括 SDK 和 IDE 的安装两方面。首先需要安装 SDK，其安装可以直接从 Python 的官网进行下载，然后进行安装，Python 的官网网址为 https://www.python.org/。接下来安装 IDE，Python 的 IDE 种类繁多，比较流行的 IDE 包括 PyCharm 或 Eric 等。Eric 是一款可以免费使用的 IDE 软件并且可以非常方便地进行界面编程。本书使用 Eric 作为 Python 的 IDE，其下载地址为 http://eric-ide.python-projects.org/。安装好 SDK 和 IDE，并设置好环境变量，就可以进行 Python 项目的开发了。

◆ **知识架构**

为了方便读者快速上手 Python，将 Python 语言的知识架构总结于图 4-23 中。读者可以参照此图学习 Python。在核心模块层，首先学习 Python 的内置数据类型，包括整型、

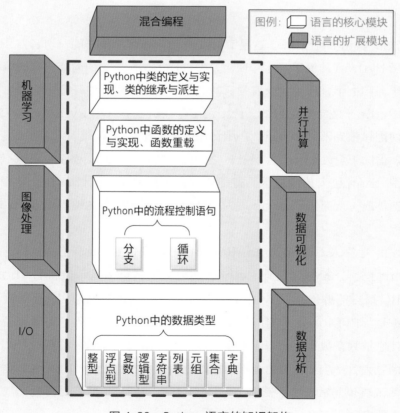

图 4-23　Python 语言的知识架构

浮点型、复数、逻辑型、字符串、列表、元组、集合、字典等；然后学习流程控制语句，主要掌握分支和循环语句的实现方法；接下来学习 Python 中函数的定义、实现及重载；最后重点学习 Python 中类的定义、实现、继承、派生等内容，此部分是学习 Python 编程的重中之重，要认真理解和体会 Python 面向对象编程的思想和实现方法。在扩展模块层，主要学习 I/O、图像处理、机器学习、混合编程、并行计算、数据可视化、数据分析等扩展功能。需要指出的是，Python 的扩展模块非常多，图中不可能全部画出，读者可以根据自己从事的领域选择性学习其他扩展模块，诸如数值计算、网络通信等。

◆ **界面编程**

Python 界面编程推荐使用 PyQt。之前介绍 C++ 的界面编程时已经指出：Qt 是一款功能强大、支持跨平台的界面开发软件。PyQt 是 Qt 与 Python 相适应的版本，在 Python 中安装 PyQt 插件后，就能够在 Python 中利用 Qt 的界面编写工具 Qt Designer 来编写界面。利用 PyQt 编写带有界面的 Python 程序的具体流程为：首先利用 PyQt 为程序设计界面，然后将 Qt Designer 构建的程序界面文件（ui 文件）通过 Python 的 IDE 工具 Eric 转化为 py 文件，接下来在 Eric 中实现前端界面文件与后台 Python 源代码文件的融合，从而编写出带有界面的 Python 程序。详细的实现步骤，读者可以找一本 PyQt 教材进行学习。

◆ **常用教材**

下面推荐几本学习 Python 的常用教材，供读者参考：

- Eric Matthes 编著、袁国忠翻译的《**Python 编程：从入门到实践**》[68] 是一本广受欢迎的 Python 入门教材。该教材内容包含两部分：第一部分介绍了 Python 编程的基础知识，包括 Matplotlib 等强大的 Python 库和工具，以及列表、字典、if 语句、类、文件与异常、代码测试等；第二部分主要介绍 Python 编程项目实战，呈现了简单的二维游戏、利用数据生成交互式的信息图、创建和定制简单的 Web 应用三个项目的具体实现方法。

- Magnus Lie Hetland 编著、袁国忠翻译的《**Python 基础教程**》[69] 是一本适合入门的基础教材，深受读者欢迎。该教材内容主要分为两部分：第一部分由第 1 ~ 19 章组成，主要介绍了 Python 编程的方法和技巧；第二部分由第 20 ~ 29 章组成，介绍了 10 个具体的实战项目。

- Luciano Ramalho 编著、安道等翻译的《**流畅的 Python**》[70] 是一本适合提高用的教材。该教材致力于帮助 Python 开发人员挖掘这门语言及相关程序库的优秀特性，提高代码的可复用性。此外该教材详细介绍了 Python 语言的高级用法，包括数据结构、Python 风格的对象、并行与并发、元编程等。

- Brett Slatkin 编著、爱飞翔翻译的《Effective Python：**编写高质量 Python 代码的 90 个有效方法**》[71] 阐述了 90 条实践原则、开发技巧和便捷方案，并以实用的代码范例来解释它们，帮助读者养成良好的编程习惯、写出健壮而高效的代码。

- Jan Erik Solem 编著、朱文涛等翻译的《**Python 计算机视觉编程**》[72] 是一本基于 Python 语言来实现计算机视觉理论的教材，是将 Python 编程与计算机视觉理论相结合的实战教材。其主要介绍了基于 Python 语言如何对目标识别、基于内容的图像检索、光学字符识别、光流法、跟踪、三维重建、立体成像、增强现实、姿态估计、全景创建、图像分割、降噪、图像分类等计算机视觉理论进行具体实现。

- Andreas C. Müller 编著、张亮翻译的《**Python 机器学习基础教程**》[73] 是一本基于 Python 语言来实现机器学习经典算法的图书。该教材教读者如何根据机器学习中的理论借助于 Python 这一工具解决实际问题，提高动手能力。

◆ **学习路线**

Python 编程的学习路线如图 4-24 所示。在初级入门阶段，从入门教材（1）、（2）

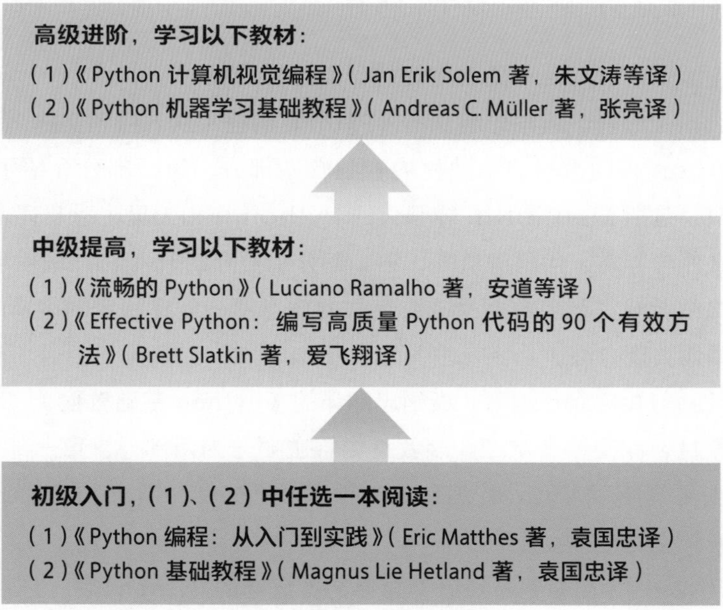

图 4-24　Python 编程的学习路线图

中任选一本进行学习，主要看个人喜好，一般采用教材（1）的人较多。在中级提高阶段，学习提高教材（1）、（2），主要掌握 Python 语言的高级用法、数据结构、Python 风格的对象、并行与并发以及元编程，养成良好的编程习惯，理解编程中应当遵循的一些技巧，能够写出简洁、流畅、易读、易维护，并且具有地道 Python 风格的代码。在高级进阶阶段，学习进阶教材（1）、（2），重点解决如何将 Python 编程与 AI 理论相结合，以 Python 作为有效的工具将 AI 理论转化为强大的生产力，解决实际问题。Python 与 AI 理论相结合的教材非常多，除了推荐的进阶教材（1）、（2）外，读者还可以从自己感兴趣的 AI 领域寻找相应的教材进行学习。

4.5.3 Julia

本小节将介绍 Julia 的特点、发展历程、编程环境构建、知识架构、常用教材、学习路线等内容。

◆ **特点**

Julia 是一种高级通用动态编程语言，它最初是为了满足高性能数值分析和科学计算的需要而设计的。Julia 也可用于客户端和服务器的 Web 用途、低级系统编程或用作规约语言。由于 Julia 采用了即时编译（Just-in-Time，JIT）技术，无须在代码运行前进行单独编译，而是在运行时进行编译，因此运行速度快。Julia 是一种多范式的函数式编程语言，被广泛用于机器学习和统计编程。这意味着 Julia 相比 Python，更多采用编写函数来实现开发人员需要的功能。Julia 也可以实现面向对象编程，但其实现方式不像 Python 那样通过编写类来实现。Julia 没有类，但是在 Julia 里可以认为一切都是对象，而这些对象都是某个类型的实例。在 Julia 语言中，方法被视为类型和类型之间的相互作用，而非类对其他类之间的作用。Julia 设计的独特之处包括参数多态的类型系统、完全动态语言中的类型、多分派的核心编程范型、可以使用元编程技术。它允许并发、并行和分布式计算，并直接调用 C 和 Fortran 库而不使用粘合代码。Julia 拥有垃圾回收机制，使用及早求值，包含了用于浮点计算、线性代数、随机数生成和正则表达式匹配的高效库。Julia 语言是一种免费且开源的编程语言，设计 Julia 语言的目标是希望其像 C 语言一般快速，拥有如同 Ruby 的动态性，具有 Lisp 般真正的同像性，具有 MATLAB 般熟悉的数学记号，具备 Python 般的通用性，像 R 语言一样在统计分析上得心应手，像 Perl 语言一样自然地处理字符串，像 MATLAB 语言一样具有强大的线性代数运算能力，具有 shell 语言般的胶水语言能力。总之，Julia 语言是集各种语言优势于一身、为高性能而生的编程语言，能够在 AI 和大数据中大展身手，具有光明的前景。

◆ **发展历程**

Julia 是一种非常新的编程语言，其发展历程较短。MIT 的研究人员 Jeff Bezanson、Stefan Karpinski、Viral B. Shah 和 Alan Edelman 于 2009 年开始研究 Julia。Julia 被设想为一种开源的计算语言，既快速又可以在较高水平上使用。2012 年，Julia 语言首次向公众亮相，此后逐渐成为世界上最受欢迎的编程语言之一，以至于许多程序员现在都将其视为 Python 的强大的潜在竞争对手。

◆ **编程环境构建**

Julia 编程环境的构建，主要是安装 SDK 和 IDE。SDK 的安装可以直接从 Julia 的官网进行下载，然后进行安装，官网网址为 https://julialang.org/。Julia 的 IDE 比较多，常见的有 Visual Studio Code、Juno（下载地址为 https://junolab.org/）、Weave、Jupyter、VIM、Sublime、JuliaBox。这里推荐大家使用 Visual Studio Code，安装好 Julia 并设置好环境变量后，再下载 Visual Studio Code（下载地址为 https://code.visualstudio.com/）并安装，打开 Visual Studio Code，在扩展栏里搜索 Julia 并点击安装 Julia 插件。接下来打开 Visual Studio Code，点"首选项"，然后点"设置"，在搜索框中搜"Julia"，在用户设置里添加 "julia.executablePath": "D:\Julia-1.5.0\bin\julia.exe"，注意 D:\Julia-1.5.0 为 Julia 的安装路径示例，读者在设置时需要用自己电脑上的 Julia 安装路径进行替换。如果你在电脑上安装过 Visual Studio，则不需要再安装 Visual Studio Code。Visual Studio 与 Visual Studio Code 的区别为：前者是 Windows 平台应用程序集成开发环境，包含了编辑器、编译器等程序开发的全套工具，Visual Studio Code 则是一个编辑器，不内置编译器等工具，需要用户自己去配置。Juno 也是 Julia 比较主流的 IDE，读者如想使用 Juno 作为 IDE，需要在安装好 Julia 并设置好环境变量后，再下载 Atom（下载地址为 https://atom.io/）并安装。安装完 Atom 后打开，点击"安装"，在搜索框里输入"uber-juno"，点击相应的搜索结果后开始安装 Juno。注意：如果在 Juno 输入命令"Julia"后提示找不到该命令，则需要在 Juno 中添加 Julia 的安装路径。具体做法为：依次点击 Packages → Juno → Settings →在 Julia Path 的第一个框中输入 D:\Julia-1.5.0\bin\julia.exe，这里 D:\Julia-1.5.0 为 Julia 的安装路径示例，读者需要将其替换成自己电脑上 Julia 的安装路径。至此，Julia 的编程环境已经搭建完成。

◆ **知识架构**

Julia 语言的知识架构如图 4-25 所示。在核心模块层，首先学习 Julia 的内置数据类型，包括整型、浮点型、复数、有理数、逻辑型、字符串、列表、元组、集合、字典、数组、复合型、联合型等；然后学习流程控制语句，主要掌握分支和循环语句的实现方法；接下来学习 Julia 中函数的定义与实现；最后重点学习 Julia 中模块以及接口的定义与实现、元编程的方法。在扩展模块层，主要学习 I/O、图像处理、机器学习、混合编程、并行计算、数据可视化、数据分析等扩展功能。注意，Julia 的扩展模块非常多，图中不可能一一画出，读者可以根据自己所从事的领域选择性学习其他扩展模块。

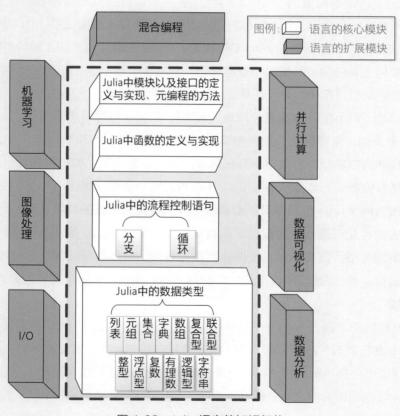

图 4-25 Julia 语言的知识架构

◆ **常用教材**

Julia 语言是一种新颖的编程语言，非常适合 AI 和大数据领域的人员使用。学习 Julia 编程的常用教材如下：

- 魏坤编著的《**Julia 语言程序设计**》[74] 内容丰富，讲解细腻，适合初学者。该教材的主要内容包括基础概念、数值系统、运算符、控制逻辑、类型系统、函数、多维数组、字符串、元编程、时间与日期、流与 IO、组织结构、并行计算、混合编程、Julia 编程规范、编程实战等。

- 郝林编著的《**Julia 编程基础**》[75] 主要阐述了基于 Julia 编程语言的计算机程序设计方法，是一本适合自学的入门教材。该教材的主要内容包括基本概念、编程环境、变量与常量、类型系统、数值与运算、字符和字符串、参数化类型、字典与集合、数组、流程控制、函数与方法、模块、接口编程、元编程等。

- Ben Lauwens 等编著的 *Think Julia* [76] 是一本适合提高用的教材。该教材由浅入深、系统全面地介绍了 Julia 编程的知识；同时，还深入地阐述了 Julia 的编程思想。

- Jalem Raj Rohit 编著的 *Julia Cookbook* [77] 是一本介绍 Julia 编程高级应用的教材。该教材主要内容包括提取和处理数据、元编程、基于 Julia 的统计学、构建数据科学模型、数据可视化、并行计算。

- Zacharias Voulgaris 编著、陈光欣翻译的《**Julia 数据科学应用**》[78] 是一本介绍如何应用 Julia 编程解决数据科学中具体问题的教材。该教材涵盖了 Julia 基础知识、工作环境搭建、语言基础和高级内容、数据科学应用、数据可视化、机器学习方法（包括有监督和无监督学习方法）、图分析方法等重要话题。

- 朱红庆编著的《**Julia 机器学习核心编程：人人可用的高性能科学计算**》[79] 是一本具有较强实战性和可操作性的教材。该教材主要介绍了 Julia 的基本概念、快速编程、函数、数据类型、流程控制、互操作性和元编程、数值科学计算、数据可视化编程、数据库编程、核心编程结构、创建 Web 图书商务网站、机器学习框架等内容。

◆ **学习路线**

Julia 编程的学习路线如图 4-26 所示。在初级入门阶段，从入门教材（1）、（2）中任选一本进行学习，熟练掌握 Julia 编程的基础知识。在中级提高阶段，从提高教材（1）、（2）中任选一本进行学习，此阶段重点体会 Julia 的编程思想，重点辨析 Julia 与 Python 语言的异同之处，理解 Julia 在高性能计算方面的独特之处。在高级进阶阶段，学习进阶教材（1）、（2），重点掌握 Julia 编程在数据科学与机器学习中的应用。

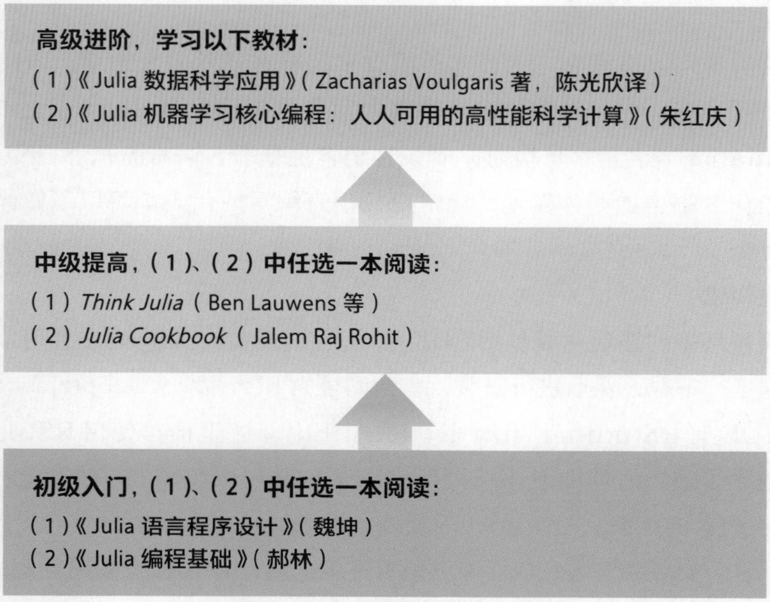

高级进阶，学习以下教材：
（1）《Julia 数据科学应用》（Zacharias Voulgaris 著，陈光欣译）
（2）《Julia 机器学习核心编程：人人可用的高性能科学计算》（朱红庆）

中级提高，（1）、（2）中任选一本阅读：
（1）*Think Julia*（Ben Lauwens 等）
（2）*Julia Cookbook*（Jalem Raj Rohit）

初级入门，（1）、（2）中任选一本阅读：
（1）《Julia 语言程序设计》（魏坤）
（2）《Julia 编程基础》（郝林）

图 4-26　Julia 编程的学习路线图

4.5.4　R 语言

本小节将介绍 R 语言的特点、发展历程、编程环境构建、知识架构、界面编程、常用教材、学习路线等内容。

◆ **特点**

大数据时代数据堪比石油，如何发挥数据的价值具有至关重要的作用。要发挥数据的价值，则必须借助数据挖掘、数据分析、机器学习等技术。R 语言是进行统计学、数据挖掘、数据分析与可视化、机器学习等研究的重要编程语言之一。人们越来越注意到 R 语言功能的强大，R 语言的用户正在快速增长，越来越多的研究人员开始使用 R 语言。而在此之前，R 语言几乎只是被统计学家们所使用。R 语言是一种用来进行数据探索、统计分析和作图的解释型语言。其特点是免费开源、跨平台、统计功能强大、工具包丰富、可扩展性强、面向对象、可进行多语言混合编程、数据处理能力（特别是数组和矩阵的计算）卓越、数据可视化功能优秀、可进行大数据处理等。R 语言编程所使用的 R 软件是属于 GNU 系统的一个自由、免费、源代码开放的软件。

◆ **发展历程**

R 语言的前身可以追溯到 1976 年美国贝尔实验室开发的 S 语言。20 世纪 90 年代 R 语言正式发布，之所以称作 R，是因为两名主要研发者 Ross Ihaka 和 Robert Gentleman 的姓名首字母均为"R"。R 语言是基于 S 语言的一个 GNU 项目，所以也可以当作 S 语言的一种实现，通常用 S 语言编写的代码都可以不做修改地在 R 环境下运行。

◆ **编程环境构建**

R 语言编程环境的搭建主要包括 SDK 和 IDE 的安装。SDK 的安装可以直接从 R 语言的官网进行下载，然后进行安装，官网网址为 https://www.r-project.org/。R 语言常见的 IDE 有 RStudio、Tinn-R、RWinEdt。这里推荐使用 RStudio，这是一款功能强大且使用方便的 IDE。RStudio 的安装可以按照如下步骤进行：首先，从 RStudio 的官网下载 RStudio，下载地址为 https://rstudio.com/。然后，双击下载的源文件进行安装，安装完成后需要配置环境变量，将 R 的安装路径添加到系统变量的 path 变量名下。为了发挥 R 的强大功能，还需要安装常用的 R 包，下载地址为 https://cran.r-project.org/web/packages。如果读者希望通过 Eclipse 来进行 R 编程，可以通过安装 rJava 插件，即可方便地调用 R。安装 rJava 时，在 RStudio 中输入命令：install.packages("rJava")。如果防火墙阻止安装，可进行如下操作：点击 RStudio 菜单栏的 Tools →点击 Global Options →点击 Packages →取消 Use Secure Package Downloads for HTTP 的勾选。至此，R 语言的编程环境构建完成，可以开始 R 语言的编程了。

◆ **知识架构**

为了方便读者对 R 语言的知识架构有个形象化的了解，将 R 语言的知识架构总结于图 4-27 中。读者学习 R 语言时可以参照此图进行学习。在核心模块层，首先学习 R 语言的内置数据类型，主要包括整型、数字、逻辑型、复数、字符型、原始型、向量、列表、矩阵、数组、因子、数据帧等。然后学习流程控制语句，主要掌握分支和循环语句的实现方法。接下来学习 R 语言中函数的定义与实现。最后重点学习 R 语言中通过 S3、S4、RC、R6 等方式实现面向对象编程的方法。在扩展模块层，主要学习文件 I/O、图像处理、统计与机器学习、混合编程、大数据分析、数据可视化、数据挖掘等扩展功能。注意，R 语言的扩展功能非常丰富，远不止图中扩展模块所列出的几项，读者可以根据自己所从事 AI 领域查阅 R 语言的相应资料进行学习。

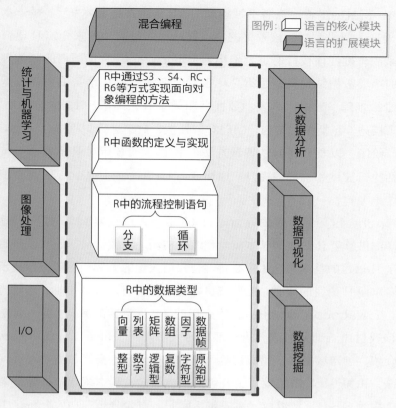

图 4-27　R 语言的知识架构

◆ **界面编程**

R 语言编写界面有两种方式：① 直接用 R 语言自带的图形界面工具包编写界面；② 在其他编程环境中先编写界面，然后调用 R 语言编写后端源代码实现界面的功能。第一种方式直接用 R 语言自带的图形界面工具包的实现方法：可以采用自带的 Tcl/Tk 工具包，编写界面采用命令行的方式进行。第二种方式在其他编程环境中调用 R 语言的实现方法：如果已有使用 Eclipse 编写界面的基础，则可以先通过 Eclipse 编写界面，然后在 Eclipse 调用 R 语言编写后端的源代码实现界面中的功能；如果已有使用 QT 编写界面的基础，则可以先通过 QT 编写界面，然后在 QT 中调用 R 语言编写后端的源代码实现界面中的功能。

◆ **常用教材**

以下几本学习 R 语言的常用教材可供读者进行参考，以便提升学习的效率：

- Norman Matloff 著、陈堰平等翻译的《R 语言编程艺术》[80] 是一本广受读者欢迎的 R 语言入门级教材。该教材的特点是从程序员的角度来介绍 R 语言，而不是从统计学家的角度。该教材的组织架构为：第 1 章介绍了 R 语言的预备知识，简述了 R 语言的重要数据结构类型；第 2～6 章详细阐述了 R 语言的主要数据结构，具体包括向量、矩阵、数组、列表、数据框和因子等；第 7～13 章全面对 R 语言的语法进行了描述，包括编程结构、面向对象特性、数学运算与模拟、输入与输出、字符串处理、绘图，以及 R 语言的调试方法。第 14～16 章对 R 语言高级特性进行了阐述，包括执行速度和性能的提升、R 语言与 C/C++ 或 Python 的混合编程、R 语言的并行计算等。

- Andy Nicholls 等著、姜佑等翻译的《R 语言入门经典》[81] 是一本适合初学者的教材，详细讲解了 R 语言的基本概念和编程技巧。该教材从基础知识开始，由浅入深地介绍了 R 语言的基本概念和重要特性，并用大量的示例和图形进行演示和说明，旨在让读者掌握 R 语言的同时，能养成良好的编程习惯，写出专业、高效的代码。

- Robert I.Kabacoff 著、王小宁等翻译的《R 语言实战》[82] 是一本提高用的实战教材。该教材由五部分组成：第一部分为入门知识，由第 1～5 章组成，主要包括 R 语言介绍、创建数据集、图形初阶、基本数据管理、高级数据管理等；第二部分为基本方法，由第 6、7 章组成，主要包括基本图形、基本统计分析等；第三部分为中级方法，由第 8～12 章组成，主要包括回归、方差分析、功效分析、中级绘图、重抽样与自助法等；第四部分为高级方法，由第 13～18 章组成，主要包括广义线性模型、主成分分析和因子分析、时间序列、聚类分析、分类、处理缺失数据的高级方法；第五部分为技能拓展，由第 19～23 章组成，主要包括使用 ggplot2 进行高级绘图、高级编程、创建包、创建动态报告、使用 lattice 进行高级绘图等。

- Hadley Wickham 著、潘文捷等翻译的《高级 R 语言编程指南》[83] 论述了函数式编程、面向对象编程、元编程三种基本的编程范式，阐述了用于调试和优化代码的常见方法和技巧，适合提高用。该教材分为五部分：第一部分为基础知识，由第 1～8 章组成，主要包括名字和取值、向量、子集选取、控制流、函数、环境、条件等；第二部分函数式编程，由第 9～11 章组成，主要包括泛函、函数工厂、函数运算符等；第三部分面向对象编程，由第 12～16 章组成，主要包括基础类型、S3、R6、S4、各系统之间的权衡；第四部分元编程技术，由第 17～21 章组成，主要包括元编程概述、表达式、准引用、计算、R 代码转换等；第五部分 R 的高级技术，由第 22～25

章组成，主要包括调试、衡量性能、改进性能、使用 C++ 重写 R 代码等。

- Brett Lantz 著、李洪成等翻译的《**机器学习与 R 语言**》[84] 是一本介绍 R 语言编程在机器学习中应用的教材，适合进阶用。该教材主要内容包括机器学习简介、管理和理解数据、近邻分类、朴素贝叶斯分类、决策树、回归方法、神经网络和支持向量机、关联规则分析、k 均值聚类、模型性能的评估、提高模型的性能和其他机器学习主题。

- 程乾等编著的《**R 语言数据分析与可视化从入门到精通**》[85] 是一本进阶用的教材，主要介绍了 R 语言在数据分析与数据可视化中的应用。该教材共分为三部分：第一部分入门篇，由第 1～3 章组成，主要包括 R 软件的下载、安装、使用、帮助的获取等，R 语言的编程基础，函数的使用方法等。第二部分进阶篇，由第 4～11 章组成，主要包括 R 语言数据管理、数据分析、数据可视化、基础统计和高级统计的实现方法、R 语言的图形生成、图形修饰、外部绘图插件、图形展示等。第三部分实战篇，即第 12 章，通过一个案例详细讲解 R 语言在数据处理与可视化分析方面的实战技巧。

◆ **学习路线**

为了方便读者高效地学习 R 语言，将其学习路线总结于图 4-28 中。在初级入门阶段，从入门教材（1）、（2）中任选一本进行学习，全面掌握 R 语言编程的基础知识。

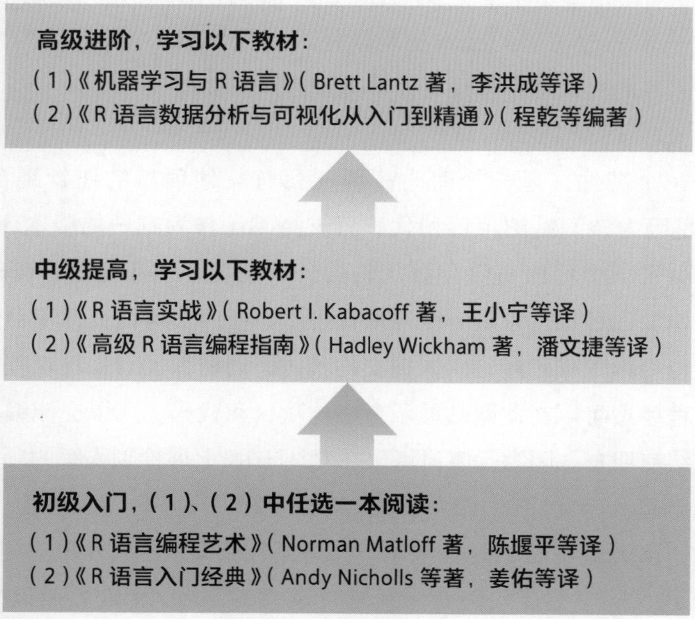

高级进阶，学习以下教材：
（1）《机器学习与 R 语言》（Brett Lantz 著，李洪成等译）
（2）《R 语言数据分析与可视化从入门到精通》（程乾等编著）

中级提高，学习以下教材：
（1）《R 语言实战》（Robert I. Kabacoff 著，王小宁等译）
（2）《高级 R 语言编程指南》（Hadley Wickham 著，潘文捷等译）

初级入门，（1）、（2）中任选一本阅读：
（1）《R 语言编程艺术》（Norman Matloff 著，陈堰平等译）
（2）《R 语言入门经典》（Andy Nicholls 等著，姜佑等译）

图 4-28　R 语言编程的学习路线图

在中级提高阶段，学习提高教材（1）、（2），主要掌握利用 R 语言解决实际问题的实战技能；同时学习 R 语言的高级编程技术，主要掌握 R 语言面向对象编程的思想和实现方法，掌握利用 R 语言进行元编程的技术。在高级进阶阶段，学习进阶教材（1）、（2），重点解决如何以 R 语言作为工具，解决 AI 领域的具体问题。特别是熟练掌握 R 语言中与 AI 有关的工具包，使用这些工具包实现 AI 中的算法；同时，还需要使用 R 语言开发 AI 新工具包，并进行发布。

4.5.5　编程常用工具 Git、GitHub 与 SVN

在编写软件的过程中通常需要有多人共同完成，当多人共同协作时，如何控制软件的版本非常重要，否则很容易引起混乱。为了高效、安全、便捷地管理软件版本，Git 和 SVN 应运而生。本小节将介绍软件版本控制的一些知识，重点介绍 Git、GitHub 与 SVN。

◆ **Git**
Git 是一个开源的分布式版本控制系统，可以有效、快速地处理从很小到非常大项目的版本管理。Git 是 "Linux 之父" Linus　Torvalds 为了帮助管理 Linux 内核开发而创建的一个开放源码的版本控制软件。Git 软件的下载地址为 https://git-scm.com/。Git 软件的具体操作流程可以参见该官网的文档。

◆ **GitHub**
GitHub 是一个网站，是一个面向开源及私有软件项目的托管平台。之所以称作 GitHub，是因为该网站的项目和代码只支持 Git 作为唯一的版本库格式进行托管。GitHub 类似于一个程序员保存源代码的公共网盘，该网盘能够自动管理程序员提交文件的版本。GitHub 也是一个开源代码库，程序员可以在此平台上自由地分享自己的代码，也可以下载和评论别人提交的代码。同时，GitHub 对程序员来说还具有社交属性，程序员可以在此网站展示自己的项目和代码，可以交流编程技术和心得体会，也可以结交朋友。因为程序员可以在 GitHub 上评价别人写的项目和代码，即给项目和代码打星，因此 GitHub 也被形象地称为 "代码的大众点评"。如果想在编程界崭露头角，那就得在 GitHub 上多发布项目和代码。2008 年 4 月 10 日 GitHub 网站正式上线，除了 Git 代码仓库托管及基本的 Web 管理界面以外，还提供了订阅、讨论组、文本渲染、在线文件编辑器、协作图谱（报表）、代码片段分享等功能。

2018 年 6 月 4 日, 微软通过 75 亿美元的股票交易收购并从此持有代码托管平台 GitHub。GitHub 的官网为 https://github.com。

◆ **SVN**

SVN 是 SubVersion 的缩写, 是开源的集中式版本控制系统, 其最大优势是概念模型和用法简单、可靠性高。SVN 由 CollabNet 公司于 2000 年创建, 2009 年 11 月提交至 Apache Incubator 进行孵化, 并于 2010 年 2 月成为 Apache 基金会的顶级项目。作为一个开源的版本控制系统, SVN 管理着随时间改变的数据。这些数据放置在一个中央资料档案库中。这个档案库很像一个普通的文件服务器, 不过它会记住每一次文件的变动。这样就可以把档案恢复到旧的版本, 或是浏览文件的变动历史。SVN 是一个通用的系统, 可用来管理任何类型的文件, 其中包括程序源码。

SVN 采用服务器/客户端体系, 项目的各种版本都存储在服务器上, 程序开发人员首先从服务器上获得一份项目的最新版本, 并将其复制到本机, 然后在此基础上可以在自己的客户端进行独立的开发工作, 还可以随时将新代码提交给服务器。当然也可以通过更新操作获取服务器上的最新代码, 从而保持与其他开发者所使用版本的一致性。

SVN 系统由两部分组成: 一部分是基于 Web 的 SVN 服务器, 例如 VisualSVN Sever 等; 另一部分是以 VisualSVN 为代表的客户端软件。前者需要 Web 服务器的支持, 后者需要用户在本地安装客户端, 两种都有免费的开源软件供使用。

对于 SVN 的一些基本概念, 读者往往容易混淆, 这里做一解释。通常所说的 SubVersion 是 SVN 的源码库, VisualSVN Sever 是 SVN 服务器, 而 TortoiseSVN 与 VisualSVN 是 SVN 客户端。从根本上说, TortoiseSVN、VisualSVN、VisualSVN Sever 都是 SubVersion 的衍生物, 是为 SubVersion 服务的。TortoiseSVN 的下载地址为 https://tortoisesvn.net, VisualSVN 与 VisualSVN Sever 的下载地址为 https://www.visualsvn.com。

需要指出的是, 在构建 SVN 系统时, 需要构建至少一台 SVN 服务器, 然后在其他电脑上安装 SVN 客户端与服务器共享代码, 利用 SVN 服务器集中和管理各客户端上的代码。

4.5.6 在线课程推荐

▶ 中南大学刘卫国教授的**科学计算与 MATLAB 语言**中文课程, 框架清晰, 讲解透彻, 非常容易理解, 特别适合初学者。课程视频网址为 https://www.bilibili.com/video/

BV1Qs411K76x?p=1。

▶ 北京理工大学嵩天、黄天宇、礼欣老师的 **Python 语言程序设计**中文课程，以一个个小的知识点串起整个课程，讲解精细，语言流畅，非常适合入门学习。课程视频网址为 https://www.icourse163.org/course/BIT-268001 或者 https://www.bilibili.com/video/BV1Z64y1h7Rk?p=1。

▶ MIT Ana Bell 教授的 **Python 编程和计算机科学导论**英文课程深入浅出，容易理解，讲述了计算机科学的基础内容，讲解生动而富有逻辑，适合入门和提高。课程视频网址为 https://www.bilibili.com/video/BV1ty4y1x7xP?p=1。

▶ Julia 语言是一种比较新的语言，国内外相关课程比较少。猫叔的 **Julia 教程从入门到进阶**是一门特别适合初学者的中文课程，其特点是讲解非常详细，语言具有吸引力。课程视频网址为 https://www.bilibili.com/video/BV1Cb411W7Sr?p=1。

▶ **Julia 编程语言**英文课程知识点讲解透彻，逻辑比较连贯，适合入门学习用。课程视频网址为 https://www.bilibili.com/video/BV13t411K79w?p=1。

▶ **MIT 计算思维导论（Julia 语言）**英文课程对计算思维采用 Julia 语言进行描述，课程讲解深入，具体而生动，详细呈现了使用 Julia 语言解决现实世界中具体问题的方法，具有实战性和实用性。课程视频网址为 https://computationalthinking.mit.edu 或者 https://www.bilibili.com/video/BV1Jv411Y7zw?p=1。

▶ 暨南大学王斌会教授的**多元统计分析及 R 语言建模**中文课程介绍了 R 语言的编程方法，以及 R 语言在多元统计分析中的应用。课程呈现了许多实际案例，偏向于实战。课程视频网址为 https://www.bilibili.com/video/BV1vW411f7vY?p=1 或者 https://www.icourse163.org/course/JNU-1002335007。

▶ R 语言是数据分析常用的编程语言之一。**基础数据分析与 R 语言**中文课程在简要介绍 R 语言使用方法的基础上，将侧重点放在如何使用 R 语言进行数据分析和处理上，课程实战性较强。课程视频网址为 https://www.bilibili.com/video/BV1gW411Z7E1?p=1。

4.6 顶级程序员的成长之路

本节关注的问题是：程序员的水平究竟应该按照什么样的不同层级逐渐提高？或者

说，在学习编程的过程中，每一个阶段究竟应当设定什么样的目标才比较合理？本节内容主要借鉴了周伟明先生的专栏文章《程序员的十层楼》[86]。注意：本节讨论的程序员并非指专门写代码的人员，将其理解为信息技术领域的人员更为合适。

如果把程序员编程水平的修炼比作游戏中的"打怪升级之旅"，那么程序员的水平就会随着不停的"打怪"而不断升级。程序员的水平有哪些等级呢？事实上，如果人为将程序员的水平划分为不同的等级，这是非常难的事情，也容易引起争议。不妨用程序员的不同境界来描述，那就更容易让人理解和接受一些。如图 4-29 所示，程序员的成长过程好比一层一层往上不断爬楼的过程，欲穷千里目，更上一层楼，需要坚持不懈地攀登。接下来，让我们看看如何攀登上顶级程序员的最高境界吧。

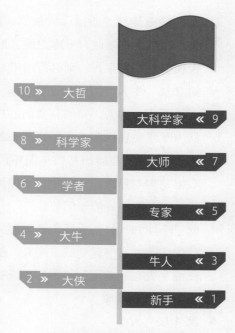

图 4-29　顶级程序员的成长之路

◆ **第 1 层　新手**

第 1 层楼好比平地层，来到平地层是不费吹灰之力的。只要你对编程有兴趣，掌握计算机的基本操作，了解计算机专业的一些基础知识，掌握一两门编程语言比如 C++ 或者 Java 等。那么恭喜你，你已经开启了"编程修仙"的爬楼之旅。

处于这一层的人可以称为新手或者入门者。新手已经能够写点像模像样的代码，心里充满了成就感，脸上挂满了自信。新手往往是在项目总监手下当"小兵"，听命于人的日子过久了，多多少少总是不甘心的，哪个新手不想往上爬、不想更上一层楼呢？于是，勇往直前冲向第 2 层。

◆ **第 2 层　大侠**

从第 1 层爬到第 2 层，相比后面更高的楼层来说，也不算太辛苦。大部分人经过 2～3 年的努力，都可以爬到第 2 层。这一层的人可称为大侠。大侠们的"江湖地位"明显提升，由于能够随心所欲地写些代码，颇受人尊敬，下面"小兵"也有三五个，出去"打个怪"，再也不用像新手那样单打独斗了。大侠们虽然有些功力，但大部分人知道自己功力有限，做一些大的软件、实现非常复杂的程序功能还是会遇到难题而磕磕绊绊。所以，大侠们还是希望有朝一日能够功力猛进，自己做点大家伙出来，在某个小领域有一席之地，成为所谓的牛人。

大侠要成长为牛人，则必须由第 2 层爬到第 3 层。

◆ **第 3 层　牛人**

大侠要成为牛人，需要花费的心血可不是一点点，要学的东西太多，比如理解编译器的原理和实现机制，了解操作系统中的内部机制（如内存管理、进程和线程的管理机制），了解处理器的基础知识和代码优化的方法。此外，还需要更深入地学习更多的数据结构与算法，掌握更深入的测试和调试知识以及质量管理和控制的方法，对各种设计方法有更好的理解等。

除了上述知识外，大侠们还需要去学习各种经验和技巧。经过此番用心修炼和若干项目的实践，大侠就变成了牛人，能够非常熟练地完成小型或中型项目。

变成牛人意味着地位进一步提升，在圈中已经有一定的知名度。牛人的下一步是要向第 4 层大牛攀爬。

◆ **第 4 层　大牛**

从第 3 层爬到第 4 层比前面几层费劲得多。要成为大牛的话，你必须要能做牛人们做不了的事情，解决牛人们解决不了的问题。比如，牛人们通常都写不出一个全新的操作系统，也写不出编译器，不懂得 TCP/IP 协议的底层实现，如果你有能力将其中的任何一个实现得像模像样的话，那么你就从牛人升级为"大牛"了。

要成为"大牛"并不是一件简单的事情，需要付出比牛人们更多的努力。一般来说，至少要看过 200 ～ 400 本的专业书籍并熟练掌握；除此之外，还要经常关注顶级会议、顶级期刊、网络媒体上的各种最新文献及技术。

达到大牛这个级别，意味着你已经爬到了程序员这个圈层的中间层，在编程界已经具有相当资深水平，已经能够独当一面，属于公司的技术核心骨干了。

新手、大侠、牛人、大牛这四层的上面是什么呢？下面就来看看第 5 层。

◆ **第 5 层　专家**

如果只懂一些编程的技巧，对一个程序员来说显然是不够的。解决一个复杂问题时，很多时候不是写不出代码，而是搞不清楚这个问题背后的原理，这就涉及建模问题，或者用计算机专业术语来说就是算法的问题或者"计算"的问题。要想成为一名顶级程序员，如果只关心编程技巧是不够的。当程序员高手过招时，数学、物理、哲学等理论层面的问题往往是区分一个程序员功力高低的关键。这方面如同武学中的内功心法，威力无穷。也就是说，程序员基础理论的功底是决定程序员能否进入这一层的关键。专家级别的程序员理论功底深厚而全面，在算法或者"计算"层面能够做到了如指掌、运用自如。简单说，专家级别的程序员需要做些基础研究。所谓基础研究，最主要的内容就是研究非数值"计算"。非数值计算涉及的领域甚广，不仅时下火热的多核计算、云计算等属于非数值计算范畴，就连软件需求、设计、测试、调试、评估、质量控制、软件工程等本质上也属于非数值计算的范畴，甚至芯片硬件设计也同样牵涉到非数值计算。如果一个程序员还没有真正领悟出"计算"二字的神圣含义，那么恐怕没有机会爬到专家层来。

前面讲到的新手、大侠、牛人、大牛、专家这 5 层程序员的共同点是能对已有的编程技巧或算法运用自如。这好比练功夫时，把人家的招式和内功心法都能够学会并且发挥出威力来。显然，仅仅做到这些是不够的，否则编程领域就不能产生新的东西、不能够快速发展了。接下来的第 6 层就涉及创新的问题。

◆ **第 6 层　学者**

由专家层再上一层，就来到了学者层。这一级别的程序员，除了能够掌握已有的东西外，更重要的是能够对已有的东西进行优化或者再创造。这一级别的程序员，必须能够做出一些创造或者创新，为编程领域产生新的内容，推动编程领域向前发展。

学者级别的程序员，需要实现从无到有的创造，不仅要求做到活学活用，还要求有所突破。显然，能够达到这一要求的程序员是不多的。更进一步，这一层的程序员做到了有所突破、有所创新，但要成为一代宗师，开宗立派，功力还不够，还必须更上一层楼。

◆ **第 7 层　大师**

现在来到第 7 层，能够爬到这一层的程序员人数不多。这一层的程序员有一个响亮的称呼：大师。什么样的人才能称作大师呢？如果你能够创造出像 C++ 或 Java 一样的语言，或者你发明了 UML（Unified Modeling Language，统一建模语言）等，你就爬到了第 7 层，晋升为大师了。

要想成为大师，就必须在编程的某个领域做出突出贡献。怎样才能够变成程序员中的大师呢？善于发现问题是关键，必须找到一个全新的、意义重大的、核心的关键问题，然后去解决它；更为重要的是，在解决问题过程中主要的思路和方法必须是原创的，而不是在别人已有的思路基础上进行优化或改进。

能够成为大师，必定会在编程界"青史留名"，受人敬仰，这也是很多程序员的毕生追求！

◆ **第 8 层　科学家**

在大师之上更上一层楼，来到第 8 层，处于这一层的程序员被称为科学家。这一层的程序员能发明和创造新的编程思想。他们的光辉思想将会引领未来编程技术的发展道路，为大师们指明前进的方向。

哪些程序员才能够称为科学家呢？例如，提出程序设计三种基本结构（顺序、选择、循环）的 Edsger W. Dijkstra，数据结构与算法这门学科的重要开创者 Donald E. Knuth，在伪随机数生成、密码学与通信复杂度等领域做出重要贡献的姚期智等。

◆ **第 9 层　大科学家**

比科学家更高一层的是第 9 层，处于这一层的程序员被称为大科学家。这一层的程序员往往具有深厚的理论功底以及多学科交叉发展的背景，在多个学科都做出了卓越的贡献。

能够被称为程序员中大科学家的人，在世界上为数不多。那么，什么样的人才能被称为大科学家呢？例如，在数理逻辑、密码学、人工智能等领域做出卓越贡献的艾伦·麦席森·图灵（Alan Mathison Turing），被誉为"现代计算机之父""博弈论之父"的约翰·冯·诺依曼（John von Neumann）等。

处于第 9 层的人已经凤毛麟角了，那么处于最高层第 10 层的程序员又会是些什么人呢？

◆ **第 10 层　大哲**

终于来到了最高的第 10 层。处于第 10 层的程序员可以称为大哲。从第 1 层"打怪"升级到第 10 层，每一层 PK 的方式都不一样。那么在第 10 层，这些顶级程序员之间 PK 的又是什么呢？写代码的技巧、如何写操作系统、如何写编译器，还是如何提出一个新算法？显然，这些都不是！PK 的是如何看待世界的方式，如何理解所要解决问题的本质。如何从一系列具体的问题中抽象出其本质，上升到世界观或者是哲学的层面，这才是顶级程序员之间能力差异的关键所在。这一说法理解起来似乎有点困难。举个例子，面向对象编程体现的就是程序员如何看待这个世界的方式。面向过程的编程方式是根据解决问题的流程一步一步来编写程序，关心的是每一步到底该做什么。面向对象编程关心的则不是要解决的具体问题本身，而是考虑待解决的问题到底涉及哪些具体的对象，然后抽象出这些对象的共同属性和功能，并将所有对象的集合抽象成类来表示，将对象的属性用类中的变量来表示，将对象的功能用类中的函数或方法来表示。这样通过编写类来解决待解决的问题，这其中用到的一个关键技巧就是抽象，而抽象正是哲学的核心思维方式之一。

处于第 10 层的大哲们，关注的不再是某个具体问题或是某个学科，更多的是这个世界运行的规律或本质。因此，能够到达第 10 层的人很少。例如，熵是衡量世界上事物的混乱程度或有序性的概念，事物越混乱或无序，则熵越大；反之，则越小。而克劳德·艾尔伍德·香农（Claude Elwood Shannon）将熵的概念巧妙地用到信息论中，得到信息论中最核心的概念之一：信息熵。熵还可以用到经济学、热力学等许多领域，只要是需要衡量事物的混乱程度或有序性的领域都可以使用熵。甚至，可以用熵来衡量整个宇宙的混乱程度。熵更像是一种哲学概念，它是一种通用的思想。克劳德·艾尔伍德·香农的信息熵思想广泛地影响了信息科学、通信科学、控制科学等各个领域，他配得上大哲称号，理应处于最高的第 10 层。

参考文献

［1］ Robert C Martin. 代码整洁之道［M］.2 版 . 韩磊，译 . 北京：中国工信出版集团，人民邮电出版社，2020.

［2］ Herb Sutter, Andrei Alexandrescu. C++ 编程规范：101 条规则、准则与最佳实践［M］. 刘基诚，译 . 北京：人民邮电出版社，2016.

［3］ 杨冠宝 . 阿里巴巴 Java 开发手册［M］. 北京：电子工业出版社，2020.

［4］ James Gosling, et al. The Java language specification: Java SE［M］. 8th ed. Upper Saddle River: Addison-Wesley, 2014.

［5］ 老九君 . C++ 的发展简史［EB/OL］.https://www.cnblogs.com/ljxt/p/11636342.html, 2019-10-08.

［6］ 翁惠玉 . C++ 程序设计：思想与方法［M］.2 版 . 北京：人民邮电出版社，2012.

［7］ 谭浩强 . C++ 程序设计［M］.3 版 . 北京：清华大学出版社，2015.

［8］ Siddhartha Rao. Sams teach yourself C++ in one hour a day［M］. 8th ed. Boston: Pearson, 2017.

［9］ Bjarne Stroustrup. Programming: principles and practice using C++［M］. 2nd ed. Crawfordsville: Pearson, 2014.

［10］ Bjarne Stroustrup. C++ 语言设计和演化［M］. 裴宗燕，译. 北京：人民邮电出版社，2020.

［11］ Stephen Prata. C++ Primer Plus：中文版［M］. 6 版. 张海龙等，译. 北京：人民邮电出版社，2020.

［12］ Stanley B Lippman, Josée Lajoie, Barbara E Moo. C++ Primer：中文版［M］. 5 版. 王刚等，译. 北京：电子工业出版社，2013.

［13］ Stanley B. Lippman. Essential C++：中文版［M］. 侯捷，译. 北京：电子工业出版社，2013.

［14］ 侯捷. STL 源码解析［M］. 武汉：华中科技大学出版社，2015.

［15］ Ivor Horton. C++ 标准模板库编程实战［M］. 郭小虎等，译. 北京：清华大学出版社，2017.

［16］ Brian W Kernighan, Rob Pike. 程序设计实践［M］. 裴宗燕，译. 北京：机械工业出版社，2003.

［17］ Bruce Eckel. C++ 编程思想：两卷合订本［M］. 刘宗田等，译. 北京：机械工业出版社，2011.

［18］ Scott Meyers. Effective C++：改善程序与设计的 55 个具体做法［M］. 3 版. 侯捷，译. 北京：电子工业出版社，2011.

［19］ Scott Meyers. More Effective C++：35 个改善编程与设计的有效方法［M］. 侯捷，译. 北京：电子工业出版社，2020.

［20］ Scott Meyers. Effective STL：50 条有效使用 STL 的经验［M］. 潘爱民等，译. 北京：电子工业出版社，2013.

［21］ 陆文周. Qt 5 开发及实例［M］. 4 版. 北京：电子工业出版社，2019.

［22］ 王维波. Qt 5.9 C++ 开发指南［M］. 北京：人民邮电出版社，2018.

［23］ 冯振，郭延宁，吕跃勇. OpenCV 4 快速入门［M］. 北京：电子工业出版社，2020.

［24］ ghscarecrow. Java 的发展历程［EB/OL］. https://blog.csdn.net/ghscarecrow/article/details/82318636, 2018-09-02.

［25］ JMCui. Java 的发展历程［EB/OL］. https://www.cnblogs.com/jmcui/p/11796303.html, 2019-11-07.

［26］明日科技 . Java 从入门到精通［M］.5 版 . 北京：清华大学出版社，2019.

［27］Kathy Sierra, Bert Bates. Head first Java［M］. 2nd ed. Sebastopol: O'Reilly, 2005.

［28］Bruce Eckel. Java 编程思想［M］.4 版 . 陈昊鹏，译 . 北京：机械工业出版社，2007.

［29］Cay S Horstmann. Java 核心技术卷Ⅰ：基础知识［M］.11 版 . 林琪等，译 . 北京：机械工业出版社，2019.

［30］Cay S Horstmann. Java 核心技术卷Ⅱ：高级特性［M］.11 版 . 陈昊鹏，译 . 北京：机械工业出版社，2020.

［31］Joshua Bloch. Effective Java：中文版［M］.3 版 . 俞黎敏，译 . 北京：机械工业出版社，2019.

［32］周志明 . 深入理解 Java 虚拟机：JVM 高级特性与最佳实践［M］.3 版 . 北京：机械工业出版社，2019.

［33］Brian Goetz. Java 并发编程实战［M］. 童云兰译 . 北京：机械工业出版社，2012.

［34］Kamalmeet Singh. Java 设计模式及实践［M］. 张小坤等，译 . 北京：机械工业出版社，2013.

［35］明日科技 . Java Web 从入门到精通［M］.3 版 . 北京：清华大学出版社，2019.

［36］未来科技 . HTML5+CSS3+JavaScript 从入门到精通［M］. 北京：中国水利水电出版社，2017.

［37］Elisabeth Robson, Eric Freeman. Head First HTML 与 CSS［M］.2 版 . 徐 阳 等，译 . 北京：中国电力出版社，2013.

［38］Adam Freeman. HTML5 权威指南［M］. 谢廷晟等，译 . 北京：人民邮电出版社，2014.

［39］Eric A Meyer, Estelle Weyl. CSS 权威指南［M］.4 版 . 安道，译 . 北京：中国电力出版社，2019.

［40］David Flanagan. JavaScript 权威指南［M］.7 版 . 李松峰，译 . 北京：机械工业出版社，2021.

［41］许令波 . 深入分析 Java Web 技术内幕［M］. 修订版 . 北京：电子工业出版社，2014.

［42］Nicholas S Williams. Java Web 高级编程［M］. 王肖峰，译 . 北京：清华大学出版社，2015.

［43］孙卫琴 .Tomcat 与 Java Web 开发技术详解［M］.3 版 . 北京：电子工业出版社，2019.

［44］郭霖 . 第一行代码 Android［M］.3 版 . 北京：人民邮电出版社，2020.

［45］欧阳燊.Android Studio 开发实战：从零基础到 App 上线［M］.2 版.北京：清华大学
出版社，2018.

［46］Dmitry Jemerov, Svetlana Isakova. Kotlin 实战［M］.覃宇等，译.北京：电子工业出
版社，2017.

［47］Kristin Marsicano, Brian Gardner, Bill Phillips, et al. Android 编程权威指南［M］.4
版.王明发，译.北京：中国工信出版集团，人民邮电出版社，2021.

［48］刘望舒.Android 进阶之光［M］.2 版.北京：电子工业出版社，2021.

［49］邓凡平.深入理解 Android: Java 虚拟机 ART［M］.北京：机械工业出版社，2019.

［50］任玉刚.Android 开发艺术探索［M］.北京：电子工业出版社，2015.

［51］林学森.深入理解 Android 内核设计思想：上、下册［M］.2 版.北京：人民邮电出版
社，2017.

［52］何红辉，关爱民.Android 源码设计模式解析与实战［M］.2 版.北京：人民邮电出版社，
2017.

［53］Christian Keur, Aaron Hillegass. iOS 编程［M］.6 版.王风全，译.武汉：华中科技
大学出版社，2019.

［54］张益珲.Swift 4 从零到精通 iOS 开发［M］.北京：清华大学出版社，2019.

［55］Aaron Hillegass, Mikey Ward. Objective-C 编程［M］.2 版.王蕾等，译.武汉：华中
科技大学出版社，2015.

［56］Matthew Mathias, John Gallagher. Swift 编程权威指南［M］.2 版.陈晓亮，译.北
京：人民邮电出版社，2017.

［57］Kazuki Sakamoto, Tomohiko Furumoto. Objective-C 高级编程：iOS 与 OS X 多线
程和内存管理［M］.黎华，译.北京：人民邮电出版社，2013.

［58］Erica Sadun. iOS Auto Layout 开发秘籍［M］.2 版.孟立标，译.北京：清华大学出版
社，2015.

［59］珲少.iOS 性能优化实战［M］.北京：电子工业出版社，2019.

［60］罗巍.iOS 应用逆向与安全之道［M］.北京：机械工业出版社，2020.

［61］Gaurav Vaish.高性能 iOS 应用开发［M］.梁士兴等，译.北京：人民邮电出版社，
2017.

［62］刘浩.MATLAB R2020a 完全自学一本通［M］.北京：电子工业出版社，2020.

［63］天工在线 . MATLAB 2020 从入门到精通［M］. 北京：中国水利水电出版社，2020.

［64］苗志宏，马金强 . MATLAB 面向对象程序设计［M］. 北京：电子工业出版社，2014.

［65］徐潇，李远 . MATLAB 面向对象编程——从入门到设计模式［M］.2 版 . 北京：北京航空航天大学出版社，2017.

［66］王文峰，等 . MATLAB 计算机视觉与机器认知［M］. 北京：北京航空航天大学出版社，2017.

［67］杨淑莹，郑清春 . 模式识别与智能计算——MATLAB 技术实现［M］.4 版 . 北京：电子工业出版社，2019.

［68］Eric Matthes. Python 编程：从入门到实践［M］.2 版 . 袁国忠，译 . 北京：人民邮电出版社，2020.

［69］Magnus Lie Hetland. Python 基础教程［M］.3 版 . 袁国忠，译 . 北京：人民邮电出版社，2018.

［70］Luciano Ramalho. 流畅的 Python［M］. 安道等，译 . 北京：人民邮电出版社，2017.

［71］Brett Slatkin. Effective Python：编写高质量 Python 代码的 90 个有效方法［M］.2 版 . 爱飞翔，译 . 北京：机械工业出版社，2021.

［72］Jan Erik Solem. Python 计算机视觉编程［M］. 朱文涛等，译 . 北京：人民邮电出版社，2014.

［73］Andreas C Müller. Python 机器学习基础教程［M］. 张亮，译 . 北京：人民邮电出版社，2018.

［74］魏坤 . Julia 语言程序设计［M］. 北京：机械工业出版社，2018.

［75］郝林 . Julia 编程基础［M］.2 版 . 北京：人民邮电出版社，2020.

［76］Ben Lauwens, Allen B Downey. Think Julia［M］. Sebastopol: O'Reilly, 2019.

［77］Jalem Raj Rohit. Julia Cookbook［M］. Birmingham: Packt Publishing, 2018.

［78］Zacharias Voulgaris. Julia 数据科学应用［M］. 陈光欣，译 . 北京：人民邮电出版社，2018.

［79］朱红庆 . Julia 机器学习核心编程：人人可用的高性能科学计算［M］. 北京：电子工业出版社，2019.

［80］Norman Matloff. R 语言编程艺术［M］. 陈堰平，译 . 北京：机械工业出版社，2013.

［81］Andy Nicholls, Richard Pugh, Aimee Gott. R 语言入门经典［M］. 姜佑等，译 . 北京：

人民邮电出版社，2018.

[82] Robert I Kabacoff. R 语言实战［M］.2 版 . 王小宁等，译 . 北京：人民邮电出版社，
2016.

[83] Hadley Wickham. 高级 R 语言编程指南［M］. 潘文捷等，译 . 北京：机械工业出版社，
2020.

[84] Brett Lantz. 机器学习与 R 语言［M］.2 版 . 李洪成等，译 . 北京：机械工业出版社，
2017.

[85] 程乾，刘永，高博 . R 语言数据分析与可视化从入门到精通［M］. 北京：北京大学出版
社，2020.

[86] 周伟明 . 程序员的十层楼（一、二、三）［J］. 程序员，2009（6）：134-136；2009
（7）：118-120；2009（8）：134-136.

人工智能怎么学

5 人工智能的专业领域知识体系构建

阅读提示

计算机视觉和智能交通是 AI 两个典型和热门的研究领域，本部分首先给出这两个 AI 专业领域的研究内容和知识体系，然后为各专业领域推荐一些常用教材，最后为读者总结各专业领域的学习路线。通过上述步骤，让读者快速入门计算机视觉和智能交通，提高学习的效率和效果。

学习重点

◆ 理解计算机视觉的主要研究内容和知识体系
◆ 掌握计算机视觉的学习路线
◆ 理解智能交通的主要研究内容和知识体系
◆ 掌握智能交通的学习路线

AI 的专业领域知识是指 AI 与具体应用领域相结合时所需要的该应用领域的知识。AI 的应用领域非常广泛，例如计算机视觉、智能交通、智能制造、智慧金融、智慧教育、智慧农业、智慧能源、智能通信、智能芯片等。受限于篇幅，本书无法将诸多应用领域逐一介绍，下面将以计算机视觉和智能交通两个典型和热门的应用领域为例，介绍 AI 专业领域知识体系构建。其他 AI 领域专业知识体系的构建，读者可以查阅相关图书。

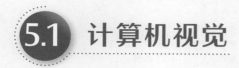

5.1　计算机视觉

5.1.1　基本概念

　　计算机视觉（Computer Vision）是指用计算机和摄像头实现人的视觉功能，即实现对客观世界三维场景的感知、识别和理解等。计算机视觉是 AI 中非常热门的一个研究领域，已经有一些比较成熟的应用，例如人脸识别、车牌识别、装配机器人等。同时，计算机视觉仍然是一个朝气蓬勃的学科，还有大量的问题没有解决，需要广大的人员进行研究，例如人眼底层视觉信号的传感和作用机制深度解析、图像的高级语义识别及理解等。

　　一个计算机视觉系统的组成部分通常包括光源、摄像头、数据传输线、计算机、执行机构等。光源的作用是为物体打光，提高成像质量；摄像头实现现场图像的采集；数据传输线将采集到的图像或视频传送给计算机；计算机对图像或视频进行分析和处理，根据计算的结果进行决策；执行机构负责执行计算机的决策。图 5-1 显示了一个对特种砖表面缺陷进行检测的计算机视觉系统的示意图，该系统由光源、摄像头、数据传输线、计算机、机械手、传送带等组成。摄像头会对传送带上的特种砖进行拍照，如果计算机检测出特种砖有缺陷，则会启动机械手将特种砖从传送带上取下来。

　　下面重点讨论计算机视觉的主要研究内容和知识体系，为读者推荐一些计算机视觉的常用教材，并给出建议的学习路线。

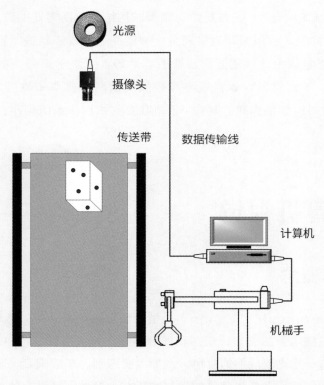

图 5-1　对特种砖进行检测的计算机视觉系统示意图

5.1.2　发展历程

计算机视觉发展经历阶段

◆ **学科领域的开创**

1977 年 David Marr 在 MIT 人工智能实验室提出了计算机视觉理论，这是与 Lawrence Roberts 当初引领的积木世界分析方法截然不同的理论。计算机视觉理论成为 20 世纪 80 年代计算机视觉重要理论框架，使计算机视觉有了明确的理论体系，极大地促进了计算机视觉的发展。1982 年 David Marr 的 *Vision* 一书的问世，标志着计算机视觉成为一门独立学科。该书在心理学基础上建立了图像图形特征的数学模型，提出了图像边沿特征与边沿检测算法、光流与纹理特征的概念、图像特征匹配和立体视觉的概念、运动理解和目标表面三维重建的设想，引入了目标识别的理念。

◆ **先驱研究**

以傅京孙（King Sun Fu）、黄煦涛（Thomas S. Huang）、Azriel Rosenfeld、Olivier Faugeras、J. K. Aggarwal、N. Ahuja 为代表的先驱者在图像特征提取、图像特征匹配、三维重建、三维定位、三维运动分析等计算机视觉的新领域进行了开创性的研究，极大地促进了计算机视觉学科的发展壮大。这一时期的研究主要采用视觉几何的方法进行，其理论基础包括射影几何、多视图几何等。

◆ **发展成熟**

这一时期计算机视觉在图像标注、图像检索、人脸识别、人体三维运动分析、动作识别、场景语义理解、虚拟现实、增强现实等多个研究方向取得突破性进展，部分计算机视觉成果开始进行实际应用的尝试，如人脸识别、场景目标分析、工业部件检测等，但是在错检率、漏检率、测量精度等方面还需要做进一步改进。该时期主要采用视觉学习的方法进行研究，即机器学习技术被广泛应用于解决计算机视觉中的问题。

◆ **部分技术取得大范围的应用**

这一时期深度学习框架 TensorFlow、Pytorch、Keras、Caffe 等得以发布和不断完善，深度学习的使用门槛越来越低，使用深度学习框架越来越方便。深度学习技术极大地提升了计算机视觉算法的性能，特别是基于无监督学习的算法。基于深度学习的计算机视觉技术使得某些领域的应用开始大范围落地，创造了重大的经济价值，且受到了政府部门的高度重视，例如人脸识别技术的广泛应用等。近年来，计算机视觉技术的成功应用案例越来越多。这一时期主要采用视觉计算的方法进行研究，即基于深度学习的框架对大量的视觉数据进行计算，从而实现算法性能的提升。

计算机视觉发展标志性事件

计算机视觉的发展历程波澜壮阔，熟悉其间一些标志性事件将有助于读者对计算机视觉学科有更加具体而深刻的了解，现总结如下[1]。

◆ **20世纪50年代，开始二维图像的分析和识别**

如果把图像处理也看作计算机视觉的一部分，那么早期的计算机视觉可以追溯到20世纪50年代。这一时期研究的主题是二维图像的分析和识别。

（1）1959年，神经生理学家David Hubel和Torsten Wiesel通过猫的视觉实验，首次发现了视觉初级皮层神经元对于移动边缘刺激敏感，发现了视功能柱结构，为视觉神经研究奠定了基础。这些发现促成了计算机视觉技术40年后的突破性发展，奠定了深度学习之后的核心准则。

（2）1959年，Russell Kirsch和他的同学研制了一台可以把图片转化为被二进制机器所理解的灰度值的仪器。这是世界上第一台数字图像扫描仪，其使得处理数字图像开始成为可能。因此，Russell Kirsch被誉为"像素之父"。

◆ **20世纪60年代，开创了以三维视觉理解为目的的研究**

（1）1965年，Lawrence Roberts撰写的《三维固体的机器感知》中描述了从二维图片中推导三维信息的过程。这是现代计算机视觉的前导之一，其开创了以理解三维场景为目的的计算机视觉研究。Lawrence Roberts对积木世界的创造性研究给人们带来极大启发，之后人们开始对积木世界进行深入的研究，从边缘的检测、角点特征的提取，到线条、平面、曲线等几何要素分析，再到图像明暗、纹理、运动以及成像几何等，并建立了各种数据结构和推理规则。

（2）1966年，MIT人工智能实验室的Seymour Papert教授决定启动夏季视觉项目，并期望在几个月内解决机器视觉问题。Seymour Papert和Gerald Sussman协调学生计划设计一个可以自动执行背景/前景分割，并从真实世界的图像中提取非重叠物体的平台。这一计划虽然未成功，但该项目成为计算机视觉作为一个科学领域正式诞生的标志。

（3）1969年秋天，贝尔实验室的两位科学家Willard S.Boyle和George E.Smith正忙于电荷耦合器件（CCD）的研发。这是一种将光子转化为电脉冲的器件，其很快成为高质量数字图像采集任务的新宠，并逐渐应用于工业相机传感器。这标志着计算机视觉走上应用舞台，开始被应用于工业机器视觉中。

◆ **20世纪70年代，出现课程和明确理论体系**

（1）20世纪70年代中期，MIT人工智能实验室正式开设计算机视觉课程。

（2）1977年，David Marr在MIT人工智能实验室提出了计算机视觉理论，这是与Lawrence Roberts当初引领的积木世界分析方法截然不同的理论。计算机视觉理论成为80年代计算机视觉的重要理论框架，使计算机视觉有了明确的理论体系，极大地促进了计算机视觉的发展。

◆ **20世纪80年代，独立学科形成，理论从实验室走向应用**

（1）1982年，David Marr的 *Vision* 一书的问世，标志着计算机视觉成为一门独立学科。

（2）1982 年，日本 COGEX 公司生产的视觉系统 DataMan 是世界上第一套工业光学字符识别系统。

（3）1989 年，法国的 Yann LeCun 将一种后向传播学习算法应用于 Fukushima 的卷积神经网络结构中。

◆ **20 世纪 90 年代，特征对象识别开始成为重点**

（1）1997 年，伯克利大学 Jitendra Malik 教授和学生 Jianbo Shi 共同发表了一篇论文，描述了他们试图解决感性分组的问题。研究人员试图让机器使用图论算法对图像进行合理的分割。

（2）1999 年，David Lowe 发表《基于局部尺度不变特征（SIFT 特征）的物体识别》，标志着研究人员开始停止通过创建三维模型重建对象，而转向基于特征的对象识别。

（3）1999 年，Nvidia 公司在推销 Geforce 256 芯片时提出了 GPU 概念。GPU 是专门为了执行复杂的数学和集合计算而设计的数据处理芯片。伴随着 GPU 的发展应用，游戏行业、图形设计行业、视频行业发展也随之加速，出现了越来越多高画质游戏、高清图像和视频。

◆ **21 世纪初，图像特征工程取得更多进展，出现真正拥有标注的高质量数据集**

（1）2001 年，Paul Viola 和 Michael Jones 推出了第一个实时工作的人脸检测框架。

（2）2005 年，由 Dalal 和 Triggs 提出方向梯度直方图特征计算方法并应用到行人检测上。该方法是目前计算机视觉、模式识别领域的一种描述图像局部纹理特征的经典方法。

（3）2006 年，Lazebnik、Schmid 和 Ponce 提出了一种利用空间金字塔进行图像匹配、识别、分类的算法。该算法在不同尺度上统计图像特征点的分布，从而获取图像的局部特征。

（4）2006 年，Pascal VOC 项目启动。它提供了用于对象分类的标准化数据集以及用于访问所述数据集和注释的一组工具。创始人在 2006—2012 年间举办了年度竞赛，该竞赛允许评估不同对象类识别方法的表现。这一举措促进了图像检测效果的不断提高。

（5）2006 年左右，Geoffrey Hilton 和他的学生发明了用 GPU 来优化深度神经网络的工程方法，并在 *Science* 和相关期刊上发表了论文。Geoffrey Hilton 首次提出"深度信念网络"概念，并给多层神经网络相关的学习方法赋予"深度学习"这一全新称呼。随后深度学习研究大放异彩，广泛应用于图像处理和语音识别领域，Geoffrey Hilton 的学生后来赢得 2012 年 ImageNet 大赛，并使卷积神经网络

（Convolutional Neural Networks, CNN）家喻户晓。

（6）2009 年，Felzenszwalb 教授提出基于 HOG 的可变形部件模型（Deformable Parts Model, DPM）算法，并在行人检测上取得了应用。它是深度学习之前性能最好的物体检测和识别算法。

◆ **2010 年至今，深度学习在计算机视觉中被广泛应用**

（1）2009 年，李飞飞教授等在计算机视觉和模式识别国际大会（CVPR 2009）上发表了名为 *ImageNet: A Large-Scale Hierarchical Image Database* 的论文，并发布了 ImageNet 数据集，该数据集是经过 3 年多努力才组建完成的一个超大数据集。此后，从 2010 年到 2017 年，基于 ImageNet 数据集共进行了 7 届 ImageNet 挑战赛。ImageNet 改变了 AI 领域研究者对数据集的认识，研究者开始意识到数据在研究中的地位就像算法一样重要。ImageNet 是计算机视觉发展的重要推动者，也是深度学习热潮的关键推动者，其将目标检测算法推向了新的高度。

（2）2012 年，Alex Krizhevsky、Ilya Sutskever 和 Geoffrey Hinton 提出了一个大型的深度卷积神经网络，即现在众所周知的 AlexNet。

（3）2014 年，蒙特利尔大学提出了著名的生成对抗网络（Generative Adversarial Networks, GAN）。

（4）2017—2018 年，深度学习框架发展到了成熟期。PyTorch 和 TensorFlow 等深度学习框架提供了针对多项任务（包括图像分类）的大量预训练模型。

（5）2019 年，BigGAN 网络被提出。BigGAN 也是一个 GAN 网络，只不过其更强大、学习能力更强。由 BigGAN 生成的图像非常逼真，甚至难辨真假。

5.1.3 主要研究内容

计算机视觉的研究内容庞杂，要清晰明了地将其介绍全面非常困难。根据笔者的理解，下面做一简明扼要的阐述，以便读者对整个计算机视觉的研究领域有更清晰的了解。

根据所使用的摄像机的数目，可以将整个计算机视觉领域分为单目视觉、双目视觉、结构光视觉和多目视觉。

（1）单目视觉。指使用一个摄像机或摄像头进行图像采集。单目视觉的研究内容包括图像滤波、图像增强、二值图像处理、边缘检测、轮廓分析、图像分割、目标检测、物体识别等。图 5-2 为一个用于啤酒瓶瓶口缺陷检测的单目视觉系统的示意图，啤酒瓶

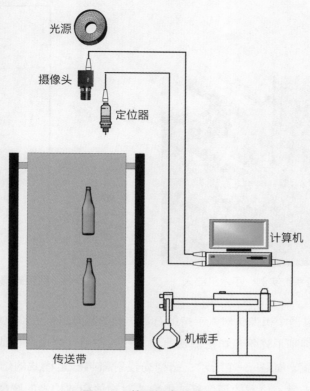

图 5-2　单目视觉系统示例

　　被摆放在传送带上运输，当定位器检测到啤酒瓶到达摄像机正下方时会启动摄像机对啤酒瓶进行拍照，并将拍摄的照片传送给计算机进行分析。如果啤酒瓶没有被检测出缺陷，则通过传送带；否则，会被机械装置从传送带上取下。

（2）双目视觉。指使用两个摄像机或摄像头对场景中的物体进行拍摄，所采集的数据主要用于三维视觉的分析。双目视觉的研究内容包括基于双目视觉的物体定位、尺寸检测、三维匹配、三维重建、运动分析、目标跟踪等。大部分情形下，单目视觉系统只能获得物体的二维信息，也就是只能计算出物体的平面坐标；双目视觉系统、多目视觉系统、结构光视觉系统则能够获得物体的三维信息，即可计算出物体的三维空间坐标。简单来说，在通常情形下，要获得物体的三维信息至少要两个摄像机，或者用一个摄像机再加上结构光。如果人只用一只眼睛看世界就无法感觉到物体离他的距离，这就是单目视觉在通常情形下无法获得三维信息的最好例证。人之所以有两只眼睛，就是为了获得物体的三维信息。图 5-3 为两个双目视觉系统的实例，该系统为一个手术机

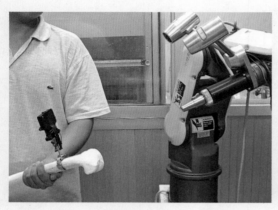

图 5-3　双目视觉系统实例：手术机器人

图 5-4　结构光视觉系统示例

器人系统，通过两个摄像头对人手持的石膏仿制的腿骨进行三维空间的跟踪和定位。

（3）结构光视觉。其基于光学三角法测量原理，一般使用一个摄像机或摄像头，再加上一个结构光投射器。如图 5-4 所示，结构光投射器将一定模式的结构光投射于物体表面，同时由处于另一位置的摄像机或摄像头对物体和结构光的图像进行采集，采集的信息被传送给计算机进行处理，就可以获得物体的三维信息。结构光视觉也是一种三维视觉的分析模式，其主要研究内容包括基于结构光视觉的物体定位、尺寸检测、三维重建等。

（4）多目视觉。指由多个摄像机或摄像头（数目通常多于 2 个）对场景中的物体进行拍摄，所采集的图像数据被用于三维视觉的分析。其主要研究内容包括基于多目视觉的物体定位、尺寸检测、三维匹配、三维重建、运动分析、目标跟踪等。图 5-5 为一个运用多目视觉技术进行人体运动分析的示

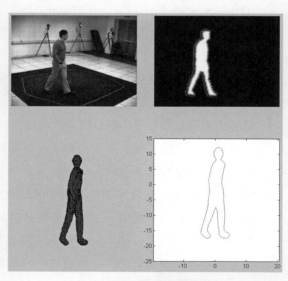

图 5-5　多目视觉系统示例

例。通过在人体周围布置一圈摄像头，对场景中的人进行拍摄，运用计算机视觉技术构建出人体的三维模型，对人体的运动姿态和模式进行分析。

对上述进行总结，将计算机视觉各领域的主要研究内容总结于图 5-6 中，方便读者理解。

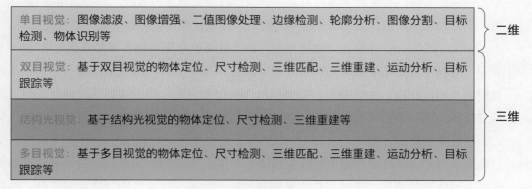

图 5-6　计算机视觉的主要研究内容

5.1.4　常用教材推荐

计算机视觉的相关教材较多，以下几本常用教材可供读者参考。

- Rafael C.Gonzalez 等编著、阮秋琦等翻译的《**数字图像处理**》[2] 是图像处理领域的经典著作之一，适合入门学习。该教材的主要内容包括绪论、数字图像基础、灰度变换与空间滤波、频域滤波、图像复原与重构、小波变换和其他图像变换、彩色图像处理、图像压缩和水印、形态学图像处理、图像分割、特征提取、图像模式分类。数字图像处理是计算机视觉的先修核心课程之一，读者需要认真学习。

- David A.Forsyth 等编著、高永强等翻译的《**计算机视觉：一种现代方法**》[3] 是计算机视觉领域的经典入门教材，内容涉及摄像机的几何模型、光照及阴影、颜色、线性滤波、局部图像特征、纹理、立体视觉、运动结构、聚类分割、分组与模型拟合、跟踪、配准、平滑表面及其轮廓、深度数据、图像分类、物体检测与识别、基于图像的建模与渲染、图像搜索与检索、优化技术等。

- *An Invitation to 3-D Vision: From Images to Geometric Models* [4] 是加州大学伯克利分校马毅教授等编写的一本关于三维技术的教材，该书理论功底深厚，推导严谨，系统全面地介绍了三维技术的各个方面。全书分为基础知识、双视图几何、多视图几何、三维技术应用等几部分。

- 叶韵编著的《**深度学习与计算机视觉：算法原理、框架应用与代码实现**》[5]是一本介绍如何将当前热门的深度学习技术应用于计算机视觉领域的教材。全书由两部分组成，第一部分为基础知识，第二部分为实例精讲。该教材理论和实践并重，适合提高用。
- Richard Hartley 等编著、韦穗等翻译的《**计算机视觉中的多视图几何**》[6]是一本介绍三维视觉理论基础的著名教材，是从事三维视觉研究人员的必读图书。其从基础的摄影几何、变换、估计讲起，到摄像机几何和单视图几何，接着到双视图几何，再到三视图几何，最后讲解多视图几何。全书理论严谨、论述清晰，被公认为视觉几何方面的经典著作。
- 吴福朝编著的《**计算机视觉中的数学方法**》[7]是一本介绍计算机视觉数学理论基础的教材，适合进阶使用。该教材包含射影几何学、矩阵与张量、模型估计三部分，共同组成了三维计算机视觉的基本数学理论和方法：第一部分射影几何学是三维计算机视觉的数学基础，着重介绍射影几何学及其在计算机视觉中的应用；第二部分矩阵与张量是描述和解决三维计算机视觉问题的必要数学工具，着重介绍与计算机视觉有关的矩阵和张量理论及其应用；第三部分模型估计是三维计算机视觉的基本问题，通常涉及变换或某种数学量的估计，着重介绍与视觉估计有关的数学理论与方法。

5.1.5　学习路线

计算机视觉的学习路线如图 5-7 所示。在初级入门阶段，需要学习入门教材（1）、（2）：教材（1）可以为计算机视觉的学习打下数字图像处理的基础，数字图像处理是计算机视觉的先修课程；教材（2）可以帮助了解计算机视觉的全貌和知识点，快速入门计算机视觉。在中级提高阶段，需要学习提高教材（1）、（2），重点学习三维视觉的基础理论，三维视觉是当前计算机视觉的热门研究领域之一，是未来发展的重点方向，同时掌握深度学习方法在计算机视觉中的应用，会应用深度学习这一最流行的方法解决计算机视觉中的具体问题。在高级进阶阶段，通过学习进阶教材（1），重点掌握计算机视觉中的多视图几何方法，这是三维视觉的数学理论基础；同时通过学习进阶教材（2），掌握计算机视觉中的数学理论。对于有志于计算机视觉基础研究的人来说，进阶教材（1）、（2）值得认真深入学习；如果只是从事计算机视觉的应用和项目开发工作，则可以不学。

高级进阶，学习以下教材：
（1）《计算机视觉中的多视图几何》（Richard Hartley 等著，韦穗等译）
（2）《计算机视觉中的数学方法》（吴福朝）

中级提高，学习以下教材：
（1）*An Invitation to 3-D Vision: from Images to Geometric Models*（马毅等）
（2）《深度学习与计算机视觉：算法原理、框架应用与代码实现》（叶韵）

初级入门，学习以下教材：
（1）《数字图像处理》（Rafael C. Gonzalez 等著，阮秋琦等译）
（2）《计算机视觉：一种现代方法》（David A. Forsyth 等著，高永强等译）

图 5-7　计算机视觉的学习路线图

5.1.6　在线课程推荐

▶ 天津理工大学杨淑莹教授的**数字图像处理**中文课程，详细讲解了图像处理和分析的内容，条理清晰，特别适合入门者学习。课程视频网址为 https://www.Bilibili.com/video/BV1tx41147Tx?p=1。

▶ 杜克大学 Guillermo Sapiro 教授的**图像和视频处理**英文课程，通过分解知识点来组织课程，逻辑清晰，层层深入，环环相扣。课程视频网址为 https://www.bilibili.com/video/BV1j7411i78H?p=1。

▶ 北京邮电大学鲁鹏老师的**机器视觉**中文课程，语言生动幽默，娓娓道来，由浅入深，条理清晰，易于理解，适合自学。课程视频网址为 https://www.bilibili.com/video/BV1V54y1B7K3?p=1。

▶ 斯坦福大学李飞飞教授是计算机视觉领域的著名学者，其开设的**计算机视觉**英文课程学习者众多，课程内容新颖，实例丰富，课程涉及的知识面非常宽泛，呈现了该领域的发展前沿。课程视频网址为 https://www.bilibili.com/video/BV1nJ411z7fe?p=1 或者 http://cs231n.stanford.edu。

密西根州立大学 Justin Johnson 教授讲授的**计算机视觉中的深度学习**英文课程，内容新颖，理论密切结合实践，非常值得学习。课程视频网址为 https://www.bilibili.com/video/BV1Yp4y1q7ms?p=1。

5.2 智能交通

5.2.1 基本概念

智能交通系统（Intelligent Traffic System，ITS）是指对整个交通运输管理体系综合运用自动控制技术、数字通信技术、信息处理技术、电子传感技术以及计算机技术而建立起来的，实时、高效、准确、全方位发挥作用的运输和管理系统[8]。ITS 涵盖了所有的运输方式，同时它充分地考虑了运输系统中动态、相互作用的路、车、人和环境四要素，将车辆与道路状态逐渐过渡到车辆和道路相融合。ITS 是新一代的交通运输系统，其提高交通运输水平的方式与传统手段相比有着本质的区别。传统提高交通运输水平的方式通过建设更多的基础设施和消耗大量资金来改善交通状况，而 ITS 是以已有的交通设施为基础，在整个交通体系中综合运用先进的相关技术，通过实时采集交通信息，然后进行传输和处理，同时辅以其他科学手段，最终建立起一个实时、准确、高效的交通管理体系，从而使已有的交通设施得以充分的利用并提高交通运输的效率和安全，使交通运输服务和管理实现智能化。

5.2.2 发展历程

下面来回顾一下智能交通的发展历程[8]。

◆ **美国智能交通系统发展历程**
美国最早期的有关研究工作始于 20 世纪 60 年代末，当时称之为电子线路导航系统（Electronic Route Guidance System，ERGS）。
20 世纪 80 年代中期，PATHFINDER 系统由美国加州交通部研制成功，随后美国政府部门在全国开展了智能化车辆道路系统（Intelligent Vehicle Highway System，IVHS）的研究。

ITS 体系结构开发计划在 1993 年由美国运输部正式启动，该计划的目的是要确立一个经过详细规划的国家 ITS 系统结构，并利用该体系结构指导 ITS 产品和服务的配置，在保持交通系统地区特色和灵活性的基础上为交通系统在全国范围内的兼容与协调提供保障，并允许在产品和服务中开展自由、公平的竞争。

1994 年美国智能交通协会成立，该协会的宗旨是协调和加速美国先进运输技术的发展，同时该协会发布了智能交通运输系统发展计划。

1995 年，美国开始发布统一的国家 ITS 体系结构。图 5-8 给出了美国 ITS 的结构示意图。

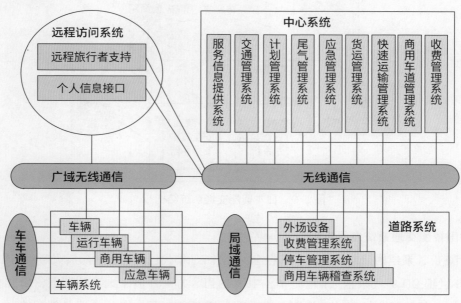

图 5-8　美国智能交通系统结构[8]

◆ 日本智能交通系统发展历程

日本的智能交通研究始于 1973 年，随后日本 ITS 系统的发展大致经历了如下四个阶段：第一阶段在 2000 年前后，此阶段为 ITS 的初始发展阶段。此时 ITS 系统的交通信息主要提供给已运行的车辆智能控制系统，最佳路线信息和交通拥堵信息则提供给车载导航系统，以便减少驾驶员的出行时间，同时提高旅行的舒适度。

第二阶段在 2005 年前后，此时的 ITS 系统通过引入系统必须为用户服务的思想，引发了交通系统的革命。ITS 系统直接为出行者提供有关目的地的公交信息和其他相关服务信息。

第三阶段在 2010 年前后，此时 ITS 系统研究被推进到一个更高的水平。良好的基础设施、先进的车载装置、完善的法律系统等将 ITS 系统提升到一个稳固的社会系统。

第四阶段在 2010 年后，这一阶段的鲜明特点是 ITS 的所有子系统都已投入使用，ITS 的发展已经进入一个成熟的时期。图 5-9 呈现了日本 ITS 的结构。

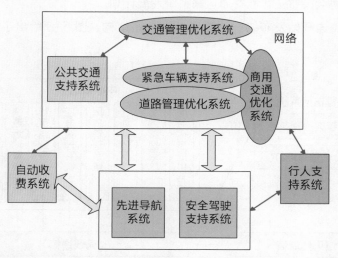

图 5-9　日本智能交通系统结构[8]

◆ **中国智能交通系统发展历程**

中国 ITS 系统的前期研究工作早在 20 世纪 70 年代已经开始，随后大致经历如下：

20 世纪 90 年代末至 21 世纪初，中国在 ITS 方面开展了大量的调查、研究与应用工作，各部门已经开始意识到 ITS 作为一项系统工程，必须协调各部门统一、有组织、有计划地开展研究工作。2000 年由科技部牵头，会同国家计委、经贸委、公安部、铁道部、交通部等 10 多个相关部委成立了发展 ITS 的政府协调领导机构——全国智能交通系统协调指导小组。该小组的工作有力地促进了中国 ITS 的发展。目前，通过对海量动态交通数据进行抽样、去噪等处理后，研究者能够直观、准确地实时提取出交通运行状态信息。通过对这些信息的汇总和分析可以对路况发布、交通导航、道路检测等提供有力支持，同时也大大加快了城市交通智能化、数字化的进程，有力地促进了城市的可持续发展。

2010 年至今，随着数字地图技术、人工智能技术、大数据技术、物联网技术与交通场景的深度融合，ITS 迎来了蓬勃发展的新阶段。自动驾驶成为智能交通行业中非常热门的领域，许多独角兽企业纷纷加入自动驾驶的赛道。智慧道路、车联网、位置服务、车路协同等新兴技术正不断拓展 ITS 的新型研究领域。广义的智能交通甚至可以推广到智慧城市的范畴，如以阿里的城市大脑为代表的技术等，在不断改变着人们生活的方方面面。

5.2.3 主要研究内容

智能交通是一个非常大的学科，也是一个交叉学科，根据运输通道的位置不同，可以将智能交通分为公路运输、水路运输、航空运输、轨道运输等研究领域。各领域的研究内容如图 5-10 所示。本书中将智能交通中的交通理解为"大交通"，包含了公路运输、水路运输、航空运输、轨道运输等各个运输通道上的交通。也有一些书籍将智能交通中的交通定义为公路运输与轨道运输等与城市交通相关的领域。

| **公路运输**：包括智慧道路、自动驾驶、道路交通状态识别与预测、道路交通信号控制、车辆定位与跟踪、车辆监控、车牌识别、行人监控等 |
| **水路运输**：船舶定位与跟踪、航线规划、航运安全、智慧港口、无人船等 |
| **航空运输**：飞机定位与跟踪、飞机航线规划与调度、航空客流量监测与预测等 |
| **轨道运输**：轨道交通信号控制、列车运输调度、列车定位与跟踪、轨道运输安全、地铁线路规划、地铁运行安全、地铁客运流量监测等 |

图 5-10　智能交通的主要研究内容

◆ **公路运输**

智能交通在公路运输方面的研究内容主要包括智慧道路、自动驾驶、道路交通状态识别与预测、道路交通信号控制、车辆定位与跟踪、车辆监控、车牌识别、行人监控等。"智慧道路"这一概念比较新，这里特别解释如下：智慧道路是借助物联网、大数据、人工智能等新一代信息技术，构建以数据为核心的城市交通信息采集与发布的智慧载体，实现道路服务品质化、管理科学化和运行高效化，将有效提升出行体验。

◆ **水路运输**

智能交通在水路运输方面的主要研究内容包括：船舶定位与跟踪，实时定位船舶的位置并跟踪船舶的航行轨迹；航线规划，为各船舶的出行规划合理的航行路线；航运安全，检测船舶的各种参数以及航行环境的参数，提前对航行的安全风险做出预判，确保航运安全；智慧港口，运用 AI 技术实现港口运行的智能管理。

◆ **航空运输**

智能交通在航空运输方面的主要研究内容包括：飞机定位与跟踪，实时定位飞机的位置并跟踪飞机的航行轨迹；飞机航线规划与调度，为飞机规划合理的航线及飞行的先后顺序等；航空客流量监测与预测，对乘客的出行人数进行监测并进行预测，以保证出行人数维持在合理区间。

◆ **轨道运输**

智能交通在轨道运输方面的研究内容主要包括：轨道交通信号控制，为列车的运行提供正确的信号；列车运输调度，规划列车运行的路线及先后顺序等；列车定位与跟踪，实时定位列车的位置并对列车进行跟踪；轨道运输安全，确保列车运行时不会发生碰撞等安全事故；地铁线路规划，研究地铁线路站点的规划和布置；地铁运行安全，对地铁的速度、位置、外部环境进行监控，确保地铁运行安全；地铁客运流量监测，对乘客的人数进行实时监测，保证人数维持在合理区间。

5.2.4　常用教材推荐

智能交通包含的研究领域非常广泛，相关图书很多，为了帮助读者提高学习效率，以下推荐一些常用教材供读者参考。

- 王昊等著的《**交通流理论及应用**》[9] 主要介绍了交通流的特征与特性，以及平衡态和非平衡态数学模型的构建方法。全书主要介绍了交通流理论研究的内容和发展沿革、交通流的基本参数描述方法、交通流的基本特征、常用交通流微观动力学模型、常用交通流宏观动力学模型、交叉口交通流的分析方法、行人交通流基本理论，以及交通流理论的新发展。
- 程琳编著的《**城市交通网络流理论**》[10] 是一本介绍城市路网交通流建模与分析的前沿教材。该教材论述了交通需求与交通网络的相互作用关系及其演化机理，同时对交通工程领域中的诸多前沿问题进行了深入的理论分析。全书主要内容包括交通网络的表示方法、交通网络均衡理论、固定需求与弹性需求下的交通网络流模型、均衡路段算法与路径算法及起点算法、均衡网络流的敏感度分析、拥堵交通网络流问题、交通网络流问题的数学表达，以及动态交通网络模型概述等。

- 曲大义等编著的《**智能交通系统及其技术应用**》[11]描述了智能交通中的重要技术，同时对智能交通中的工程应用也进行了很好的阐述。全书主要内容包括智能交通系统概述、智能交通系统的体系结构及相关技术、出行者信息系统、城市道路交通管理、城市智能公共交通、高速公路信息管理系统、车载系统与导航、智能交通系统的技术经济评价，以及智能交通系统的标准化等。

- 郑宇编著的英文版教材 *Urban Computing*[12]主要介绍了机器学习、数据挖掘、大数据分析、数据可视化等领域的最新方法在城市大数据处理、分析、可视化中的应用。

- 王建徐等编著的《**自动驾驶技术概论**》[13]是一本介绍无人驾驶的基本概念，以及无人驾驶技术架构、开发平台等前沿科技的教材。该书主要内容包括自动驾驶技术概述、汽车构造基础、自动驾驶汽车技术架构、自动驾驶汽车开发平台、Apollo 平台介绍等。

- 钟伟雄等编著的《**无人机概论**》[14]以无人机为研究对象，介绍了无人机相关的基本概念、基本原理、基本技术和基本方法。该教材框架清晰，易于理解。该书主要内容包括无人机概述、无人机结构与系统、无人机飞行原理、航空气象、无人机飞行管理、无人机法律法规、无人机操纵、无人机的日常维护、无人机行业应用等。

5.2.5　学习路线

智能交通的学习路线如图 5-11 所示。在初级入门阶段，需要学习入门教材（1）、（2）：通过教材（1）学习交通流建模和分析的基础知识、基本方法，这是智能交通的理论基础；通过教材（2）学习城市交通网络流的基本理论，为宏观交通流分析打下理论基础。在中级提高阶段，需要学习提高教材（1）、（2），重点学习智能交通各子系统的组成及作用，掌握智能交通中的最新技术，同时理解机器学习、数据挖掘、大数据分析、数据可视化等领域的最新方法在城市大数据处理、分析、可视化中的应用。在高级进阶阶段，学习进阶教材（1）、（2），了解智能交通中非常热门的两个研究领域，即自动驾驶和无人机技术；这两个领域是智能交通未来非常有前景的两个方向，如需进一步深入学习这两个领域，则还需要进一步参考相关教材。

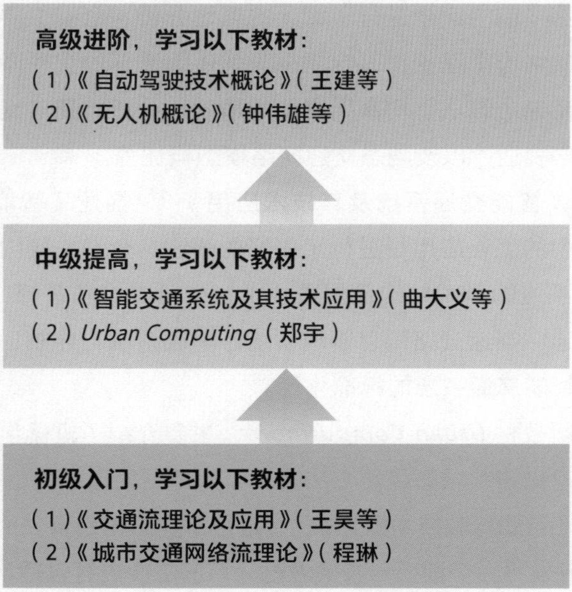

高级进阶，学习以下教材：
（1）《自动驾驶技术概论》（王建等）
（2）《无人机概论》（钟伟雄等）

中级提高，学习以下教材：
（1）《智能交通系统及其技术应用》（曲大义等）
（2）*Urban Computing*（郑宇）

初级入门，学习以下教材：
（1）《交通流理论及应用》（王昊等）
（2）《城市交通网络流理论》（程琳）

图 5-11　智能交通的学习路线图

5.2.6　在线课程推荐

▶ 长安大学李曙光教授等主讲的**交通流理论**中文课程制作精良，详细介绍了交通流的各种模型，课程交互性强，讲解细致，特别适合从事智能交通领域的人士学习。课程视频网址为 https://www.icourse163.org/course/CHD-1206497807。

▶ 东南大学程琳教授的**城市交通网络分析**中文课程属于交通流分析领域的前沿课程，其详细介绍了城市路网交通流的分析方法，语言幽默，易于理解。课程视频网址为 https://www.bilibili.com/video/BV1w7411R7aU?from=search&seid=11747892645393775394。

参考文献

［1］ 王 Annie. 计算机视觉发展史［EB/OL］.https://zhuanlan.zhihu.com/p/142927311?utm_source=wechat_session，2000-05-08.

［2］ Rafael C Gonzalez，等. 数字图像处理［M］.4 版. 阮秋琦等，译. 北京：电子工业出

版社，2020.

[3] David A Forsyth, Jean Ponce. 计算机视觉：一种现代方法［M］.2 版 . 高永强等，译 . 北京：电子工业出版社，2017.

[4] Yi Ma. An Invitation to 3-D Vision: From Images to Geometric Models［M］.New York: Springer, 2004.

[5] 叶韵 . 深度学习与计算机视觉：算法原理、框架应用与代码实现［M］. 北京：机械工业出版社，2017.

[6] Richard Hartley, Andrew Zisserman. 计算机视觉中的多视图几何［M］.2 版 . 韦穗等，译 . 北京：机械工业出版社，2020.

[7] 吴福朝 . 计算机视觉中的数学方法［M］. 北京：科学出版社，2008.

[8] 肖建力 . 智能交通中的多核支持向量机与分类器集成方法研究［D］. 上海：上海交通大学，2013.

[9] 王昊，金诚杰 . 交通流理论及应用［M］. 北京：人民交通出版社，2020.

[10] 程琳 . 城市交通网络流理论［M］. 南京：东南大学出版社，2010.

[11] 曲大义，陈秀锋，魏金丽，等 . 智能交通系统及其技术应用［M］.2 版 . 北京：机械工业出版社，2017.

[12] Yu Zheng. Urban Computing［M］. Cambridge: The MIT Press, 2018.

[13] 王建徐，国艳，陈竞凯，等 . 自动驾驶技术概论［M］. 北京：清华大学版社，2019.

[14] 钟伟雄，韦凤，邹仁，等 . 无人机概论［M］. 北京：清华大学出版社，2019.

6 人工智能的前沿信息获取

阅读提示

AI 的知识更新迭代非常迅速，因此对 AI 前沿的跟踪非常必要。本部分首先介绍 AI 前沿信息的获取方法，前沿信息包括：AI 研究领域中哪些研究内容是最前沿的，哪些研究人员实力比较强，哪些研究机构处于引领地位，如何检索某个课题的最新文献，等等；接下来介绍 AI 领域的顶级会议，主要介绍 AI 领域的顶级会议有哪些，各个顶级会议有什么特点，以及如何获取这些顶级会议的投稿信息；随后介绍 AI 领域的顶级期刊，介绍 AI 领域顶级期刊的信息及投稿要求；最后介绍文献智能管理工具，以提升读者文献阅读、文献存档、文献笔记检索的效率。

◆ 了解 AI 前沿信息的获取方法
◆ 了解 AI 顶级会议的相关信息及投稿要求
◆ 了解 AI 顶级期刊的相关信息及投稿要求
◆ 掌握文献智能管理工具的使用方法

6.1 前沿信息获取方法

本节主要介绍 AI 前沿信息的获取方法，包括会议论文和期刊论文的检索及下载、会议信息获取、期刊信息获取、学术机构信息获取、研究人员信息获取等。

6.1.1 使用文献数据库

文献数据库是检索和下载论文的主要工具。对文献进行检索和下载的技巧，在本科生公共基础课文献检索或信息检索等类似课程中有专门讲授。若读者没有这方面的基础，可以从以下教材中挑选一本进行学习。

- 邓发云编著的《信息检索与利用》[1]系统介绍了信息素养、信息源、信息检索等方面的基本知识，同时还对各种常用检索工具的检索方法与技巧进行了详细描述，书中提供了大量的案例和习题，方便读者进行学习。
- 王细荣等编著的《文献信息检索与论文写作》[2]系统呈现了文献信息检索的基础知识和基本技能，并介绍了各种文献的特点与分布、一些常用文献检索工具的编排组织规则和使用方法，以及电子资源检索的方法。该教材对于经典的中外文题录或文摘数据库、引文数据库、全文数据库，介绍了其特点和常用的检索功能，描述了文献原文获取的技巧和方法。此外，对纸质文献与电子资源合理使用的范畴、学术论文的写作与投稿技巧也做了介绍。
- 沈固朝等编著的《信息检索（多媒体）教程》[3]描述了信息源、信息检索的基本知识，同时介绍了专类检索工具、人文及社会科学类检索工具、科技类检索工具等。

按照语言种类，文献可以分为中文文献和外文文献两种。下面分别介绍中文文献和外文文献数据库。

常见的中文文献数据库包括中国知网数据库、万方数据库、超星数据库等。

常见的英文数据库包括 Web of Science（SCI）、Engineering Village（EI）、IEEE 等。

当需要查询中文文献的时候使用中文文献数据库进行查询，当需要查询外文文献的时候使用外文文献数据库进行查询。那么，如何访问这些数据库呢？前提是你所在机构或单位必须购买了这些数据库的使用权限，你才可以从这些数据库中免费下载文献，否则需要自己按篇付费。此外有些数据库允许会员缴纳会费后免费下载，例如，如果你是 IEEE 会员，那么你可以访问 IEEE 数据库，前提是你必须缴纳会费成为其会员。

如果你所在单位没有访问文献数据库的权限，那么有没有一些免费的途径来访问文献数据库呢？答案是有的。下面介绍两种常见的方式：一种是通过中国国家图书馆，一种是通过你所在地的图书馆。

◆ **中国国家图书馆**

中国国家图书馆是中国目前文献、多媒体等资源最为丰富的图书馆之一，提供的读者服务也非常丰富，深受各类读者的喜爱。中国国家图书馆的官方网址为 http://www.nlc.cn。要成为中国国家图书馆的读者有如下几种方式：① 成为读者卡用户，用自己的身份证件去中国国家图书馆现场办读者卡；② 成为互联网实名注册读者，须到中国国家图书馆的数字图书馆（网址为 http://read.nlc.cn/）注册并实名认证；③ 成为互联网非实名注册读者，须到中国国家图书馆的数字图书馆注册，但不需要实名认证。在接下来的介绍内容中，分别对上述三类读者简称读者卡用户、实名读者、非实名读者。三类读者都可以通过自己的用户名和密码访问中国国家图书馆的数字图书馆，但访问的文献数据库数量有所不同。目前，通过中国国家图书馆的数字图书馆读者可以访问到的资源库（即文献数据库）数量见表 6-1。

表 6-1　三类不同读者可以访问中国国家图书馆数字图书馆的文献数据库数量

访 问 范 围	读者类型	自建特色资源库数量／个	商业购买资源库数量／个
互联网访问	读者卡用户	48	151
	实名读者	48	61
	非实名读者	48	17
国家图书馆局域网访问	读者卡用户	48	246
	实名读者	48	156
	非实名读者	48	112

注：以上资源库数量会根据馆内政策不定期调整；表中统计截至 2022 年 1 月。

◆ 所在地图书馆

除了通过中国国家图书馆访问外，读者还可以通过当地图书馆来访问文献数据库。例如，通过上海图书馆 e 卡通——电子资源远程服务即可访问上海图书馆的文献数据库。要开通上海图书馆 e 卡通功能有两种方式：一是通过现场办理读者卡开通，二是通过在上海图书馆官网注册为互联网读者后开通，上海图书馆的官方网址为 https://library.sh.cn。

6.1.2 使用 Google 学术搜索

谷歌（Google）学术是谷歌公司开发的一款专门针对学术搜索的在线搜索引擎[4]，谷歌学术的网址为 https://scholar.google.com，其界面如图 6-1 所示。使用谷歌学术搜索，可以检索会议或者期刊论文。只需在检索框中输入关键字，然后点搜索按钮即可，关键字可以是题名、人名、会议名称、期刊名称等。例如搜索人脸识别方面的文献，则只需在搜索框中输入"face recognition"。

图 6-1 谷歌学术网站界面

还可以使用谷歌学术搜索的高级检索功能，进行更加精确的检索。具体步骤如图 6-2 所示：先打开谷歌学术网站得到界面 1，在界面 1 中点击椭圆圈出的"选项按钮"，弹出界面 2，然后在界面 2 中点击"Advanced search"，弹出界面 3，在界面 3 中可输入更多的检索条件进行高级检索。

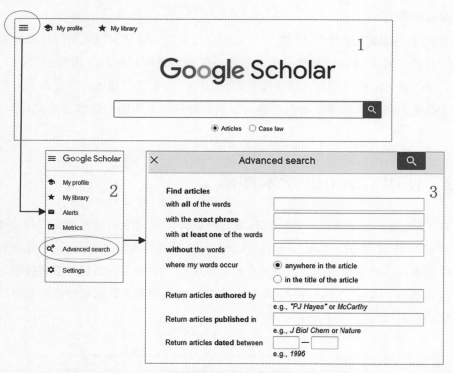

图 6-2　使用谷歌学术高级搜索功能的操作步骤

6.1.3　使用 AMiner

数据挖掘领域的领军人物——清华大学唐杰教授及其团队开发了一个在线的学术挖掘平台 AMiner[5]。截至目前，唐杰教授已经发表论文 200 余篇，拥有专利 20 余项，荣获英国皇家学会牛顿高级奖学金、CCF 青年科学家奖、北京市科技进步一等奖、中国人工智能学会科技进步一等奖。唐杰教授研究兴趣包括社会网络分析、数据挖掘、机器学习和知识图谱等。

AMiner 是具有完全自主知识产权的新一代科技情报分析与挖掘平台。从 2006 年起，唐杰教授便开始了该系统的研制，历经 15 年的研发，AMiner 的功能日趋成熟、越发强大。发展到现在，AMiner 已经完全公司化、产业化，成为一个由上百名工程师维护的大平台；AMiner 的服务器已经达到数十台的体量，可以提供人才咨询、技术分析、学术查询等丰富而实用的功能。AMiner 的官方网址为 http://www.aminer.cn，其

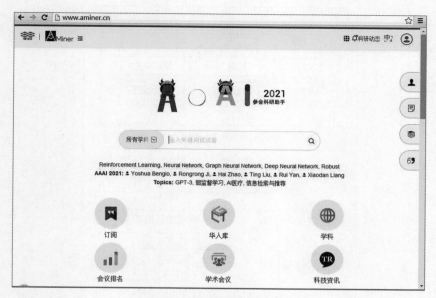

图 6-3　AMiner 网站界面

界面如图 6-3 所示。

　　AMiner 平台以科研人员、科技文献、学术活动三大类数据为基础，构建三者之间的关联关系，深入分析挖掘，面向全球科研机构及相关工作人员，提供学者、论文文献等学术信息资源检索以及面向科技文献、专利和科技新闻的语义搜索、语义分析、成果评价等知识服务。典型的知识服务包括学者档案管理及分析挖掘、专家学者搜索及推荐、技术发展趋势分析、全球学者分布地图、全球学者迁徙图、开放平台等。

　　读者可以使用该网站丰富的学术挖掘功能获取前沿信息。例如，读者通过使用AMiner 可以进行文献检索，同时还可以获取作者排名、机构排名、会议信息、科技资讯、学科信息等。

　　与其他流行的学术系统如 Google Scholar、Microsoft Academic Search、CiteSeerX、CiteULike、ResearchGate、Semantic Scholar、DBLP 等相比，AMiner 可以自动为学者生成基于语义的文档，包括研究兴趣、职称、机构、性别、语言、所在位置、合作关系图等。借助于得到的、丰富的文档文件，AMiner 可以提供许多强大的功能，例如，找到某个国家某个特定领域最有影响力的学者，或者是追溯某项技术趋势的起源等。AMiner 系统的框架和常用功能如图 6-4 所示。

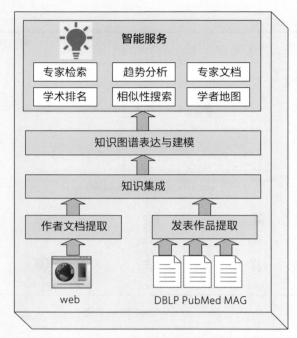

图 6-4 AMiner 系统的框架和常用功能

6.1.4 使用 Acemap

Acemap 是上海交通大学王新兵教授及其团队开发的一个学术信息挖掘网站。该网站能够实现作者排名、机构排名、期刊排名、作者关系图、研究热点图等非常强大的功能[6]。Acemap 与 Aminer 的不同之处在于,Aminer 的检索功能更加强大,而 Acemap 的可视化功能更加强大,Acemap 具有很多绚酷的复杂网络图。Acemap 的网址为 https://www.acemap.info,界面如图 6-5 所示。

虽然目前已有如 Google Scholar 等诸多学术搜索系统可以使用,但是这些系统普遍基于关键词检索进行开发,即用户输入查询关键词,该系统返回相关论文列表。当学者真正面对更加实际的学术与工业问题时,如"6G 要采用什么编码技术?"等,已有的学术搜索引擎很难便捷有效地帮助其找寻到答案。从 2013 年起,王新兵教授带领学生团队进行新型学术挖掘平台 Acemap 的研发。2018 年起,王新兵教授开始组织大规模的全职工程师团队对系统进行进一步优化与升级。截至 2021 年,Acemap 系统已经累计超过 100 人参与系统开发、5 次系统重构与升级、超过 20 万行源代码、全球超过千万人次系统访问。

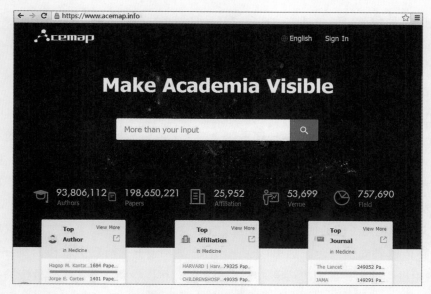

图 6-5　Acemap 网站界面

  Acemap 系统搭建了分布式大规模学术数据采集系统，从多数据源实时更新学术数据，截至 2021 年，平台收录了发表在 53 513 个会议、期刊、图书等来源上的超过 188 942 513 篇论文和 91 016 667 位学者信息。Acemap 通过在学术大数据网络中的数据分析与挖掘，抽取学术大数据中的隐含知识，构建超大规模学术知识图谱，最终结合可视化技术，将这些隐含知识通过学术地图的形式呈现给学者，帮助学者以最简便的方式获取学术领域的发展趋势、学术论文间的关联、领域的代表学者等信息。Acemap 主要功能架构如图 6-6 所示。

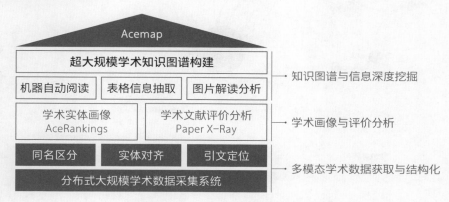

图 6-6　Acemap 主要功能架构

Acemap 的特色功能包括 Author Map（作者关系图）、AceRankings（研究机构与学者排名系统）等。

◆ **Author Map**

Author Map 学者地图是围绕特定学者的合作网络结构的可视化地图，其中每个点表示一位学者，中心节点为该地图主要关注的学者，周围其他点是该学者的主要合作团队／学者。图中每条边表示两位学者之间有合作关系，两个节点越靠近，则表示两位学者合作关系越紧密。另外，每个点的大小表示这位学者和中心学者合作次数（即共同发表的论文数），点越大则合作次数越多。点的颜色表示这位学者和中心学者合作论文的影响力（即他们共同发表论文的总被引量），合作论文的被引次数越多，则点的颜色越倾向于红色。这里以 Xinbing Wang（王新兵）教授为例在 Author Map 中进行搜索，得到的结果如图 6-7 所示，可以看到，与王新兵教授关系最为密切的是 Xiaohua Tian，而合作影响力最大的是 Youyun Xu。

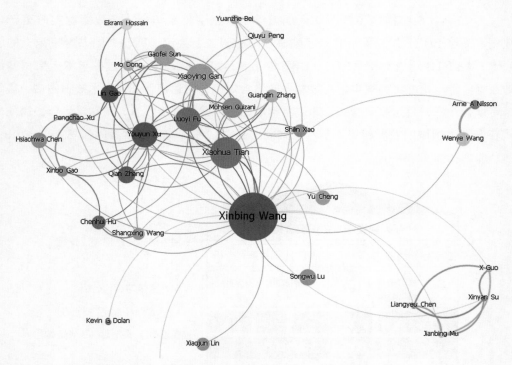

图 6-7　使用 Acemap 中的 Author Map 进行搜索

◆ **AceRankings**

AceRankings 是基于实时指标统计的全球顶级研究机构与学者排名系统，其通过针对领域、期刊、会议等统计维度的筛选，可获取任意范围内学术机构与学者的实时排行统计，以及各机构、学者的学术评价演化与领域分析等信息。AceRankings 的界面和主要功能如图 6-8 所示。

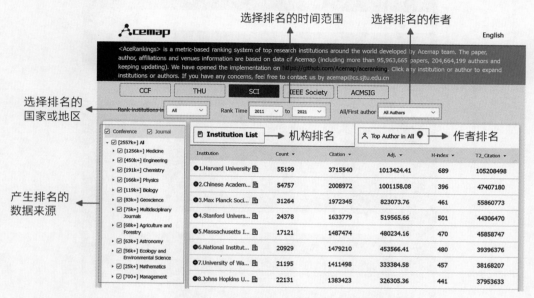

图 6-8　Acemap 中 AceRankings 的界面和主要功能

6.1.5　使用 Semantic Scholar

Semantic Scholar 是由微软联合创始人 Paul Allen 开发的免费学术搜索引擎，其检索结果来自期刊、学术会议资料或学术机构的文献。Semantic Scholar 网址为 https://www.semanticscholar.org，网站界面如图 6-9 所示。该搜索引擎使用机器学习技术，提高了检索效率和准确性[7]。读者可以利用该网站进行文献检索，使用非常便捷。

6.1.6　使用微软学术

微软学术是微软公司开发的一款学术搜索引擎，分为国际版和国内版。微软学术国际版的网址为 https://academic.microsoft.com/home，其界面如图 6-10 所示。微软学术

图 6-9　Semantic Scholar 网站界面

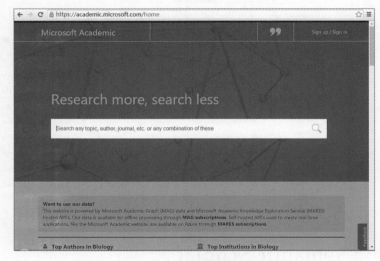

图 6-10　微软学术网站界面

国内版的网址为 https://cn.bing.com/academic，其更适合使用中文的用户。目前国际版网站已经下线，用户只能使用国内版。微软学术为研究员、学生、图书馆馆员和其他用户查找学术论文、国际会议、权威期刊、作者和研究领域等提供了一个更加智能、新颖的搜索平台[8]。微软学术具有文献检索、作者排名、机构排名等功能。

6.1.7　使用百度学术

如果要获取英文的前沿信息，一般使用谷歌学术获得的信息比较准确；如果要获取中

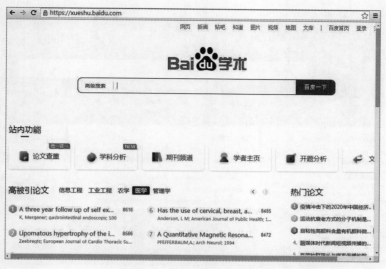

图 6-11 　百度学术网站界面

文的前沿信息，则建议使用百度学术。百度学术搜索是百度旗下提供海量中英文文献检索的学术资源搜索平台，于 2014 年 6 月初上线。其涵盖了各类学术期刊、会议论文，旨在为国内外学者提供最好的科研体验[9]。百度学术网址为 https://xueshu.baidu.com，界面如图6-11 所示。读者可以使用百度学术进行论文检索和学科分析，也可以浏览学者主页等。

6.1.8 　使用中国知网

中国知网（China National Knowledge Infrastructure，CNKI）意为国家知识基础设施。中国知网起始于 CNKI 工程，即一个以实现全社会知识资源传播共享与增值利用为目标的信息化建设项目。CNKI 工程由清华大学、清华同方发起，始建于 1999年 6 月。目前已经发展成为国内非常著名的科技信息检索平台之一，可以提供非常齐全的文献检索服务[10]。在进行中文的文献检索时，中国知网是优先使用的平台之一。中国知网网址为 https://www.cnki.net，界面如图 6-12 所示。

6.1.9 　使用 arXiv

arXiv 是美国康奈尔大学开发的一款论文预印版发布和检索平台。由于计算机领域知

图 6-12　中国知网网站界面

识和技术更新迭代非常快，大家发表论文的时效性竞争非常激烈。谁先发表，发明权就是谁的，这就是所谓的"先占坑原则"。由于期刊和会议论文的发表周期都比较长，而 arXiv 的原则是上传到该网站并且公开即为论文发表，这种方式的时效性非常强。因此，其特别受计算机及 AI 等相关领域研究人员的欢迎。一般而言，AI 领域的论文发表往往采用这样的方式：先上传到 arXiv，然后再投稿到会议，会议录用后根据会议的评阅意见对论文内容加以修改，改进方法，增加实验，对论文加以扩充，再把论文投稿到期刊。通常，期刊论文的方法与会议论文的方法在原创性上要有 30% 的不同。有些期刊会对差异性有更加苛刻的要求，甚至明确说明不接受会议论文改投期刊，读者在改投期刊时要认真阅读期刊的投稿须知。建议读者养成论文定稿后先上传到 arXiv 上发表的习惯，这样保证自己的成果不会因为没有及时发表而被别人抢先发表。arXiv 网址为 https://arxiv.org，界面如图 6-13 所示。

6.1.10　使用 WikiCFP

AI 领域是非常看重顶级会议论文的。发表顶级会议论文并参会，积极地在会上宣读论文，多增加曝光度，多与 AI 领域的大牛们交流，是推广自己研究成果的有效途径。要投稿顶级会议论文，首先就要了解会议的相关信息，搞清楚投稿的时间节点、会议召开时间、会议地点等关键信息。会议的相关信息可以到 WikiCFP 上进行查询。WikiCFP 上

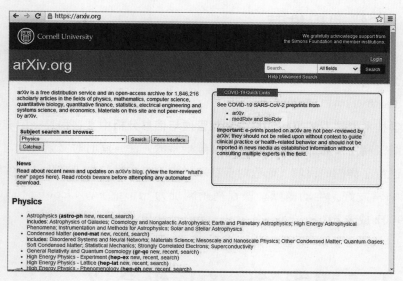

图 6-13　arXiv 网站界面

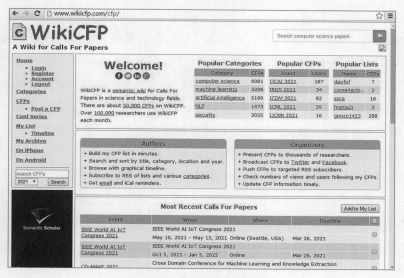

图 6-14　WikiCFP 网站界面

提供了非常丰富的检索功能，方便用户找到自己需要查找的会议信息，其网址为 http://www.wikicfp.com/cfp/，界面如图 6-14 所示。

随着智能手机的快速普及，人们获取信息的方式也发生了翻天覆地的变化，新媒体应运而生。读者获取 AI 前沿信息的方式也可以通过微信公众号、头条号等进行。

6.1.11　在线课程推荐

▶ 武汉大学黄如花教授的**信息检索**中文课程知识面广泛，内容详尽，讲解清晰。课程视频网址为 https://www.icourse163.org/course/WHU-29001 或者 https://www.bilibili.com/video/BV1Jt411x7pE?p=1。

▶ 中国科学技术大学罗昭锋研究员的**文献管理与信息分析**中文课程是一门非常新颖的课程，介绍了利用常见的搜索引擎进行文献检索的方法，同时对文献管理与分析的高级技巧也进行了详细的讲解。课程对于获取学术信息和进行学术写作非常实用，且对于学习者非常友好，生动幽默。课程视频网址为 https://www.icourse163.org/course/USTC-9002 或者 https://www.bilibili.com/video/BV1Vs411T7jX?p=1。

6.2　人工智能领域的顶级会议

当搭建好了 AI 领域的知识架构，即具备了较扎实的数学、编程及专业领域知识后，如果想在 AI 领域追踪前沿研究，就不能只看教材了。毕竟 AI 领域的发展一日千里，教材上的知识一般不是最新的。此时，应该将关注的重点转向 AI 领域的会议和期刊论文特别是会议论文，会议论文包含着 AI 领域的最新研究成果。AI 领域的会议论文非常多，如果没有选择技巧，无疑是大海捞针，费力而不讨好。这里需要强调一点，要选择顶级会议的论文。顶级会议是高手过招的地方，好比武林中的华山论剑。那么，什么样的会议才算顶级会议呢？

顶级会议好比一个演唱会，只有大牌明星云集的演唱会才算是顶级演唱会，自然地，只有顶级 AI 学者云集的会议才算顶级会议。事实上，经过这么多年的发展，AI 领域有些会议受到了广大从业人员的深度认可，形成了巨大的品牌效应。大家争相投稿这些会议，导致其录用率比大多数期刊的录用率都低很多，这些会议就是 AI 领域的顶级会议。

6.2.1　顶级会议列表的获取方法

如何评价一个会议是否顶级会议，没有统一的标准。因此，顶级会议的列表也有很多版本。读者不用担心各个版本的顶级会议列表会造成冲突和混乱，以致出现不知道应该以哪个版本顶级会议列表为准的情况。这是因为，虽然顶级会议列表的版本有很多种，但是对于顶级会议的评价，各个版本一般比较接近。所以，参考其中任何一个版本差别都不会太大。顶级会议的列表从哪里去找？这里介绍三种方法，一是通过谷歌学术，二是通过各个协会组织或机构的官网，三是通过中国计算机协会的官网。

通过谷歌学术查找顶级会议列表的具体步骤如图 6-15 所示。首先打开谷歌学术网站得到界面 1，然后在界面 1 中点击椭圆圈出的"选项按钮"，弹出界面 2，然后在界面 2

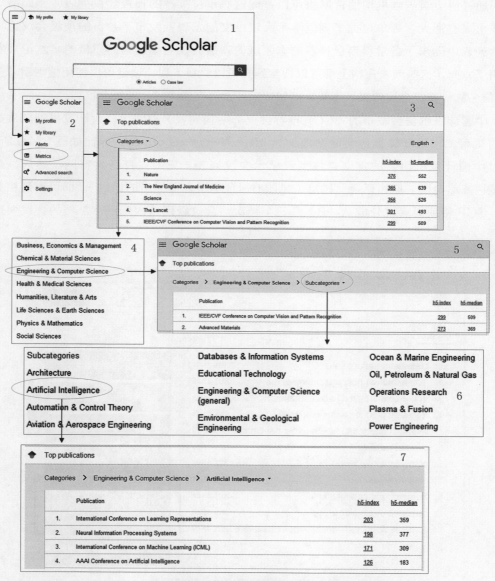

图 6-15 使用谷歌学术查找顶级会议列表的具体步骤

中点击"Metrics"，弹出界面 3，在界面 3 中点击"Categories"，弹出界面 4，在界面 4 中点击"Engineering & Computer Science"，弹出界面 5，在界面 5 中点击"Subcategories"，弹出界面 6，在界面 6 中点击"Artificial Intelligence"，弹出界面 7，即得顶级期刊和会议的混合列表（这里只截取了前 4 位）。

通过协会组织或机构的官网也可以查询这些单位推荐的顶级会议列表，例如清华大学、上海交通大学等单位为了规范学术会议论文的发表就发布了各自的顶级会议论文列表，列表中列出了各学科自己推荐的本领域的顶级会议名单，为高质量的学术论文发表指明了方向。这些列表在网上都可以搜索到并可以免费下载，读者可以使用搜索引擎搜索"单位名称　顶级会议列表"下载，例如搜索"上海交通大学　顶级会议列表"。

中国计算机协会发布的《CCF 推荐会议／期刊列表》得到了广大计算机领域从业人员的认可。中国计算机协会网站地址为 https://www.ccf.org.cn，界面如图 6-16 所示。通过中国计算机协会的官网查找顶级学术会议列表，只须先打开其官网。然后，点击"CCF 推荐会议／期刊目录"栏目（见图 6-16 中用方框标出的栏目），即可看到相关列表。CCF 将顶级会议分成 A、B、C 三个档次，会议级别依次降低，A 档的会议为最顶级的。

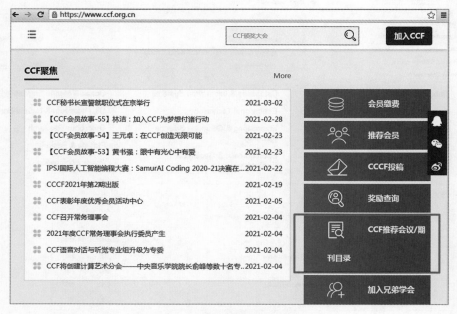

图 6-16　中国计算机协会网站界面

　　　人工智能怎么学

6.2.2　中国计算机协会推荐的人工智能领域 A 类会议

中国计算机协会推荐的人工智能领域 A 类会议见表 6-2。表中给出了会议的简称、全称、出版社、网址。注意网址并不是会议的官网，而是下载会议论文全文的链接。由于会议基本上是每年举办一次，也有一些是两年或以上举办一次，所以会议的官网每年都不同。如需查找会议的官网，只需在 Google 中以会议简称加年份进行搜索即可，例如搜索"CVPR 2021"。表 6-2 中，AAAI 和 IJCAI 代表了人工智能大领域顶级会议的最高水平。NeurIPS 和 ICML 则代表了机器学习领域顶级会议的最高水平。CVPR 和 ICCV 代表了计算机视觉和模式识别领域顶级会议的最高水平。ACL 代表了自然语言处理领域顶级会议的最高水平。

表 6-2　中国计算机协会推荐的人工智能领域 A 类会议

序号	会议简称	会 议 全 称	出版社	网　　　址
1	AAAI	AAAI Conference on Artificial Intelligence	AAAI	http://dblp.uni-trier.de/db/conf/aaai/
2	NeurIPS	Annual Conference on Neural Information Processing Systems	MIT Press	http://dblp.uni-trier.de/db/conf/nips/
3	ACL	Annual Meeting of the Association for Computational Linguistics	ACL	http://dblp.uni-trier.de/db/conf/acl/
4	CVPR	IEEE Conference on Computer Vision and Pattern Recognition	IEEE	http://dblp.uni-trier.de/db/conf/cvpr/
5	ICCV	International Conference on Computer Vision	IEEE	http://dblp.uni-trier.de/db/conf/iccv/
6	ICML	International Conference on Machine Learning	ACM	http://dblp.uni-trier.de/db/conf/icml/
7	IJCAI	International Joint Conference on Artificial Intelligence	Morgan Kaufmann	http://dblp.uni-trier.de/db/conf/ijcai/

6.2.3 中国计算机协会推荐的人工智能领域 B 类会议

中国计算机协会推荐的人工智能领域 B 类会议见表 6-3。除了前面 A 类会议列表中提到的 ICCV 和 CVPR 外，再加上 B 类会议列表中的 ECCV，这三个会议组成了计算机视觉领域的三大顶级会议。ECAI 是欧洲人工智能顶级会议，也是一个非常值得投稿的会议。对整个机器学习领域而言，COLT、UAI 是机器学习领域高质量的顶级会议；仅就机器学习的子领域而言，COLT、UAI 代表了各自子领域学术会议的最高水平。ICRA 是属于机器人方向的顶级会议，具有广泛的影响力。

表 6-3　中国计算机协会推荐的人工智能领域 B 类会议

序号	会议简称	会 议 全 称	出版社	网 址
1	COLT	Annual Conference on Computational Learning Theory	Springer	http://dblp.uni-trier.de/db/conf/colt/
2	EMNLP	Conference on Empirical Methods in Natural Language Processing	ACL	http://dblp.uni-trier.de/db/conf/emnlp/
3	ECAI	European Conference on Artificial Intelligence	IOS Press	http://dblp.uni-trier.de/db/conf/ecai/
4	ECCV	European Conference on Computer Vision	Springer	http://dblp.uni-trier.de/db/conf/eccv/
5	ICRA	IEEE International Conference on Robotics and Automation	IEEE	http://dblp.uni-trier.de/db/conf/icra/
6	ICAPS	International Conference on Automated Planning and Scheduling	AAAI	http://dblp.uni-trier.de/db/conf/aips/
7	ICCBR	International Conference on Case-Based Reasoning and Development	Springer	http://dblp.uni-trier.de/db/conf/iccbr/
8	COLING	International Conference on Computational Linguistics	ACM	http://dblp.uni-trier.de/db/conf/coling
9	KR	International Conference on Principles of Knowledge Representation and Reasoning	Morgan Kaufmann	http://dblp.uni-trier.de/db/conf/kr/

序号	会议简称	会议全称	出版社	网址
10	UAI	International Conference on Uncertainty in Artificial Intelligence	AUAI	http://dblp.uni-trier.de/db/conf/uai/
11	AAMAS	International Joint Conference on Autonomous Agents and Multi-agent Systems	Springer	http://dblp.uni-trier.de/db/conf/atal/index.html
12	PPSN	Parallel Problem Solving from Nature	Springer	http://dblp.uni-trier.de/db/conf/ppsn/

6.2.4 中国计算机协会推荐的人工智能领域 C 类会议

中国计算机协会推荐的人工智能领域 C 类会议见表 6-4。其中 ACCV 是亚洲计算机视觉会议，也是计算机视觉领域一个重要的顶级会议。BMVC 是英国机器视觉会议，是计算机视觉领域重要的顶级会议。AISTATS 是机器学习领域重要的顶级会议，比较偏统计。ACML 是亚洲机器学习会议，属于机器学习领域重要的顶级会议。ICPR 是模式识别领域的大型顶级会议，值得投稿。FG 属于人脸识别和手势识别领域重要的顶级会议，属于计算机视觉子领域的顶级会议。ICONIP 是机器学习领域重要的顶级会议。IROS 是机器人领域重要的顶级会议。ICB 属于生物信息学领域重要的顶级会议，适合生物特征识别、医学图像处理等医学和 AI 交叉领域的人士投稿。IJCNN 属于神经网络方向重要的顶级会议，属于机器学习子领域的顶级会议。PRICAI 属于人工智能领域重要的顶级会议。NAACL 属于自然语言处理领域重要的顶级会议。

表 6-4　中国计算机协会推荐的人工智能领域 C 类会议

序号	会议简称	会议全称	出版社	网址
1	AISTATS	Artificial Intelligence and Statistics	JMLR	http://dblp.uni-trier.de/db/conf/aistats/
2	ACCV	Asian Conference on Computer Vision	Springer	http://dblp.uni-trier.de/db/conf/accv/

序号	会议简称	会议全称	出版社	网址
3	ACML	Asian Conference on Machine Learning	JMLR	http://dblp.uni-trier.de/db/conf/acml/
4	BMVC	British Machine Vision Conference	British Machine Vision Association	http://dblp.uni-trier.de/db/conf/bmvc/
5	NLPCC	CCF International Conference on Natural Language Processing and Chinese Computing	Springer	https://dblp.uni-trier.de/db/conf/nlpcc/
6	CoNLL	Conference on Computational Natural Language Learning	Association for Computational Linguistics	http://dblp.uni-trier.de/db/conf/conll
7	GECCO	Genetic and Evolutionary Computation Conference	ACM	http://dblp.uni-trier.de/db/conf/gecco/
8	ICTAI	IEEE International Conference on Tools with Artificial Intelligence	IEEE	http://dblp.uni-trier.de/db/conf/ictai/
9	IROS	IEEE/RSJ International Conference on Intelligent Robots and Systems	IEEE	http://dblp.uni-trier.de/db/conf/iros/
10	ALT	International Conference on Algorithmic Learning Theory	Springer	http://dblp.uni-trier.de/db/conf/alt/
11	ICANN	International Conference on Artificial Neural Networks	Springer	http://dblp.uni-trier.de/db/conf/icann/
12	FG	International Conference on Automatic Face and Gesture Recognition	IEEE	http://dblp.uni-trier.de/db/conf/fgr/
13	ICDAR	International Conference on Document Analysis and Recognition	IEEE	http://dblp.uni-trier.de/db/conf/icdar/

序号	会议简称	会 议 全 称	出版社	网 址
14	ILP	International Conference on Inductive Logic Programming	Springer	http://dblp.uni-trier.de/db/conf/ilp/
15	KSEM	International Conference on Knowledge Science, Engineering and Management	Springer	http://dblp.uni-trier.de/db/conf/ksem/
16	ICONIP	International Conference on Neural Information Processing	Springer	http://dblp.uni-trier.de/db/conf/iconip/
17	ICPR	International Conference on Pattern Recognition	IEEE	http://dblp.uni-trier.de/db/conf/icpr/
18	ICB	International Joint Conference on Biometrics	IEEE	http://dblp.uni-trier.de/db/conf/icb/
19	IJCNN	International Joint Conference on Neural Networks	IEEE	http://dblp.uni-trier.de/db/conf/ijcnn/
20	PRICAI	Pacific Rim International Conference on Artificial Intelligence	Springer	http://dblp.uni-trier.de/db/conf/pricai/
21	NAACL	The Annual Conference of the North American Chapter of the Association for Computational Linguistics	NAACL	http://dblp.uni-trier.de/db/conf/naacl/

6.2.5 顶级会议的投稿信息获取

要将论文投稿到顶级会议，首先需要了解会议的相关信息，包括会议的召开时间、召开地点、投稿截止时间、录用结果公布时间、会议论文的模板、投稿须知等。一般情形下，这些信息在会议的官网都有发布，所以最重要的事情是获取会议的官网地址。要获取会议的官网地址，可以采用如下方式。

◆ **利用搜索引擎搜索投稿信息**

利用 Google 和百度等搜索引擎可以很方便地搜索顶级会议的官网地址。例如，假设想搜索 2021 年召开的 CVPR 会议，只需在搜索引擎中输入"CVPR 2021"进行搜索，即可找到其官网链接。打开官网后即可找到会议的相关信息。

◆ **利用 WikiCFP 搜索投稿信息**

WikiCFP 是一个提供会议相关信息查询的网站，关于 WikiCFP 的具体介绍见 6.1.10 节。利用 WikiCFP 网站可以非常方便地查找会议的相关信息，只需在网站左侧的搜索栏中输入会议的简称或全称，然后选择会议的年份，再点"Search"按钮即可进行检索。在弹出的搜索结果页面找到你想要查找会议的链接，然后点击它，即可打开会议的官网。打开官网后即可找到会议的相关信息。

通过上述方法，可以找到会议的官网地址并能够获取到会议的相关信息。对这些会议的信息进行汇总，根据你是否有时间参会、研究的主题是否与会议主题相符、论文的风格和质量是否与会议相匹配等条件，决定你想要投稿的会议。决定想要投稿哪个会议后，先阅读该会议的投稿须知，然后从会议官网下载会议论文的模板，根据模板要求认真撰写论文。初稿完成后务必反复检查、反复修改，确定没有问题后才可按照要求投稿。优秀的论文都需要花费大量时间进行认真打磨，需要有足够的耐心，要抱着追求极致的精神去打磨论文，只有这样才能产出一篇高质量的论文，才有可能投中顶级会议。

6.3 人工智能领域的顶级期刊

6.3.1 顶级期刊列表的获取方法

要查找某个领域的顶级期刊有两种方法：一种是通过谷歌学术的 Metrics 栏目，另一种就是通过期刊引用报告（Journal Citation Reports，JCR）数据库。通过谷歌学术的 Metrics 栏目查找某一研究领域顶级期刊的方式在 6.2 节已经介绍过，这里不再重复。

JCR 是一个独特的多学科期刊评价工具，其基于 Web of Science 权威的引文数据库，使用量化的统计信息对全球领先的学术期刊进行公正而严格的评价。JCR 官方网址为 https://clarivate.com/webofsciencegroup/solutions/journal-citation-reports。通过 JCR 数据库来查找某一领域的顶级期刊列表，必须所在机构已经购买该数据库，否则无法使用。具体查找步骤如图 6-17 所示。先打开 JCR 网站得到界面 1，然后在界面 1

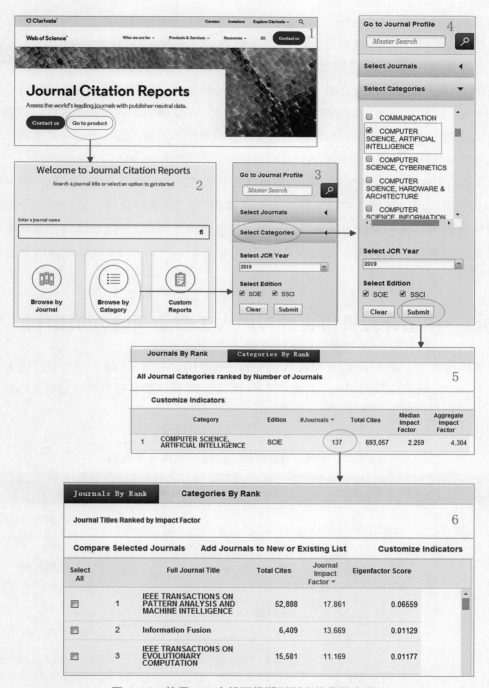

图 6-17　使用 JCR 查找顶级期刊列表的具体步骤

中点击椭圆圈出的"Go to product"，弹出界面 2，然后在界面 2 中点击"Browse by Category"，弹出界面 3，在界面 3 中点击"Select Categories"，弹出界面 4，在界面 4 的研究领域选择框中选中"COMPUTER SCIENCE，ARTIFICIAL INTELLIGENCE"，然后点击"Submit"，弹出界面 5，在界面 5 中点击该研究领域的期刊总数，弹出界面 6，即可得到计算机学科下面 AI 领域的期刊列表（这里只截取了前三位的期刊）。默认的是按照影响因子由高到低的顺序排列的，基本上这一顺序就代表了期刊的等级排序，越排在前面的期刊其质量越高。

上面介绍的是查询任意研究领域顶级期刊列表的方法。如果只关心计算机领域的顶级期刊列表，可以直接在中国计算机协会官网的"CCF 推荐会议 / 期刊目录"栏目下查看计算机学科各子领域的顶级期刊列表，具体见图 6-16。中国计算机协会网站给出的计算机领域顶级期刊列表分为 A、B、C 三个档次，下面对 AI 领域的顶级期刊做详细介绍。

6.3.2 中国计算机协会推荐的人工智能领域 A 类期刊

中国计算机协会推荐的 AI 领域 A 类期刊见表 6-5，TPAMI 和 AI 期刊是 AI 领域非常著名、广泛认可的顶级期刊，发表难度很大。IJCV 是计算机视觉领域最顶级的期刊之一。JMLR 是机器学习领域最顶级的期刊之一。

表 6-5 中国计算机协会推荐的 AI 领域 A 类期刊

序号	刊物简称	刊 物 全 称	出版社	网　　址
1	AI	Artificial Intelligence	Elsevier	http://dblp.uni-trier.de/db/journals/ai/
2	TPAMI	IEEE Trans on Pattern Analysis and Machine Intelligence	IEEE	http://dblp.uni-trier.de/db/journals/pami/
3	IJCV	International Journal of Computer Vision	Springer	http://dblp.uni-trier.de/db/journals/ijcv/
4	JMLR	Journal of Machine Learning Research	MIT Press	http://dblp.uni-trier.de/db/journals/jmlr/

6.3.3 中国计算机协会推荐的人工智能领域 B 类期刊

中国计算机协会推荐的 AI 领域 B 类期刊见表 6-6，该列表共列出 21 种 AI 领域高质量的顶级期刊。

表 6-6　中国计算机协会推荐的 AI 领域 B 类期刊

序号	刊物简称	刊 物 全 称	出版社	网　址
1	TAP	ACM Transactions on Applied Perception	ACM	http://dblp.uni-trier.de/db/journals/tap/
2	TSLP	ACM Transactions on Speech and Language Processing	ACM	http://dblp.uni-trier.de/db/journals/tslp/
3	AAMAS	Autonomous Agents and Multi-Agent Systems	Springer	http://dblp.uni-trier.de/db/journals/aamas/
4		Computational Linguistics	MIT Press	http://dblp.uni-trier.de/db/journals/coling/
5	CVIU	Computer Vision and Image Understanding	Elsevier	http://dblp.uni-trier.de/db/journals/cviu/
6	DKE	Data and Knowledge Engineering	Elsevier	http://dblp.uni-trier.de/db/journals/dke/index.html
7		Evolutionary Computation	MIT Press	http://dblp.uni-trier.de/db/journals/ec/
8	TAC	IEEE Transactions on Affective Computing	IEEE	http://dblp.uni-trier.de/db/journals/taffco/
9	TASLP	IEEE Transactions on Audio, Speech, and Language Processing	IEEE	http://dblp.uni-trier.de/db/journals/taslp/
10		IEEE Transactions on Cybernetics	IEEE	http://dblp.uni-trier.de/db/journals/tcyb/
11	TEC	IEEE Transactions on Evolutionary Computation	IEEE	http://dblp.uni-trier.de/db/journals/tec/

序号	刊物简称	刊 物 全 称	出版社	网 址
12	TFS	IEEE Transactions on Fuzzy Systems	IEEE	http://dblp.uni-trier.de/db/journals/tfs/
13	TNNLS	IEEE Transactions on Neural Networks and Learning Systems	IEEE	http://dblp.uni-trier.de/db/journals/tnn/
14	IJAR	International Journal of Approximate Reasoning	Elsevier	http://dblp.uni-trier.de/db/journals/ijar/
15	JAIR	Journal of Artificial Intelligence Research	AAAI	http://dblp.uni-trier.de/db/journals/jair/index.html
16		Journal of Automated Reasoning	Springer	http://dblp.uni-trier.de/db/journals/jar/
17	JSLHR	Journal of Speech, Language, and Hearing Research	American Speech-Language Hearing Association	http://jslhr.pubs.asha.org/
18		Machine Learning	Springer	http://dblp.uni-trier.de/db/journals/ml/
19		Neural Computation	MIT Press	http://dblp.uni-trier.de/db/journals/neco/
20		Neural Networks	Elsevier	http://dblp.uni-trier.de/db/journals/nn/
21	PR	Pattern Recognition	Elsevier	http://dblp.uni-trier.de/db/conf/par/

6.3.4　中国计算机协会推荐的人工智能领域 C 类期刊

中国计算机协会推荐的 AI 领域 C 类期刊见表 6-7，该列表共列出 36 种 AI 领域重要的顶级期刊。

表 6-7　中国计算机协会推荐的 AI 领域 C 类期刊

序号	刊物简称	刊物全称	出版社	网址
1	TALLIP	ACM Transactions on Asian and Low-Resource Language Information Processing	ACM	http://dblp.uni-trier.de/db/journals/talip/
2		Applied Intelligence	Springer	http://dblp.uni-trier.de/db/journals/apin/
3	AIM	Artificial Intelligence in Medicine	Elsevier	http://dblp.uni-trier.de/db/journals/artmed/
4		Artificial Life	MIT Press	http://dblp.uni-trier.de/db/journals/alife/
5		Computational Intelligence	Wiley	http://dblp.uni-trier.de/db/journals/ci/
6		Computer Speech and Language	Elsevier	http://dblp.uni-trier.de/db/journals/csl/
7		Connection Science	Taylor & Francis	http://dblp.uni-trier.de/db/journals/connection/
8	DSS	Decision Support Systems	Elsevier	http://dblp.uni-trier.de/db/journals/dss/
9	EAAI	Engineering Applications of Artificial Intelligence	Elsevier	http://dblp.uni-trier.de/db/journals/eaai/
10		Expert Systems	Blackwell/Wiley	http://dblp.uni-trier.de/db/journals/es/
11	ESWA	Expert Systems with Applications	Elsevier	http://dblp.uni-trier.de/db/journals/eswa/
12		Fuzzy Sets and Systems	Elsevier	http://dblp.uni-trier.de/db/journals/fss/

序号	刊物简称	刊 物 全 称	出版社	网 址
13	TG	IEEE Transactions on Games	IEEE	http://dblp.uni-trier.de/db/journals/tciaig/
14	IET-CVI	IET Computer Vision	IET	http://digital-library.theiet.org/content/journals/iet-cvi
15		IET Signal Processing	IET	http://digital-library.theiet.org/content/journals/iet-spr
16	IVC	Image and Vision Computing	Elsevier	http://dblp.uni-trier.de/db/journals/ivc/
17	IDA	Intelligent Data Analysis	IOS Press	http://dblp.uni-trier.de/db/journals/ida/
18	IJCIA	International Journal of Computational Intelligence and Applications	World Scientific	http://dblp.uni-trier.de/db/journals/ijcia/
19	IJIS	International Journal of Intelligent Systems	Wiley	http://dblp.uni-trier.de/db/journals/ijis/
20	IJNS	International Journal of Neural Systems	World Scientific	http://dblp.uni-trier.de/db/journals/ijns/
21	IJPRAI	International Journal of Pattern Recognition and Artificial Intelligence	World Scientific	http://dblp.uni-trier.de/db/journals/ijprai/
22	IJUFKS	International Journal of Uncertainty, Fuzziness and Knowledge-Based System	World Scientific	https://dblp.uni-trier.de/db/journals/ijufks/
23	IJDAR	International Journal on Document Analysis and Recognition	Springer	http://dblp.uni-trier.de/db/journals/ijdar/

序号	刊物简称	刊 物 全 称	出版社	网 址
24	JETAI	Journal of Experimental and Theoretical Artificial Intelligence	Taylor & Francis	http://dblp.uni-trier.de/db/journals/jetai/
25	KBS	Knowledge-Based Systems	Elsevier	http://dblp.uni-trier.de/db/journals/kbs/
26		Machine Translation	Springer	http://dblp.uni-trier.de/db/journals/mt/
27		Machine Vision and Applications	Springer	http://dblp.uni-trier.de/db/journals/mva/
28		Natural Computing	Springer	http://dblp.uni-trier.de/db/journals/nc/
29	NLE	Natural Language Engineering	Cambridge University Press	http://dblp.uni-trier.de/db/journals/nle/
30	NCA	Neural Computing & Applications	Springer	http://dblp.uni-trier.de/db/journals/nca/
31	NPL	Neural Processing Letters	Springer	http://dblp.uni-trier.de/db/journals/npl/
32		Neurocomputing	Elsevier	http://dblp.uni-trier.de/db/journals/ijon/
33	PAA	Pattern Analysis and Applications	Springer	http://dblp.uni-trier.de/db/journals/paa/
34	PRL	Pattern Recognition Letters	Elsevier	http://dblp.uni-trier.de/db/journals/prl/
35		Soft Computing	Springer	http://dblp.uni-trier.de/db/journals/soco/
36	WI	Web Intelligence	IOS Press	http://dblp.uni-trier.de/db/journals/wias/

6.3.5　顶级期刊的投稿信息获取

顶级期刊中大部分为英文期刊，同时也包含了部分中文期刊。为此，先介绍顶级英文期刊的投稿，再介绍顶级中文期刊的投稿方法。

◆ **顶级英文期刊的投稿**

顶级英文期刊多为 SCI 期刊，因此投稿顶级英文期刊的方法与投稿 SCI 期刊的方法相同。要将论文投稿到 SCI 期刊，首先需要了解 SCI 期刊的相关信息，包括期刊主题、审稿周期、投稿须知、论文模板、版面费等。一般情形下，这些信息在期刊的官网都有发布，所以最重要的事情是获取期刊的官网地址。获取期刊官网地址方式如下：

（1）**通过搜索引擎获取。**利用 Google 和百度等搜索引擎，可以很方便地搜索期刊的官网地址。例如，假设想搜索 *IEEE Transactions on Pattern Analysis and Machine Intelligence*，只需在搜索引擎中输入"IEEE Transactions on Pattern Analysis and Machine Intelligence"进行搜索，即可找到其官网的链接。打开官网后即可找到期刊主题、审稿周期、影响因子、投稿须知、论文模板、版面费等信息。

（2）**通过 JCR 获取。**JCR 是一个独特的多学科期刊评价工具，网络版 JCR 是唯一提供基于引文数据统计信息的期刊评价资源。关于 JCR 的详细介绍见 6.3.1 节，JCR 的网址为 https://clarivate.com/webofsciencegroup/solutions/journal-citation-reports/。打开 JCR 网站后，选择"Browse by Category"（即分类浏览），然后选中"COMPUTER SCIENCE, ARTIFICIAL INTELLIGENCE"即可浏览人工智能领域的 SCI 期刊列表。默认情况下期刊是按照影响因子由高到低列出的，这与期刊质量的高低顺序基本一致，也就是说顶级期刊排在这个列表的前面。在列表中点击想要查找的期刊，打开该期刊的官网，在该网站即可找到期刊主题、影响因子、审稿周期、投稿须知、论文模板、版面费等信息。

（3）**利用期刊投稿辅助系统获取。**可以利用一些专业的期刊投稿辅助系统获取投稿信息。这些投稿系统一般包含了期刊的主题、审稿周期、影响因子、版面费、期刊点评等信息，有些还支持不同期刊的对比，对于投稿选择期刊来说非常方便。常见期刊投稿辅助系统分别介绍如下。

小木虫论坛是一个广大科研人员非常喜欢的论坛，在该论坛上既可以进行技术交流，也可以分享招聘信息、项目申请经验、投稿经验等。该网站有一个期刊板块，可以进行期刊的点评以及检索。该网站期刊系统的特色是收集了丰富的投稿经验和心得体会，可以帮助投稿者对期刊的信息、投稿要求、审稿流程等进行非常深入的了解。读者在投稿论文前可以登录此网站浏览一下期刊的点评信息，对选择合适的期刊以及提高论文的命中率非常有帮助。小木虫期刊投稿辅助系统的网址为 http://muchong.com/journal.php，界面如图 6-18 所示。

图 6-18　小木虫期刊投稿辅助系统网站界面

梅斯网站提供期刊选择、期刊查询、期刊对比、文献对比等非常实用的论文写作和发表辅助功能。其中，期刊智能查询系统的网址为 https://www.medsci.cn/sci/index.do，界面如图 6-19 所示。使用该系统可以非常方便地对期刊进行查询。查询结果可以显示 H 指数、影响因子、期刊年文章数、投稿命中率、审稿周期等重要信息。同时，该系统还提供了投稿者的经验分享以及非常有用的投稿指引。

◆ **顶级中文期刊的投稿**

顶级中文期刊的投稿可以借助"中国学术期刊论文投稿平台"进行，该平台网址为 http://www.cb.cnki.net/index.aspx，界面如图 6-20 所示。平台列出了各个领域常见的中文期刊。下面介绍使用该平台如何获取人工智能领域的期刊列表。

首先打开中国学术期刊论文投稿平台的网站，得到的界面如图 6-21a 所示；在标号 1 处的搜索框中输入投稿方向或者期刊名称，多个词用逗号分隔，这里输入投稿方向

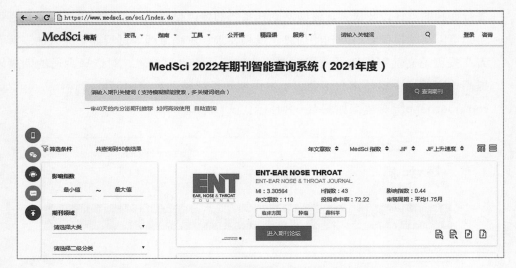

图 6-19 梅斯期刊投稿辅助系统网站界面

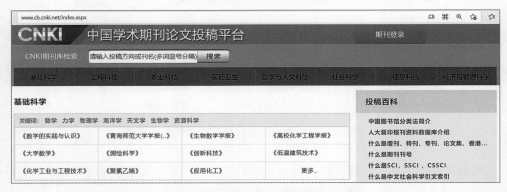

图 6-20 中国学术期刊论文投稿平台界面

"人工智能";点击标号 2 处的搜索按钮,得到的界面如图 6-21b 所示;在标号 3 处的过滤条件中选择过滤选项,例如选中"中文核心期刊(北大)"选项,即可自动对搜索出的结果进行过滤,从而得到人工智能领域的北大中文核心期刊列表(见图 6-21b 中的搜索结果)。对于搜索出的结果,可以选择按照"研究相关度"排序,也可以选择按照"复合影响因子"排序。点击界面中的投稿按钮即可跳转到期刊的官网。阅读期刊官网中的投稿须知,然后下载论文模板,按照要求进行排版,排版完成后认真检查和修改论文,不停地对论文进行打磨,对论文的质量进行持续提升,直到达到投稿的要求方可进行投稿。

图 6-21　利用中国学术期刊论文投稿平台进行期刊检索

6.4 文献智能管理工具

当下载文献非常多时，对文献的管理将是一个非常耗时且困难的工作。困难主要来自两个方面：一方面是文献的分类，当文献属于多个类别的时候，究竟应该放在哪个类别的文件夹下，还是说每个类别的文件夹下都放一个该文献的备份；另一方面是文献被阅读后，往往会做很多记录，这些记录该如何实现自动检索。为了克服上面的困难、实现文献高效且自动化的管理，必须使用文献智能管理工具。本节将介绍 4 种文献智能管理工具，为读者对文献进行管理提供便利。

6.4.1 Zotero

Zotero 是开源的文献管理工具，可以方便地收集、组织、引用和共享文献，其由安德鲁·W. 梅隆基金会、斯隆基金会以及美国博物馆和图书馆服务协会资助开发。Zotero 可以协助收集、管理及引用研究资源，包括期刊、图书等各类文献和网页、图片等。与 EndNote 等不同的是，Zotero 不是一个独立的软件，而是内嵌在浏览器中的插件应用。Zotero 与浏览器的密切结合使文献的智能管理工作更加方便，在使用浏览器下载文献时 Zotero 即可发挥管理文献的功能。Zotero 的优点是免费、启动快、界面简约、强大的英文文献分析能力、人性化的标签及笔记功能、开源、插件丰富、功能强大、跨平台同步等。

Zotero 的下载地址为 https://www.zotero.org。Zotero 使用非常简单，其具体安装及使用步骤可以通过下载官网的 Documentation（文档）进行学习，这里不再赘述。

6.4.2 Mendeley

Mendeley 是一款免费、便捷的跨平台文献管理软件，可一键抓取网页上的文献信息并添加到个人的 library 中，还可安装 MS Word 等插件，方便在文字编辑器中插入和管理参考文献。Mendeley 包括云端服务器和桌面客户端程序，用户可以选择是否将文献数据存储于云端。Mendeley 支持跨平台，适用于 Windows、macOS 和 Linux。此外，它还支持 Android 和 iOS 系统。Mendeley Web 是研究人员的在线社交网络，人们可以在线交流和分享心得体会。

Mendeley 的主要优点包括：① 可以将本地的文献数据同步到云端，当自己系统上的索引数据丢失或遭到破坏后，能够通过云端同步功能得到恢复，也可实现在不同地方使用自己的文献信息；② 能够对 PDF 文件自动识别其关键信息，自动生成索引信息，但是不能识别效果很差的图片格式的 PDF 文件、中文 PDF 或加密的 PDF 文件，不过能够智能地把文件名作为文献名生成索引数据；③ 能够从主要数据库网页中直接提取出文献信息而自动生成文献条目；④ 内嵌 PDF 阅读器，具有标注功能。

Mendeley 的下载地址为 https://www.mendeley.com。Mendeley 的安装及使用教程可以从网上搜索并下载学习，并不复杂。

6.4.3　EndNote

EndNote 是一款功能强大的文献管理软件，用于帮助用户轻松地管理文献，建立个人文献数据库。用户可方便地导入和编辑文献；快速查找、浏览 PDF 全文；对重要的文献进行标记、评分以及笔记记录；对文献进行分组与自动去重管理；在论文写作中快速引用参考文献，创建参考文献列表并自动调整参考文献序号；方便地设定各种期刊相应的参考文献格式以及投稿模板，按各出版社要求进行文献引用；实现云端同步，随时随地查看与编辑文献。每一版本软件的更新都会带来一些新的功能。

EndNote 的主要优点包括：① 支持国际期刊的参考文献格式有 3 776 种，写作模板几百种，涵盖各个领域的杂志，写作时可以方便地使用这些格式和模板；② 能直接连接上千个数据库，并提供通用的检索方式，提高了科技文献的检索效率；③ 能管理海量的参考文献；④ 其快捷菜单可以嵌入 Word 编辑器中，可以很方便地边书写论文边插入参考文献，书写过程中不用担心插入的参考文献会发生格式错误或连接错误；⑤ 扩展功能强大。

EndNote 的下载地址为 https://www.endnote.com。EndNote 的用户非常广泛，网上的教程非常多，读者可以搜索并下载学习，从而掌握 EndNote 的安装及使用方法。

6.4.4　JabRef

JabRef 是一个开源的参考文献管理软件，使用 Java 语言编写，所以其天生具有跨平台特性，适用于 Windows、Linux 和 macOS。它可以很方便地管理下载到本机的文献，生成 BibTeX 文献数据库，供 LaTeX 或其他软件使用，并可以与 Kile、Emacs、Vim、WinEdt 等多种软件结合使用。对于习惯使用 LaTeX 排版论文的人士来说，使用 JabRef 管理文献非常方便。

JabRef 也是一款短小精悍、特色鲜明、易用性强、操作简便、跨平台的文献管理软件，软件界面非常简洁，操作起来非常灵活。其支持目前最常见的 15 种参考文献格式，检索功能强大，支持目前主流浏览器的扩展并能够通过浏览器直接导入参考文献。

JabRef 的下载地址为 https://www.jabref.org。习惯用 Word 排版论文者可以使用 EndNote，习惯 LaTeX 排版论文者建议使用 JabRef。JabRef 的安装和使用教程可以在其官网"Support"板块的"User Documentation"栏目查阅或下载。

参考文献

［1］邓发云．信息检索与利用［M］.3 版．北京：科学出版社，2018.

［2］王细荣，韩玲，张勤．文献信息检索与论文写作［M］.7 版．上海：上海交通大学出版社，2018.

［3］沈固朝，储荷婷，华薇娜．信息检索（多媒体）教程［M］.3 版．北京：高等教育出版社，2015.

［4］夏旭．基于 Google 学术搜索的引文检索研究［J］.情报理论与实践，2006（6）：697-701.

［5］余有成．研究者社会网络搜索与挖掘系统［J］.高科技与产业化，2013，9（10）：70-73.

［6］Zhang Y, Jia Y, Fu L, et al. AceMap Academic Map and AceKG Academic Knowledge Graph for Academic Data Visualization［J］. Journal of Shanghai Jiaotong University, 2018, 52(10): 1357-1362.

［7］谢智敏，郭倩玲．基于深度学习的学术搜索引擎——Semantic Scholar［J］.情报杂志，2017，36（8）：175-182.

［8］许剑颖．微软学术搜索初探［J］.情报探索，2012（12）：96-100.

［9］虞为，翟雅楠，陈俊鹏．百度学术用户体验信息内容研究［J］.情报杂志，2020，39（2）：134-139，168.

［10］马捷，刘小乐，郑若星．中国知网知识组织模式研究［J］.情报科学，2011（6）：843-846.

7 人工智能学术写作和学术影响力提升

阅读提示

本部分首先描述 AI 论文的风格特点和写作技巧，让读者明白论文总体结构及质量控制的要点，掌握论文各子结构的实现方法，理解会议论文与期刊论文的写作差异；然后阐述 Word 论文自动化排版技巧，使读者学会使用 Word 高效而智能地进行论文写作；接下来描述 LaTeX 论文自动化排版的方法，让读者能够使用专业排版软件 LaTeX 写出美观且高质量的论文；随后介绍论文投稿技巧，提升读者投稿的命中率；最后给出提升论文影响力的方法，让读者能够快速推广自己的研究成果。需要提醒读者的是，本部分关于会议论文的描述都是针对顶级会议论文，为描述方便将顶级会议论文简称"会议论文"。

学习重点

- ◆ 明白 AI 领域论文的风格特点
- ◆ 掌握 AI 论文的写作技巧
- ◆ 学会 Word 论文自动化排版技巧
- ◆ 精通 LaTeX 论文自动化排版方法
- ◆ 掌握论文投稿技巧
- ◆ 了解提升论文影响力的方法

7.1　论文写作技巧

本节将为读者呈现 AI 论文的写作技巧。下面首先描述论文的总体结构及整体风格控制，然后阐述论文各子结构的实现方法，最后介绍 AI 会议论文与期刊论文的写作差异。

7.1.1　人工智能领域论文的风格特点

搞清楚 AI 领域论文的风格特点，是写出一篇高质量 AI 论文的前提。AI 领域论文有如下显著特点：

（1）论文的架构非常清晰且富有逻辑。一篇高质量的 AI 论文，读者通过浏览论文的各级标题就能够对论文的写作思路形成清晰的认识，明白论文各部分之间的逻辑关系。论文的架构非常关键，这好比一个人给别人的第一印象。好的论文架构可以增强论文的吸引力、增加读者对论文的认同感，引发读者进一步阅读论文细节的强烈兴趣。

（2）论文的文字表达简洁明了，用词专业规范。论文的文字表达尽量做到文字简洁、容易让人理解，尽量避免使用长句。同时，论文的文字表达尽量使用专业词汇，避免口语化或业余化的论述。

（3）论文的可视化效果具有美感，论文直观且易于理解。AI 论文中往往会采用图片、表格、动画、视频等形式来对论文内容进行可视化展示，以便增强论文内容的直观性和可理解性。"一图胜千言"讲的就是这个道理。读者在制作图片、表格、动画、视频等内容时，要让人赏心悦目、一看就懂。如果图片、表格、动画、视频等可视化内容放入文中后，还需要大量的文字解释才能让读者弄明白想要表达的意思，那就说明这些可视化内容的质量不够理想，需要进一步改进。

（4）论文的理论部分要推导详细，同时论文的实验部分要实验丰富、对比方法多。一般来说，一篇高质量的 AI 论文要求其理论部分尽量给出详尽的推导过程，讲清楚论文理论的来龙去脉。实验要尽可能在不同的数据集上进行，以此验证论文方法具有很好的适用性。同时，要将论文提出的方法与当前主流方法进行对比，而且比较的方法越多越好，以此来证明论文的方法具有很好的性能。

7.1.2　论文总体结构与质量控制

要写出一篇高质量 AI 领域的论文，首先要搞清楚论文由哪几部分组成，即论文的总体结构；同时，还要深刻理解 AI 论文的风格特点。这样做的目的是弄明白 AI 论文的结构以及什么样的 AI 论文才是好的论文。

◆ **论文由哪几部分组成**

如图 7-1 所示，通常一篇 AI 论文的文档总体结构主要包含如下几个子结构：

（1）标题，即论文的题目。

（2）正文，论文的主体部分。

（3）子标题，除去论文题目后的各级标题，例如一级子标题、二级子标题、三级子标题，一般论文的子标题级数不要超过三级。

（4）图形，包括用绘图软件绘制的图形及实验结果图等。

（5）公式，包括行间公式、段间无编号公式和段间有编号公式。

（6）算法，对论文理论或模型的归纳和简洁描述，形式上类似于三线表，内容上类似于伪代码。

（7）表格，包括实验结果汇总表和其他表格。

（8）参考文献，写作过程中参考过的文献，列于文章的最后。

要完成一篇论文，就是要把上述总体结构的各个部分逐一实现，7.1.3 节将详细介绍其实现方法。

◆ **什么样的论文才是好的论文**

这涉及论文质量的评价及质量控制的问题。一篇高质量的论文类似于一个好听的故事，必须情节完整，内容生动而有吸引力，论述流畅而有逻辑，读后让人回味无穷。具体来说，必须满足如下几个指标：

（1）结构完整而清晰。一般而言，论文的各子结构要完整，不能漏掉或故意不写某一子结构，除非作者在组织论文内容前已明确不使用某一子结构，例如不使用表格。整篇论文各子结构的样式要做区分，以使论文呈现出结构清晰的效果。

（2）题目明确而有吸引力。论文的题目非常关键，一个好的题目能够明确传达出论文的研究内容及创新点，并能强烈激发读者的阅读兴趣。在确定论文题目时，要使题目明确而有吸引力。

多核支持向量回归机及其在交通流速度估计中的应用 标题

本章首先描述标准支持向量回归机的基本原理，在此基础上将标准支持向量回归机推广到多核支持向量回归机；接着提出交通流速度估计的问题，然后综述交通流速度估计的研究现状，接下来论述了本文中比较的交通流速度估计方法，最后通过大量的实验来对方法的性能进行比较并给出结论。本部分的研究工作的描述主要来源于我们已发表或正在审稿的论文[87, 88]。

正文

一级子标题

5.1 标准支持向量回归机

支持向量回归机（Support Vector Regerssion，简称SVR）SVR由Vapnik[5]所提出，它广泛的被应用于回归或预测问题中。本文称一般意义上的支持向量回归机为标准支持向量回归机，以便与后面的多核支持向量回归机加以区分。下面将根据文献[63, 87, 89, 90]来描述SVR的基本原理。

二级子标题

5.1.1 处理线性回归问题的情形

线性SVR问题[63]可描述为：

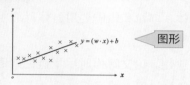

图形

图 5–1 SVR的基本问题

Fig 5–1 The core problem of SVR

已知条件：给定包含l个样本的训练集：

公式

$$S = \{(x_1, y_1), (x_2, y_2), \ldots, (x_i, y_i), \ldots, (x_l, y_l)\} \tag{5-1}$$

算法

Algorithm 2 工作集的选取法则[63]

(1) 假设最优化问题(3–106)~(3–108)的当前近似解为：$\alpha^k = (\alpha_1^k, \ldots, \alpha_l^k)^T$，则目标函数$\Psi$在$\alpha^k$处的梯度可用如下公式计算：

$$\nabla\Psi(\alpha^k) = H\alpha^k - e \tag{3-115}$$

(2) 计算工作集的下标i和j：

$$i = \arg\max_t\{-y_t[\nabla\Psi(\alpha^k)]_t \mid t \in I_{up}(\alpha^k)\} \tag{3-116}$$

$$j = \arg\min_t\{-y_t[\nabla\Psi(\alpha^k)]_t \mid t \in I_{low}(\alpha^k)\} \tag{3-117}$$

其中

$$I_{up}(\alpha) \equiv \{t \mid \alpha_t < C, y_t = 1 \text{或} \alpha_t > 0, y_t = -1\} \tag{3-118}$$

$$I_{low}(\alpha) \equiv \{t \mid \alpha_t < C, y_t = -1 \text{或} \alpha_t > 0, y_t = 1\} \tag{3-119}$$

(3) 更新B：$B = \{i, j\}$

表 5–1 全部数据集、测试集和训练集的样本的数目

Tab 5–1 The number of samples in the whole dataset, training set and test set

表格

数据库名称	数据库样本总数	训练集样本数	测试集样本数	训练集占的比例
Shanghai SCATS	314	189	125	0.6
I-880	867	434	433	0.5
Shanghai EXPO	8640	303	8337	0.035

参考文献

参考文献

[1] D. Cai, C. Zhang and X. He. Unsupervised Feature Selection for Multi-Cluster Data. *Proc. KDD 2010.* pp. 333-342.

[2] J. Canny and H. Zhao. Big Data Analytics with Small Footprint: Squaring the Cloud. *Proc. KDD 2013.* pp. 95-103.

[3] P. Cui, S. Jin, L. Yu, F. Wang, W. Zhu and S. Yang. Cascading Outbreak Prediction in Networks: A Data-Driven Approach. *Proc. KDD 2013.* pp. 901-909.

图 7-1　论文的文档总体结构

（3）理论上具有创新性。论文所呈现的理论必须具有良好的创新性，这是评价一篇论文质量好坏的关键指标。创新性越强，论文被录用的可能性就越大。

（4）实验详尽而有说服力。论文的实验必须详尽，对比实验要做得充分。实验的性能评价指标必须明确且合理，实验的结果必须具有说服力。

（5）文字表达通顺且可读性强。论文的文字表达要顺畅，达到一气呵成的效果。论文各部分之间、同一部分的各段落之间、同一段落的各句子之间必须具有逻辑性，组织结构要严谨。

（6）公式、图、表、算法须规范排版。公式排版时要先熟悉其排版规范并严格遵守，例如，通常变量要斜体，向量和矩阵要用斜体且加粗等。图、表、算法的排版也必须遵守相应的规范。

（7）用词准确且具有专业性。论文写作时尽量避免口语化表达，用词要专业且规范。能够使用专业词汇的，尽量使用专业词汇。

（8）文章呈现的可视化效果要好。文章写作时要保证良好的可视化效果。可视化写作是现代论文写作的主流趋势之一。例如，"图解支持向量机算法"之类的论文将深奥的理论通过图形可视化的方式展示出来，就会通俗易懂且可读性强。论文写作时，能够用公式说清楚的尽量不要用文字，能够用图形说清楚的尽量用图像，以便增强论文的可视化效果，让读者读起来轻松且易于理解。

（9）文章呈现的交互性要强。注重交互性也是现代论文写作的主流趋势之一。所谓交互性，是指将论文的内容通过动画、视频、游戏、虚拟现实等高级技术，让读者参与到论文中来，获得沉浸式的体验。例如，对于深度网络模型，让用户通过滑动参数设置工具条，实时地让读者看到不同参数下网络结构的图像，将难以理解的不同参数对深度网络结构的影响通过交互式的方式给予读者直观体验。谷歌联手 OpenAI 等推出了全新的开放式期刊平台 Distill，其目标就是以可视化、可交互的形式来展示机器学习研究成果，并让研究成果更容易被复现，以便能够颠覆传统的出版方式和论文呈现方式，因此得到了机器学习社区的大力支持和广大读者的喜爱。Distill 的网址为 https://distill.pub，界面如图 7-2 所示。读者可以通过 Distill 上面的文章学习论文呈现的可视化和交互式技巧，然后运用于自己的论文写作中。

（10）文章写作友好性强。论文写作的友好性，是指论文写作时从读者的角度和立场出发，以读者的需要为写作的目标，以方便读者理解为写作的根本出发点，论文的写作充分照顾读者的阅读感受，让读者觉得论文可读性强、容易理解、实用性强。

图 7-2　Distill 网站界面

7.1.3　论文各子结构的实现

◆ **标题**

论文标题的确定必须遵循明确而有吸引力的原则。论文的题目需要准确反映自己论文的研究内容和创新点，同时还必须具有吸引力，做到不落俗套。读者可以用自己论文的关键词在学术搜索引擎中进行搜索，首先观摩一下别人是怎么给论文命名的，做到见多识广，形成自己的心得体会，才能够为自己的论文起个好名字。

◆ **正文**

论文的正文实际上包含除了标题和参考文献外的其他部分。正文是论文的核心，其文字的表达要做到准确、详尽、专业、流畅、逻辑性强，公式、图、表、算法要正确而规范。

◆ **子标题**

子标题包含一级子标题、二级子标题、三级子标题等。标题的级别数最好不要超过三级，否则会造成论文的结构臃肿而庞杂。文章的各级标题从哪里来呢？实际上，在开始论文写作前，一般会先写论文的大纲（outline），论文的各级标题正是来源于大纲。如果把写论文比作讲故事，那么大纲类似于故事梗概，在开始论文写作前必须确定论文大纲，大纲必须交代清楚论文各部分的内容，体现出各部分的先后顺序和彼此之间的逻辑。一份高质量的论文大纲是一篇高质量论文的前提，必须高度重视。大纲需要反复斟酌、修改、讨论，直到定稿。大纲确定后，论文的各级标题就自然产生。论文的正文部分就是围绕大纲而展开的。审稿人在审稿时首先会查阅论文的各级标题，对论文的结构进行评价，如果觉得论文的结构不行，很难有兴趣再继续审阅论文的细节。

◆ **图形**

（1）图形种类与来源。论文中的图主要包括用绘图软件绘制的图形及实验结果图等。绘图软件绘制的图形主要用于阐述论文的框架、实验装置结构、算法流程等。微软Office 自带的 Visio 软件是最常用的绘图软件之一，安装 Office 时默认不会安装此软件，必须单独安装。Visio 的界面如图 7-3 所示。使用 Visio 画图只需将左侧形状列表中的图形基本模块拖拽到右边画布中即可，简单而快速。

还有一部分图是利用实验结果绘制出来的结果图，可以使用 MATLAB、Python、Julia、R 等软件非常方便地绘制出，并导出为图形文件，然后插入 Word 或LaTeX 文件中。

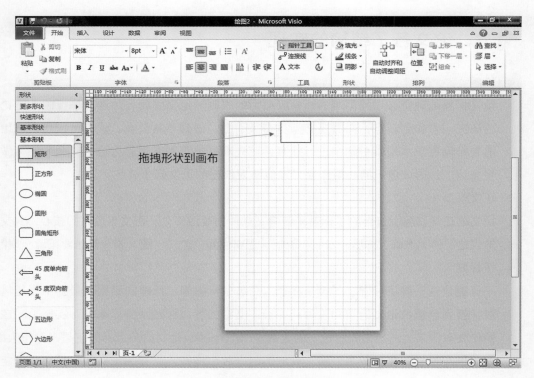

图 7-3　Visio 软件界面

（2）图形格式要求。论文对于图形的格式和质量有严格的要求，每个会议或者期刊都有自己的标准，读者在投稿前需要阅读投稿须知。常见的图形格式包括两大类：标量图和矢量图[1]。标量图又称位图，其使用像素点来描述图像，也称为点阵图像。矢量图使用线段和曲线描述图像，所以称为"矢量图"，同时图形也包含了色彩和位置信息。标量图和矢量图的差异体现在如下几方面：① 在与分辨率的相关性方面，标量图是由一个一个像素点产生，当放大图像时，像素点也放大，但每个像素点表示的颜色是单一的，所以在标量图放大后就会出现马赛克状；矢量图与分辨率无关，可以将它缩放到任意大小或以任意分辨率在输出设备上打印出来，都不会影响清晰度。② 在色彩丰富度的区分方面，标量图表现的色彩比较丰富，可以呈现色彩绚丽的图像，可逼真表现自然界各类实物；矢量图色彩不丰富，无法表现逼真的实物，矢量图常常用来表示标识、图标、logo 等简单直接的图像。③ 在文件类型方面，标量图的文件类型包括 *.bmp、*.pcx、*.gif、*.jpg、*.tif、*.png、photoshop 的 *.psd 等；矢量图的文件类型包括 Adobe Illustrator 的 *.ai、*.eps 和 *.svg，AutoCAD 的 *.dwg 和 *.dxf，Corel DRAW 的 *.cdr 等。④ 在占用的存储空间方面，标量图表现的色彩比较丰富，所以占用空间会很大，颜色信息越多，占用空间越大，图像越清晰，占用空间越大；矢量图表现的图像颜色比较单一，所以占用空间会很小。⑤ 在两者的相互转化方面，矢量图经过软件可以很轻松地转化为标量图，而标量图要想转换为矢量图必须经过复杂而庞大的数据处理，而且生成的矢量图质量也会有很大的出入。为了使图像在任意尺寸下都清晰，论文中使用的图形一般是矢量图，所以要注意保存图形时选择矢量图格式。

（3）图像分辨率要求。投稿时对图像的分辨率有严格的要求。DPI（Dots Per Inch，每英寸点数）是用于点阵数码影像的一个量度单位，指图像的每一英寸长度中能够取样、可显示或输出点的数目。通常要求灰度图 300 DPI 以上、彩色图像 600 DPI 以上。

◆ 公式

在 Word 中产生公式，用得较多的是 MathType 软件，读者需要先安装好 MathType，然后输入公式即可。在 LaTex 中产生公式比 Word 略烦琐，读者需要参考相应的 LaTex 排版教程。LaTex 排出的公式非常规范和美观，这正是 LaTex 排版的优势之一。

◆ 算法

论文中撰写算法的过程一般为：首先绘制三线表，然后在表头位置输入算法的名称，在表体部分输入算法的内容，算法的内容依次包括算法的输入、输出、算法具体步骤等。读者在撰写论文时，可以首先从教材中或者网上搜索一个算法的示例，然后仿照其进行编写。

◆ **表格**

目前论文中使用的表格比较流行的是三线表。读者撰写论文时可以尽量采用。目前彩色表格也是主流的趋势之一。彩色表格将表格内容用不同的填充颜色加以强调，看上去更加重点突出且美观。另外，交互式表格也是一种比较新颖的形式，当用户点击表格的内容时会产生相应的动作，例如跳出新的表格或者图形，让读者与论文进行互动，从而获得更加良好的体验。

◆ **参考文献**

（1）参考文献的格式。一般将写作过程中参考过的文献，列于文章的最后。参考文献的格式有很多种，例如 GB/T 7714、APA、MLA 等[2]。

GB/T 7714 为中国制定的引用格式国家标准。强制性国家标准的代号为"GB"，推荐性国家标准的代号为"GB/T"。

APA（American Psychological Association）标准是一个被广泛接受的研究论文撰写格式标准，其主要针对社会科学领域的研究。该标准能规范学术文献的引用和参考文献的撰写方法，以及表格、图表、注脚和附录的编排方式。

MLA（Modern Language Association）偏重人文学科，是一种常用的引用格式，为美国现代语言协会制定的论文指导格式。

（2）参考文献的生成方法。可以手动对照标准格式进行排版，也就是一个字一个字录入进去。这种方式费力且容易产生错误，不建议使用。一般采用学术搜索引擎自动生成参考文献的方法，即可以采用百度学术或谷歌学术自动生成参考文献。撰写中文论文推荐使用百度学术生成参考文献，撰写英文论文则推荐采用谷歌学术。

（3）参考文献的生成步骤。通过百度学术自动生成参考文献的步骤如图 7-4 所示。首先打开百度学术的官网（网址为 https://xueshu.baidu.com）并在搜索框中输入想要检索的关键字，如图中界面 1 所示。然后点击"百度一下"，弹出搜索结果列表如界面 2 所示。点击"引用"，弹出界面 3：如果使用 Word 撰写论文，则直接将界面 3 中某一格式的参考文献复制到 Word 中即可；如果使用 LaTeX 撰写论文，则继续点击界面 3 中的"BibTeX"，弹出界面 4。复制界面 4 中的 BibTeX 源代码到 LaTeX 的 bib 文件中，即可供 LaTeX 编译生成最终的标准参考文献格式。

通过谷歌学术自动生成参考文献的步骤如图 7-5 所示。首先打开谷歌学术的官网（网

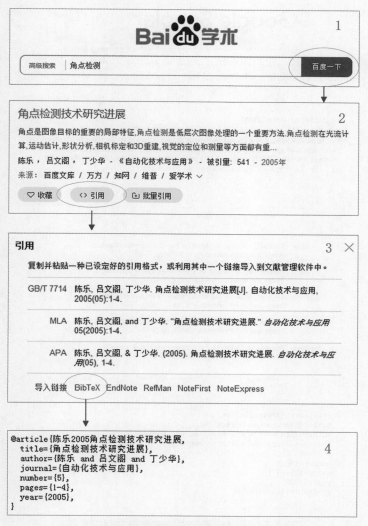

图 7-4　通过百度学术生成参考文献的步骤

址为 https://scholar.google.com）并在搜索框中输入想要检索的关键词，如图中的界面 1 所示。然后点击搜索按钮，弹出搜索结果列表如界面 2 所示。点击椭圆框圈出的引用按钮，弹出界面 3：如果使用 Word 撰写论文，则直接将界面 3 中某一格式的参考文献复制到 Word 中即可；如果使用 LaTeX 撰写论文，则继续点击界面 3 中的"BibTeX"，弹出界面 4。复制界面 4 中的 BibTeX 源代码到 LaTeX 的 bib 文件中，即可供 LaTeX 编译生成最终的标准参考文献格式。

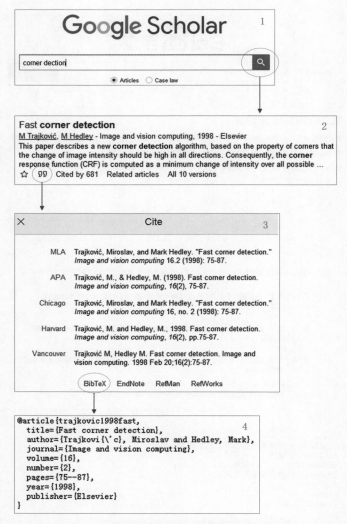

图 7-5　通过谷歌学术生成参考文献的步骤

7.1.4　会议论文与期刊论文的写作差异

AI 领域的会议论文和期刊论文在撰写方法上存在一定的差异，读者需要理解这些差异，才能做到有的放矢、提高论文的命中率。如果按照会议论文的风格来撰写期刊论文，或者按照期刊论文的风格来撰写会议论文，论文命中的概率将大大降低。

会议论文与期刊论文的写作差异主要体现在如下几点：

◆ **论文的篇幅长度不同**

会议论文与期刊论文的长度存在较大差异。通常来说，会议论文的长度较短，有页数限制。这就要求作者具有高超的写作技巧，在有限的篇幅内将论文写得详略得当、重点突出、易于理解；而期刊论文在大部分情况下并不会对篇幅长度加以限制，这是鼓励作者将期刊论文写得尽量翔实，但是如果篇幅过长，编辑也会提出意见，毕竟过长的篇幅会增加期刊的出版成本。写作期刊论文时，理论推导要尽量详尽，各个细节尽量交代清楚，实验要做得充分，对比方法至少两个或以上（对比方法越多越好），而且尽量在多个数据集上进行实验；会议论文则只须表达清楚理论的主要框架或主要思想，一些非常具体的细节和推导可以适当省略，实验可以不必像期刊论文那样丰富，即可以减少实验的数据集种类或者减少对比方法的种数。

◆ **原创性的注重程度不同**

会议论文要求发表的文章是最新的研究成果，要求文章的理论或思想具有非常好的原创性或创新性。也就是说，决定会议论文是否被录用，其原创程度的大小是至关重要的。期刊论文则可以适当放宽对论文理论或思想原创性的要求，而对理论的完整性和实验验证的充分性则非常看重。因此，如果一篇论文投会议不中，扩充实验后则未必不能投中好的期刊。

◆ **实验的充实程度不同**

期刊论文对实验的要求较高，不仅对比方法要足够多，而且要在尽量多的数据集上开展实验。对比方法至少两个或以上，而且要求都是论文研究领域内最新的方法，如果对比方法不够新颖则极有可能会被拒稿。会议论文对实验的要求则相对较弱，对比方法可以不是特别多，开展实验的数据集也可以不必太多，因为会议论文一般篇幅较短，无法放入太多的实验内容和结果。

前面本节花了较长篇幅去讨论论文的写作技巧，目的是帮助读者提高论文的命中率。为了写出高质量的论文，读者务必在正式开始写作前，首先撰写出高质量的论文大纲并反复修改，大纲的好坏决定了论文结构的好坏。然后运用可视化的技巧和交互式的技巧来写出逻辑严谨、前后连贯、论述流畅、表达规范、用词专业的论文。论文写出初稿后要反复修改，不要急于投出，连续修改多次且满意后方能投稿。连续的修改容易让人产生厌倦和疲劳，可以请同行代为修改，也可以将论文放上几天，再重新修改。如果在会议论文的基础上进行扩展然后再投期刊，那么应该高度重视会议论文的评阅意见，要认真根据会议论文的评阅意见对论文进行修改。获得高质量的评阅意见，这也是将论文投稿到顶级会议的目的所在。如果要将录用后的会议论文改投期刊，对会议论文修改时首先要将文字的表述进行彻底变换，同时修改不能仅停留在文字内容上，重要的是要对论文的方法或理论进行改进，保证期刊论文与会议论文在理论上有明显不同（注：根据笔者经验，至少要有 30% 的不同，即接近 1/3 的差异）。如果不在理论上做足够的改进而直接投稿到期刊，则可能会引发编辑的拒稿。另外，基于会议的论文投稿到期刊时，必须明确说明期刊论文相比会议论文的改进点，编辑会对投稿的期刊论文做重复率检测，同时会将其与之前的会议论文做详细比对。在开始写作会议论文或者期刊论文前，首先应当决定投稿到哪一个会议或期刊，然后去该期刊或会议的官网下载几篇与自己研究主题相关的论文，接下来认真研究论文的写作风格。写作时可以模仿上面的写作风格进行，尽量让自己论文的风格与官网上面论文的写作风格比较相似，这可以大大提高论文的录用率。

7.1.5　在线课程推荐

▶ 复旦大学卢宝荣教授的**科学研究方法与论文写作**中文课程介绍了科学研究应当遵循的方法和论文写作的常用技巧，课程条理清晰，非常实用。课程视频网址为 https://www.bilibili.com/video/BV1rz411B72H?p=1。

▶ 清华大学高飞飞老师等的**如何写好科研论文**中文课程详细介绍了研究生应该如何做高质量的学术研究和撰写优秀的学术论文的方方面面，非常值得学习。课程视频网址为 https://www.xuetangx.com/course/THU04011000365/12424509。

7.2　Word 论文自动化排版

如前所述，论文总体结构包含了标题、正文、子标题、图形、公式、算法、表格、参考文献等子结构。在利用 Word 进行论文排版时常常遇到如下困难：① 论文各子结构的格式非常难以做到统一，而且一旦某一子结构的格式需要修改，则需要将整个论文中该类型的子结构都修改一遍，非常烦琐，例如要修改论文中所有图形的标题样式；② 图形、表格、公式、参考文献、标题的编号需要手动输入和引用，非常容易产生错误，而且修改一处编号，则造成其他地方也要一起修改，"牵一发而动全身"，工作量巨大；③ 图形、表格过多时，查找起来非常耗时。针对上述困难，本节将基于 Word 2010 重点描述 Word 论文自动化排版的一些核心技巧，以提高写作的效率和自动化程度，减轻写作的工作负担，减少写作的错误，让论文更加规范。读者如需详细了解利用 Word 进行论文排版方面的内容，可以阅读童国伦等编著的《EndNote & Word 文献管理与论文写作》[2]，该教材介绍了 EndNote 的操作和使用技巧，以及详细阐述了利用 Word 进行自动化排版的方法，主要包括图文交叉引用、中英文双栏对照、功能域设定、自动制作索引等内容。

7.2.1　Word 论文自动化排版的内容

Word 论文自动化排版的目的是提高论文的写作效率，减少排版中的错误，让写出的论文更加规范和美观[2]，具体来说需要实现如下内容：
（1）格式的集中控制，即要实现论文各子结构格式的集中控制。
（2）编号的自动生成与引用，即要实现各级标题、公式、图形、表格、算法、参考文献的自动编号，以及编号的自动引用和更新。
（3）目录的自动生成与更新，即要实现论文目录的自动生成和更新，以及实现图形、表格、算法目录的自动生成和更新。
接下来各小节的内容将按照上述任务展开。

7.2.2　格式的集中控制与修改

撰写论文时，对各子结构的格式都有明确的要求，也就是说对标题、正文、子标题、图形、公式、算法、表格、参考文献各部分的格式都要按照投稿的要求进行控制。一旦发现需要修改格式，只需要在集中控制的地方进行修改即可，而不必把论文的各个地方都去修改一遍，也即避免"一处修改则处处修改"。

对样式进行集中控制是通过 Word"开始"工具栏中的"样式工具栏"来进行的。只需要在样式列表中为论文各子结构新建样式，并在样式设置框中按照投稿要求进行相关设置即可，即为标题、正文、各级子标题、图形标题、算法标题、表格标题、参考文献等都设置好对应的样式，实现各子结构时在相应的样式下完成即可。

接下来以新建"图形标题"样式为例来描述为论文各子结构新建样式的方法。如图

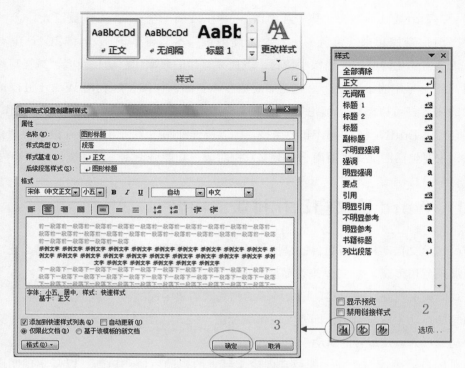

图 7-6　新建样式的步骤

7-6 所示，先点击 Word"开始"工具栏中"样式工具栏"的下拉框（即界面 1 中椭圆框标出部分），弹出界面 2 中的样式列表，在界面 2 中点击椭圆框标出的新建样式图标，弹出界面 3 所示设置新建样式对话框，修改样式对话框的各个部分，修改完确认无误后点击"确定"即可。标题、正文、各级子标题、算法标题、表格标题、参考文献等其他论文子结构样式的新建方法与上述过程类似，可以仿照处理。

具体实现论文某子结构时，先在样式工具栏中选定其对应的样式，然后在论文中输入该子结构的内容，则该子结构即按照事先新建的样式进行排版。此方式能够保证同一类型子结构的样式都是一样的，例如可以将图形的标题都控制为相同的格式。

论文写完后，如要对论文某一子结构的格式进行修改，则只需在样式列表中找到该子结构对应的样式进行修改即可，这样所有该子结构的内容都将更新为最新的样式。例如，论文完成后若需要将图形标题的字体由宋体改为黑体，则只需在样式列表中找到图形标题样式，将其字体改为黑体，则所有图形标题字体都将统一改为黑体，而无须对各个图形的标题做一一修改，非常省事。

7.2.3 编号的自动生成与引用

◆ **标题的自动编号、引用及编号自动更新**

如果要实现通过点击句子"在 7.1 节中介绍了论文的写作技巧"中的 7.1 自动跳转到 7.1 节，该如何实现呢？这就涉及章节标题编号的自动生成和引用的问题。具体实现步骤如下：

（1）产生编号。选中章节标题的文字内容进行如下操作：

点击 Word 的"开始"选项卡→点击"多级列表"按钮→选择相应的列表样式，即可自动为选中标题产生编号→如需修改编号的级别，先选中产生的编号，然后点击"更改列表级别"，选择想要的编号级别。

（2）引用编号。操作如下：

点击 Word 的"引用"选项卡→点击"交叉引用"按钮→在引用类型下拉框中选中"标题"→在引用内容下拉框中选中"标题编号"→选中"插入为超链接"→在标题列表中选择要引用的标题。

如增加或删除了章节，章节标题需要更新，注意无须手动更新，只须进行如下操作：

选中章节标题编号→右键→更新域。

◆ **公式的自动编号、引用及编号自动更新**

如图 7-7 所示，公式可以分为行间公式、段间无编号公式和段间有编号公式三种类

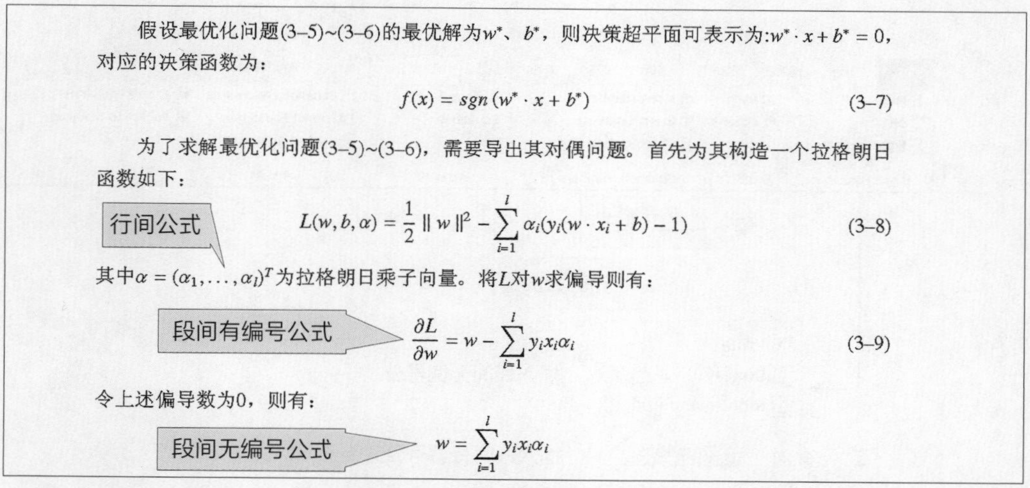

假设最优化问题(3–5)~(3–6)的最优解为w^*、b^*，则决策超平面可表示为:$w^* \cdot x + b^* = 0$，对应的决策函数为：

$$f(x) = sgn\,(w^* \cdot x + b^*) \tag{3-7}$$

为了求解最优化问题(3–5)~(3–6)，需要导出其对偶问题。首先为其构造一个拉格朗日函数如下：

行间公式

$$L(w, b, \alpha) = \frac{1}{2} \| w \|^2 - \sum_{i=1}^{l} \alpha_i(y_i(w \cdot x_i + b) - 1) \tag{3-8}$$

其中$\alpha = (\alpha_1, \ldots, \alpha_l)^T$为拉格朗日乘子向量。将$L$对$w$求偏导则有：

段间有编号公式

$$\frac{\partial L}{\partial w} = w - \sum_{i=1}^{l} y_i x_i \alpha_i \tag{3-9}$$

令上述偏导数为0，则有：

段间无编号公式

$$w = \sum_{i=1}^{l} y_i x_i \alpha_i$$

图 7-7　公式的三种类型

型。行间公式处于段落内某一行中，段间无编号公式处于两个段落中间且无编号，段间有编号公式处于两个段落中间且有编号。

公式的自动编号和引用必须借助于 MathType 来完成。首先下载并安装 MathType，然后在 Word 工具栏添加 MathType 选项卡，具体做法如图 7-8 所示。

MathType 的安装及为 Word 添加 MathType 选项卡的方法

1. 下载 MathType；
2. 双击 MathType 进行安装；
3. 在 word 工具栏中增加 MathType 选项卡，具体做法如下：
   MathType 安装完成后，找到下面两个文件：
   \MathPage\MathPage.wll
   \Office support\MathType Commands 6 For Word.dotm
   把它们复制到下面的目录中：\Office14\STARTUP\
   注意：此处以 Office 2010 为例给出目录的路径，如果安装的是其它版本的 Office，则需要将 Office14 修改为相应的版本号，例如，如果安装的是 Office 2016，则需将目录替换成 \Office16\STARTUP\
4. 在 word 工具栏中点击 MathType 选项卡即可使用 MathType。

图 7-8 MathType 的安装及为 Word 工具栏添加 MathType 选项卡的方法

MathType 安装并设置完成后，即可利用 MathType 完成公式的生成以及为公式添加编号。图 7-9 显示了在 Word 中利用 MathType 插入公式的基本步骤。首先点击

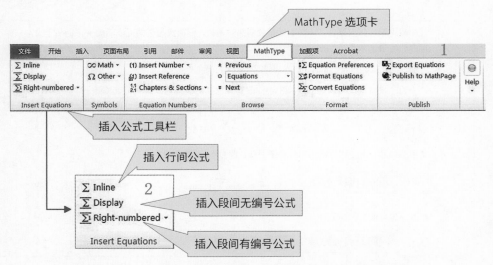

图 7-9 利用 MathType 在 Word 中插入公式的基本步骤

Word 中的 MathType 选项卡（如界面 1 中右侧矩形框标出部分所示），可以看到"插入公式工具栏"；然后根据想要插入的公式类型，点击"插入公式工具栏"中相应的图标，如界面 2 所示。如果插入的是段间有编号的公式，则会自动为公式进行编号。

对公式进行引用方法如下：

将光标停留在需要插入公式编号的地方→点击 Word 中的 MathType 选项卡→点击公式编号选项卡（Equation Numbers）中的 Insert Reference 图标→双击想插入公式后面的编号。

在论文写作过程中一旦增加或删除了公式，则公式的编号需要更新，更新公式编号的方法如下：

选中需要更新的公式编号→点击右键→更新域

上述方法可以更新指定的编号，也可以一次更新论文中所有的编号，方法为：

选中论文全部内容→点击右键→更新域

◆ **图形的自动编号、引用及编号自动更新**

自动生成图形编号的基本步骤如图 7-10 所示，点击标号 1 处的"引用"选项卡→点击标号 2 处的"插入题注"→在弹出对话框中，点击标号 3 处的"标签"下拉框→选中"图"→点击标号 4 处的"确定"按钮。

如果题注标签列表（即图 7-10 中编号 3 处的"标签"下拉框）中没有"图"这一标

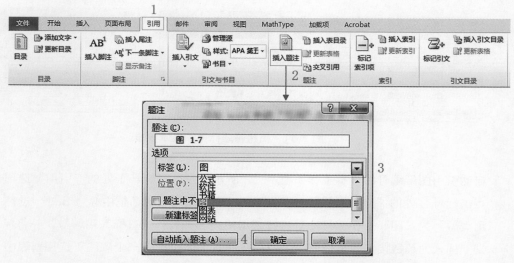

图 7-10   在 Word 中为图形自动产生编号的基本步骤

签，就得先新建这一题注标签。新建题注标签的具体步骤如图 7-11 所示。先点击标号 1 处的"引用"选项卡→点击标号 2 处的"插入题注"→在弹出的"题注"对话框中，点击标号 3 处的"新建标签"→在弹出的"新建标签"对话框中标号 4 处，输入标签的名称→点击标号 5 处的"确定"按钮，返回"题注"对话框→单击题注对话框标号 6 处的"编号"按钮→在弹出的"题注编号"对话框中，如果需要包含章节编号，则在标号 7 处打"√"，分别设置好"章节起始样式"和"使用分隔符"右侧的选项，然后点击标号 8 处"确定"按钮返回"题注"对话框→单击"题注"对话框标号 9 处的"确定"按钮。

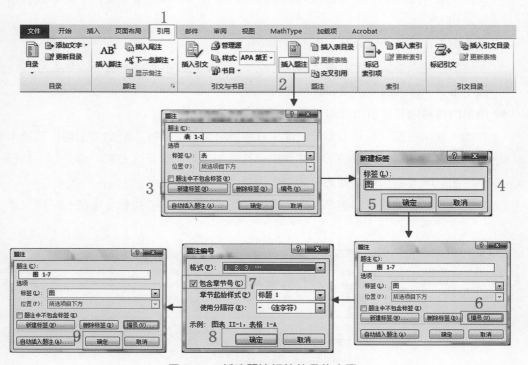

图 7-11　新建题注标签的具体步骤

自动引用图形编号的基本步骤如图 7-12 所示，先点击标号 1 处的"引用"选项卡→点击标号 2 处的"交叉引用"→在弹出的"交叉引用"对话框中标号 3 处，选择"引用类型"为"图"→在标号 4 处选择"引用内容"为"只有标签和编号"→将标号 5 处"插入为超链接"的选择框勾上→在标号 6 处"引用哪一个题注"选择列表中，选择要引用的图→点击标号 7 处"插入"按钮。

　　　人工智能怎么学

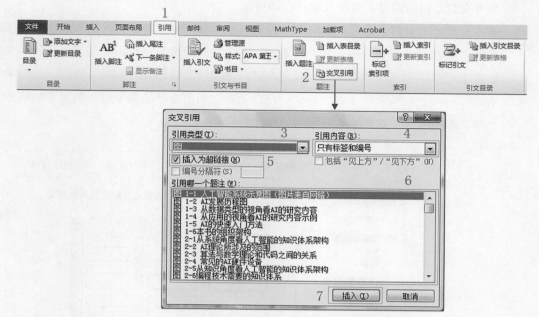

图 7-12 自动引用图形编号的具体步骤

在论文写作过程中一旦增加或删除了图形，则图形的编号需要更新。更新图形编号的方法如下：

选中需要更新的图形编号→点击右键→更新域

上述方法可以更新指定的图形编号。也可以一次更新论文中所有的编号，其方法为：

选中论文全部内容→点击右键→更新域

需要注意的是：图形的标题在图的下方，不要将标题放在图的上方。

◆ **表格的自动编号、引用及编号自动更新**

表格的自动编号、引用及编号自动更新与图形类似，只须该选"图形"的地方选"表格"，该新建题注图形标签的新建题注表格标签即可。

需要注意的是：表格的标题在表格的上方，不要将标题放在表格的下方。

◆ **算法的自动编号、引用及编号自动更新**

算法的自动编号、引用及编号自动更新与图形类似，只须该选"图形"的地方选"算法"，该新建题注图形标签的新建题注算法标签即可。

需要注意的是：算法类似于一个三线表，算法的标题放在三线表的表头位置。

◆ **参考文献的自动编号、引用及编号自动更新**

参考文献的内容可以通过百度学术或谷歌学术自动产生，具体步骤见本书7.1.3节。当参考文献的内容生成后，如果需要产生参考文献的编号，可以如图7-13所示，在标号1处选中参考文献的内容→点击右键→在标号2处选择"编号"→在"文档编号格式"列表中选择标号3处的格式→在自动产生当前文献的编号后，按回车键产生下一条文献的编号，如标号4处所示，以此类推。

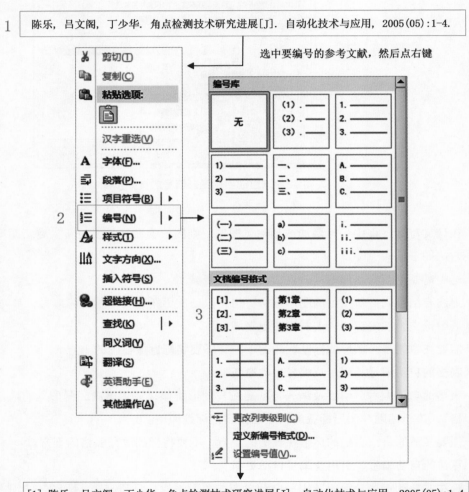

图7-13　参考文献自动生成编号的具体步骤

7.2.4　目录的自动生成与更新

◆ **论文目录的自动生成与更新**

要生成论文目录可以采用以下方式：

点击 Word 的"引用"选项卡→点击"目录"工具栏→点击"自动目录"或"插入目录"。

要更新论文目录可以采用以下方式：

点击 Word 的"引用"选项卡→点击"更新目录"。

◆ **图形、表格、算法目录的自动生成与更新**

要生成图形、表格、算法目录可以采用以下方式：

如图 7-14 所示，在标号 1 处点击 Word 的"引用"选项卡→在标号 2 处点击"插入表目录"工具栏，弹出"图表目录"对话框→在标号 3 处选择"题注标签"类别，

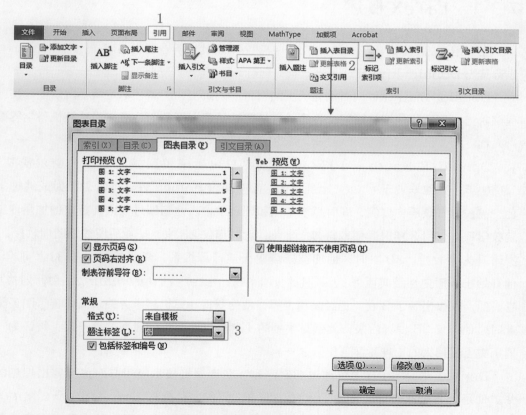

图 7-14　图形、表格、算法目录自动生成的具体步骤

如希望生成图形目录，则选择题注标签为"图"，若要生成表格目录，则选择"表"，以此类推，其他设置可以用默认设置而不做修改→点击标号 4 处"确定"按钮，生成相应的目录。

要更新图形、表格、算法目录，可以采用下面的方式：

将鼠标停留在相应的目录位置，点击右键→点击"更新域"→在弹出的对话框中，选择"更新整个目录"→点击"确定"按钮，则该目录被全部更新。

7.3 LaTeX 论文自动化排版

7.3.1 LaTeX 概述

在介绍 LaTeX 之前，必须先了解一下 TeX 及其发明者 Donald E. Knuth，有时也称其为 Donald Knuth[3]。

Donald E. Knuth 同时拥有美国国家科学院院士、美国艺术与科学院院士、美国工程院院士、法国科学院外籍院士与挪威科学院外籍院士等多个头衔，是计算机科学界的传奇人物。

Donald E. Knuth 于 1938 年 12 月 7 日出生于美国威斯康星州密尔沃基市。1960 年，当他毕业于 Case Institute of Technology 数学系时，因为成绩过于出色，被校方打破历史惯例，同时授予学士和硕士学位。他随即进入大名鼎鼎的加州理工学院数学系，仅用 3 年时间便取得博士学位，此时年仅 25 岁；毕业后留校任助理教授，28 岁时升为副教授。30 岁时，他加盟斯坦福大学计算机系，任正教授。从 31 岁那年起，他开始出版历史性经典巨著 *The Art of Computer Programming*。他计划共写 7 卷，然而仅仅出版了 3 卷，已经震惊世界，使他获得计算机科学界的最高荣誉"图灵奖"，此时，他年仅 36 岁。后来，此书与牛顿的《自然哲学的数学原理》等一起，被评为"世界历史上最伟大的十种科学著作"之一。

Donald E. Knuth 不仅理论功底深厚，在计算机技术应用方面也展露出惊艳的才华。他是大名鼎鼎的排版软件 Tex 的发明者。据传，在撰写 *The Art of Computer Programming* 时，Donald E. Knuth 觉得当时的排版软件写出的书稿实在毫无美感

（实际上是他对排版的质量要求实在太高），一怒之下，Donald E. Knuth 自己写了一个排版引擎（排版指令的合集）TeX。自此，他以一己之力，推动了出版界的技术革命进程，极大地提升了出版物的排版质量。

TeX 出来以后，其排版指令不容易理解，易用性不强。Donald E. Knuth 对 TeX 的指令做了改进，产生了 PlainTeX。PlainTeX 的易用性有所提高、理解难度有所降低，但仍然不太令人满意。这大大限制了 PlainTeX 的推广。

为了使 TeX 的指令变得易于理解、更加容易使用和推广，美国计算机学家莱斯利·兰伯特（Leslie Lamport）在 20 世纪 80 年代初期对 Tex 做了显著的改进，产生了一个新的排版引擎 LaTeX（音译"拉泰赫"）。LaTeX 使 TeX 变得更加简单易用，即使用户没有排版和程序设计的知识也可以充分发挥由 TeX 所提供的强大功能，LaTeX 能在几天甚至几小时内排版出具备图书品质的印刷品。对复杂表格和数学公式的排版，LaTeX 尤为擅长，排版效果美观而规范。因此，LaTeX 非常适用于生成高印刷质量的科技和数学类文档，其排版引擎特别受计算机专家、数学家和物理学家的喜爱。

刚开始 TeX 和 LaTeX 只能生成 DVI 的可视文件，于是研究者往 TeX 和 LaTeX 排版引擎中加入生成 PDF 的功能，即分别加入了 PDFTeX 和 PDFLaTeX。此外，最初的 TeX 和 LaTeX 只支持英文文档的排版，于是研究者往 TeX 和 LaTeX 排版引擎中加入多语言扩展功能，即分别加入了 XeTeX 和 XeLaTeX。为了支持 Lua 编程语言，又扩展得到 LuaTeX。

根据功能的需要从 TeX、LaTeX、PDFTeX、PDFLaTeX、XeTeX、XeLaTeX、LuaTeX 等排版引擎中抽取需要的部分进行打包，就可以生成专业的排版软件并进行发布。比较著名的排版软件包括 TeX Live 和 MiKTeX 等。TeX Live 支持 Windows 和 Linux 操作系统。为了让 TeX Live 支持 macOS，研究者将 TeX Live 进行改造得到了 MacTeX。MiKTeX 可以支持 Windows、Linux、macOS。为了让 MiKTeX 更好、更全面地支持中文排版，研究者将其汉化得到 CTeX（Chinese TeX，简称 CTeX）软件。

上面介绍的是关于 TeX 的软件包。除了软件包，为了更加方便用户使用，还需要为 TeX 增加一个交互式的操作界面即 IDE。有两种思路可实现这一目的：一种是专门为 TeX 设计 IDE；另一种是为主流、通用的 IDE 安装插件进行拓展，让其支持 TeX 编程。专门为 TeX 设计的 IDE 包括 WinEdt、TeXWorks、TeXstudio、TeXmaker 等；支持 TeX 的通用 IDE 包括 Emacs、Vim、Sublime Text、Visual Studio Code、Atom 等。

TeX 功能的扩展可以借助外部的宏包，宏包往往是具有相同主题的命令集合。例如数学宏包就是可以归属在数学领域命令的集合。用户可以通过添加宏包来丰富 TeX 的功能。使用 \usepackage 命令，可以非常方便地添加宏包。

上面介绍的内容比较庞杂，将其可视化于图 7-15 中，以便读者理解。

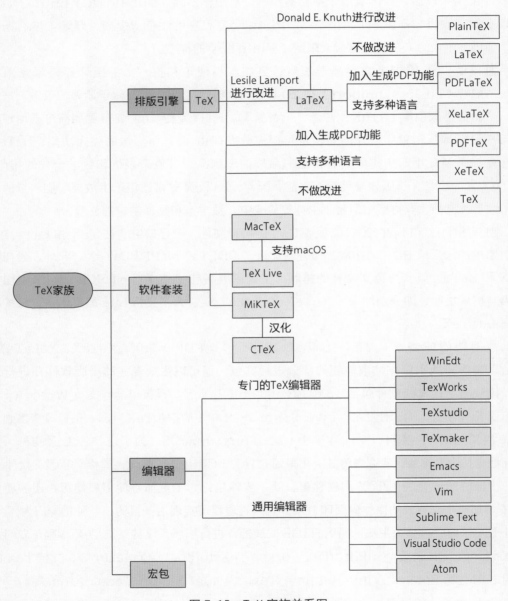

图 7-15　TeX 家族关系图

　人工智能怎么学

LaTeX 排版后生成的论文质量要比 Word 高很多。LaTeX 对文档格式的控制能力要远远超过 Word。LaTeX 采用风格控制文件专门去控制论文各子结构的格式，而这些风格控制文件包含在期刊或会议官网提供的模板中，作者根本不用自己去写风格控制文件，直接下载论文模板就自带风格控制文件。作者只须像填坑一样，在论文模板中找到论文各子结构的位置，然后输入内容，编译后就生成规定格式的 PDF 文档，而不用去关心格式问题。这一模式非常省时省力。此外，LaTeX 对格式的控制精度也比 Word 高很多，比如文字的对齐精度等。

如果学会了使用 LaTeX 排版论文，你就会觉得 LaTeX 写出的论文不仅美观，而且用 LaTeX 写论文比 Word 省时省力。建议读者多使用 LaTeX 排版论文。

7.3.2 LaTeX 的下载地址及安装

LaTeX 有许多种版本，包括 TeX Live、MiKTeX（对应的汉化版为 CTeX）、MacTeX 等。它们的下载地址汇总如下：

TeX Live   https://mirrors.tuna.tsinghua.edu.cn/CTAN/systems/texlive/Images/；

            https://tug.org/texlive/

MiKTeX   http://mirrors.zju.edu.cn/CTAN/systems/win32/miktex/setup/；

            https://miktex.org/

CTeX   http://www.ctex.org/HomePage

MacTeX   http://www.tug.org/mactex/

LaTeX 的安装分为两部分：一部分是 SDK，或者称为程序包；另一部分是 IDE，或者称为编辑器。理论上，进行安装时先装程序包，然后再安装编辑器。实际上大部分 TeX 程序包已经内置编辑器，无须单独安装编辑器。除非不喜欢内置的编辑器，否则可以再单独安装自己指定的编辑器。

◆ **程序包的安装**

（1）Windows 系统。该系统下可以安装 TeX Live、MiKTeX、CTeX。

（2）Linux 系统。该系统下可以安装 TeX Live、MiKTeX。

（3）Mac 系统。该系统下可以安装 MacTeX、MiKTeX。

◆ **编辑器的安装**

TeX Live、MiKTeX、CTeX 分别已内置编辑器 TeXworks、TeXworks、WinEdt，

如果有自己的特殊喜好，也可以单独再安装需要的编辑器。下面逐一介绍编辑器 WinEdt、TeXWorks、TeXstudio、Texmaker 的特点、下载地址和安装方法。

（1）WinEdt。为使用最广泛的一款 LaTeX 编辑器，主要由于它是 CTeX（MiKTeX 的汉化版本）套装默认的编辑器。其功能比较齐全，但是需要付费。下载地址为 http://www.winedt.com/。

（2）TeXWorks。由美国数学学会开发，小巧轻便。其功能比较齐全，支持代码补全，同时内嵌 PDF 阅读器。TeXWorks 是完全免费的软件，而且支持跨平台，即在 Windows、Linux 和 macOS 下都可以使用。下载地址为 http://www.tug.org/texworks/。

（3）TeXstudio。易于使用，非常友好。其功能非常齐全，内嵌了一个 PDF 阅读器，而且支持代码补全、行内预览等功能，同时还支持代码和文本之间来回跳转。非常值得称赞的是，它还具有自定义宏的功能，这个功能非常棒，也就是说用户可以用一个快捷键直接调出一些自定义的或常用的环境。TeXstudio 也是一款免费开源的软件，支持跨平台。下载地址为 http://texstudio.sourceforge.net/。

（4）Texmaker。为一款开源免费、易于使用的 LaTeX 编辑器。其功能非常强大，集成了专业排版所需的各种开发工具。此外，Texmaker 内置丰富的数学符号库，可以非常方便地排版数学公式。下载地址为 https://www.xm1math.net/texmaker/。

7.3.3　会议和期刊的 LaTeX 模板下载与使用

会议和期刊的 LaTeX 模板下载，可以通过搜索引擎搜索会议或者期刊的官网地址实现：先打开官网，然后在官网查找投稿须知或作者手册，那里一般会给出 LaTeX 模板的下载链接；点击下载链接后，即可下载相应的模板。

得到会议或期刊的 LaTeX 模板后，需要先弄清楚模板的使用方法。一般模板中的主文件（tex 文件）存放的文字内容就是模板使用说明。也有的模板会在模板文件夹中单独放一个模板使用说明文档。认真阅读模板使用说明，掌握模板的使用方法后，就可以使用该模板了。

7.3.4　基于 LaTeX 的论文各子结构的实现

本小节将介绍基于 LaTeX 的论文各子结构的实现方法，即介绍标题、正文、子标题、图形、公式、算法、表格、参考文献等各部分的 LaTeX 实现。总的思路是：找到对应的位置输入具体的内容即可。本小节内容基于 LaTeX 的汉化版 CTeX 软件来加以介绍；若读者使用其他版本的 LaTeX 软件进行排版，其方法与之大致相同。读者如需详细了解 LaTeX 排版方面内容，可以阅读刘海洋编著的《LaTeX 入门》[4]，其详细介绍了文档结构的实现、数学公式排版、图表制作、PPT 制作等，并包含了大量实例和一些习题，非常方便自学。

首先介绍 CTeX 的基础知识。CTeX 软件的界面如图 7-16 所示，包含菜单栏、快捷图标栏、文件列表区、源文件编辑区、状态栏等部分。菜单栏包含了 CTeX 的各种功能菜单，快捷图标栏包含了一些商用功能的图标，文件列表区列出了当前目录下所有的文件夹和文件，源文件编辑区显示了源文件的内容，状态栏显示了 CTeX 当前的状态参数。

与 CTeX 编译相关的几个快捷图标如图 7-17 所示，各个快捷图标的功能如下。

图 7-16 CTeX 软件的界面

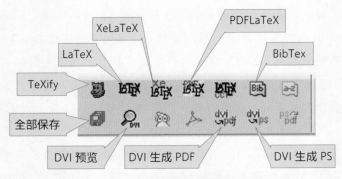

图 7-17　与 CTeX 编译相关的几个快捷图标

（1）LaTeX：用 LaTeX 排版引擎编译。

（2）DVI 预览：生成 DVI 文件。

（3）TeXify：相当于点击 LaTeX 和 DVI 预览。

（4）全部保存：保存所有文件，在 CTeX 的编辑过程中记得随时点击此图标进行文件
　　保存。

（5）XeLaTeX：以 XeLaTeX 排版引擎编译。

（6）PDFLaTeX：以 PDFLaTeX 排版引擎编译并生成 PDF 文件。

（7）BibTeX：编译参考文献源文件并生成文献。

（8）DVI 生成 PS：由 DVI 文件生成 PS 文件。

（9）DVI 生成 PDF：由 DVI 文件生成 PDF 文件。

　　在论文排版过程中，经常使用的是"TeXify"快捷图标，点击该图标可编译源文件
并生成 DVI 文件查看排版效果。等论文全部排版完成后再点一次"DVI 生成 PDF"快捷
图标，则生成供投稿用的 PDF 文件。

◆ **标题**

　　如图 7-18 所示，只需在"\title{　}"的大括号中输入论文的标题内容，编译后即
可生成论文的标题。对于过长的标题，会自动换行；如果希望在指定的地方换行，只
需在换行的地方插入换行命令"\\"。

◆ **正文**

论文的正文部分只需要输入你想输入的文字内容即可，没有特别的要求。风格控制文
件会对输入内容自动按照正文的格式进行排版。

源文件

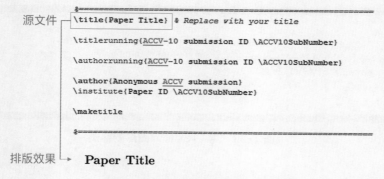

排版效果

Paper Title

图 7-18　用 CTeX 排版论文的标题

◆ **子标题**

在 CTeX 中插入子标题需要用"\section"命令。插入一级子标题用"\section"，插入二级子标题用"\subsection"，插入三级子标题用"\subsubsection"。图 7-19 显示了一个插入子标题的实例。

源文件

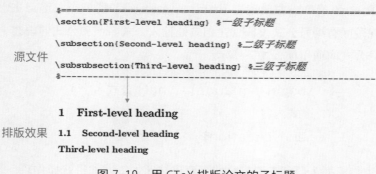

排版效果

图 7-19　用 CTeX 排版论文的子标题

◆ **图形**

在 CTeX 中插入一个图形，需要用到"\figure"命令。图 7-20 显示了一个插入图形的实例。可以设置图形的对齐方式、宽度、名字、标题、引用标签等。当一个大图中包含多个子图时，不要将子图作为单个图形文件插入，应将子图在 Visio 等绘图软件中拼成一个大图，然后将大图作为一个单独的文件插入。建议将图形文件保存为 EPS 文件，这样图形被放大后仍然清晰。EPS 文件也是 CTeX 接受的图形文件格式。

```
\begin{figure}
\centering %图像居中
\includegraphics[width=12cm]{figure name}%第 1 个参数为图像宽度，第 2 个参数为图像文件名
\caption{figure caption}%图像标题
\label{figure label}%引用标签
\end{figure}
```

图 7-20　用 CTeX 插入图形的实例

◆ **公式**

如 7.2.3 节所述，公式可以分为行间公式、段间无编号公式和段间有编号公式三种。行间公式处于段落内某一行中，段间无编号公式处于两个段落中间且无编号，段间有编号公式处于两个段落中间且有编号。

在 CTeX 中如需插入行间公式，只需将公式内容放入两个 $ 符号之间即可。例如。若需要输入公式 $x^2+y^2=z^2$，只需在插入公式的地方输入 \$x^2+y^2=z^2\$。

在 CTeX 中如需插入段间有编号公式，则按照如下方式进行操作：

左键点击 Insert 菜单→左键点击 Environments 子菜单→左键点击 Equation 子菜单→出现段间有编号公式模板，在相应处输入公式名字和公式的内容。

段间有编号公式的通用模板如下所示：

```
\begin{equation}\label{ 公式名字 }
公式内容
\end{equation}
```

在 CTeX 中如须插入段间无编号公式，可以按照如下方式进行操作：

左键点击 Insert 菜单→左键点击 Environments 子菜单→左键点击 Equation* 子菜单→出现段间无编号公式模板，在相应处输入公式内容。

段间无编号公式的通用模板如下所示：

```
\begin{equation*}
公式内容
\end{equation*}
```

注意　段间无编号公式与段间有编号公式的区别是：段间无编号公式的源代码中 equation

后面带有 *；此外，无编号公式不具有公式名字，因为无编号公式不需要被引用。

如需对段落有编号公式进行引用，只需在需要引用的地方输入"\cite"命令，然后通过公式的名字对公式进行引用，即在需要引用的地方输入"\cite{公式名字}"。

◆ **算法**

在 CTeX 中插入一个算法，需要用到 algorithm 宏包。图 7-21 显示了一个插入算法实例的源文件，图中对每一行都做了注释，方便读者理解算法排版中的常用命令。对应的排版效果显示于图 7-22 中。

算法的排版是 CTeX 排版中较难的内容。遇到较复杂算法的排版时，读者可以在网上搜索相近实例的源文件，在此基础上加以改造即可快速排版出自己想要的算法。

注意　排版算法时，需要在导言区加入如下宏包命令，否则可能会报错：

$$\text{\textbackslash usepackage\{algorithm\}}$$
$$\text{\textbackslash usepackage\{algorithmic\}}$$

```
\begin{algorithm}[htb]
\caption{ Framework of Ensemble Learning} %算法标题
\label{alg:Framwork} %算法的引用标签
\begin{algorithmic}[1] %[ 1]表示每一行都显示数字编号
\REQUIRE ~~\\ %算法的输入，即 Input
Training set $T$;\\
Learning rate $\eta$.
\ENSURE ~~\\ %算法的输出，即 Output
$w$, $b$;\\
$f(x)=sign(w \cdot x+b)$.
\STATE Select the initial values $w_0$ and $b_0$ ; %开始算法的一行
\label{ code:fram:initial } %行引用标签
\STATE Select $(x,y)$ from the training set $T$;%开始算法的一行
\label{code:fram:select} %行引用标签
\STATE Update $w$ and $b$;   %开始算法的一行
\label{code:fram:update} %行引用标签
\STATE Go to \ref{code:fram:select} untill there is not misclassified points; %开始算法的一行
\label{code:fram:classify} %行引用标签
\RETURN $w$, $b$ and $f(x)$. %算法的返回值
\end{algorithmic}
\end{algorithm}
```

图 7-21　用 CTeX 插入算法实例的源文件

Algorithm 1 Framework of Ensemble Learning

Require:
    Training set T;
    Learning rate η.
Ensure:
    w, b;
    $f(x) = sign(w \cdot x + b)$.

1: Select the initial values w_0 and b_0 ;
2: Select (x, y) from the training set T;
3: Update w and b;
4: Go to 2 untill there is not misclassified points;
5: **return** w, b and $f(x)$.

图 7-22　用 CTeX 插入算法实例的排版效果

◆ **表格**

在 CTeX 中插入一个表格，需要用到"\table"命令。图 7-23 显示了一个插入表格实例的源文件，供读者参考。其对应的排版效果显示于图 7-24 中。

表格的排版，其本质是用各种命令去画表格。比如三线表就是先用"\toprule"命令画表格最上面的第一根横线，接着写表头，然后用"\midrule"命令画中间横线，接着写表的内容，每个单元格用 & 分隔，最后用"\bottomrule"命令画最底端的

```
\setlength{\tabcolsep}{4pt}
\begin{table} %开始表格
%\small %设置表格字体大小
\begin{center} %设置表格居中
\caption{The number of samples in the whole dataset, training set and test set} %设置表格标题
\label{trainingAndTestset} %设置表格标签
\begin{tabular}{lccccccccc} %设置表格每一列对齐方式，l 左对齐，c 居中对齐，r 右对齐
\toprule %三线表最上面的横线
dataset$\quad$& total number$\quad$ & training set$\quad$& test set$\quad$ & ratio$\quad$\\ %表格标题
\noalign{\smallskip}
\midrule %三线表中间的横线
Shanghai SCATS$\quad$& $500$$\quad$ & $300$$\quad$& $200$$\quad$ & $0.6$$\quad$\\ %第一行
I-880$\quad$& $1000$$\quad$ & $500$$\quad$& $500$$\quad$ & $0.5$$\quad$\\ %第二行
Shanghai EXPO$\quad$& $10000$$\quad$ & $350$$\quad$& $9650$$\quad$ & $0.035$$\quad$\\ %第三行
\bottomrule %三线表最下面的横线
\end{tabular}
\end{center}
\end{table} %结束表格
\setlength{\tabcolsep}{1.4pt}
```

图 7-23　用 CTeX 插入表格实例的源文件

TABLE I
THE NUMBER OF SAMPLES IN THE WHOLE DATASET, TRAINING SET AND TEST SET

dataset	total number	training set	test set	ratio
Shanghai SCATS	500	300	200	0.6
I-880	1000	500	500	0.5
Shanghai EXPO	10000	350	9650	0.035

图 7-24　用 CTeX 插入表格实例的排版效果

第三根横线。

表格的排版也是 CTeX 排版中较难的内容。遇到较复杂表格排版时，读者可以在网上搜索相近实例的源文件，在此基础上加以修改即可排版出自己的表格。

◆ **参考文献**

参考文献是论文的重要组成部分。在 CTeX 中插入参考文献的思路是：首先利用谷歌学术或百度学术得到参考文献的 BibTeX 代码，然后将其复制粘贴到 CTeX 的 bib 文件中，并在正文中用"\cite"命令引用该参考文献（即在 \cite{ } 的大括号内放参考文献的名字），再进行编译，即可在论文的最后生成参考文献并在正文中产生引用编号。具体步骤如图 7-25 所示，并说明如下：

（1）先在谷歌学术中通过关键字检索文献，见界面 1。

（2）在需要的论文处，点击生成文献引用图标，见界面 2。

（3）弹出参考文献对话框，在参考文献对话框中点击"BibTeX"按钮，见界面 3。

（4）弹出 BibTeX 代码，见界面 4。

（5）在 CTeX 文件列表中点击 bib 文件，打开 bib 文件，见界面 5。

（6）将 BibTeX 代码复制到 CTeX 的 bib 文件内，见界面 6。

（7）在正文中需要引用该文献的地方使用"\cite"命令引用该文献，并进行编译，见界面 7。

（8）编译 tex 文件，则正文的引用处生成文献引用编号，并在论文的最后生成该参考文献，见界面 8。

7.3.5　LaTeX 高级技巧：使用 LaTeX 撰写报告、PPT 及绘制图形

使用 LaTeX 还可以撰写报告、PPT 以及绘制图形[4]。撰写报告、PPT，只需下载报告、PPT 的模板即可，与撰写论文并没有本质的区别，只是使用的模板不同，具体方

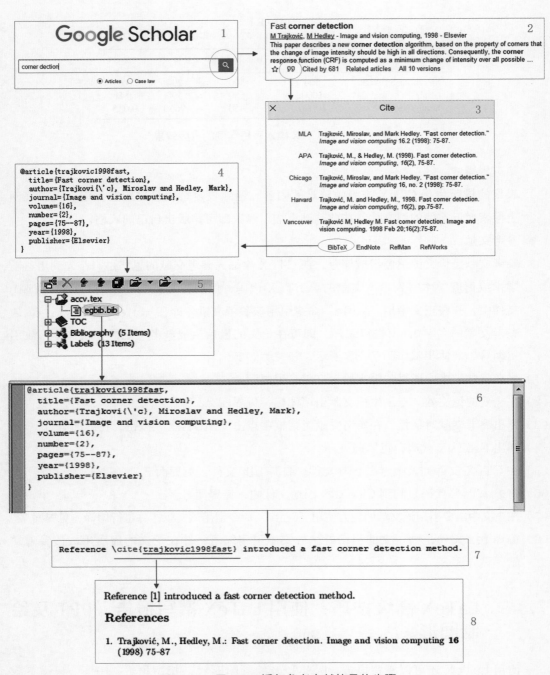

图 7-25　用 CTeX 插入参考文献的具体步骤

法可参考相关 LaTeX 排版教程，这里不再赘述。LaTeX 报告和 PPT 模板的下载可以通过搜索引擎搜索并下载。

　　使用 LaTeX 可以制作非常精美、精确的图形。之所以存在使用 LaTeX 命令绘制图形的需求，这是因为利用命令可以精准控制图形的形状和位置，尤其对于结构性较强的图形，利用命令画图比手工绘图更值得推荐。LaTeX 本身有一些命令可以绘制简单的图形，绘制复杂图形则需要使用一些宏包。下面介绍 LaTeX 绘图常用的宏包[5-6]。

◆ **TikZ/PGF**
非常强大的作图宏包，作图功能非常丰富，甚至可以绘制简单的函数图像。其配套资料齐全，官方手册提供了详细的操作说明，网上也有非常多的实例可供参考。
◆ **Pstricks**
经典的作图宏包，作图功能非常强大。其绘图源代码可以在 XeLaTeX 下编译，但不能在 PDFLaTeX 下编译。
◆ **MetaPost**
MetaPost 是在 LaTeX 诞生之初就有的绘图工具，但其不是 LaTeX 的宏包，只是一个外部命令行工具，使用起来不够方便。不能直接在 LaTeX 中用代码画图，而必须用 MetaPost 命令画好图生成 EPS 或 PDF 格式的文件供 LaTeX 调用。但是 MetaPost 的绘图能力独步天下，大概只有 Pstricks 可以与之匹敌。鉴于 MetaPost 是基于绘图命令来精确绘制图形，以及它和 LaTeX 相互配合的紧密程度，故而将其也放在宏包这一模块下描述。

7.4　论文投稿技巧

7.4.1　会议论文的投稿技巧

　　需要指出的是，本节讨论的是 AI 顶级会议论文的投稿技巧，普通会议论文不在此讨论范畴，本书将顶级会议论文统一简称会议论文。
　　会议论文投稿需要考虑如下因素：

◆ **会议的主题**

投稿之前要通过会议的官网查看征文的主题，确保自己论文的主题与会议的主题相关。如果不相关，就有可能在形式审查时被拒稿，根本进入不了审稿流程。

◆ **会议的录用率**

不同会议的录用率是不同的，投稿之前应当做好调研工作。一般通过搜索引擎搜索"会议名称　录用率"（注：两者之间有空格）可以查询到会议每年的录用率。录用率直接反映了该会议的难度。综合自己论文的质量和会议的录用率，实事求是地做出选择，这是提高论文命中率的关键。

◆ **会议论文投稿截止时间**

在会议的官网会明确列出会议的投稿截止时间，必须在截止时间之前完成投稿。超过截止时间一般不可再投稿，但是有时会议投稿截止时间也会顺延，这往往与投稿量的多少相关。临近会议截止日期往往是投稿者最忙碌的阶段，有时往往会通宵达旦地撰写论文。建议根据会议论文投稿的截止时间合理安排好研究的进度，提前写好论文。好的论文都需要仔细打磨，提前写好后反复修改，从而保证投稿论文的质量。

◆ **会议的举办地**

会议举办地也是要考虑的因素之一，会议地点决定了开会的费用成本以及旅途花费的时间。在会议的官网都会给出会议召开地点以及所在城市的介绍，必须仔细了解。

◆ **会议的费用**

会议的费用包含了会议的注册费用、交通费、差旅费等。会议的费用是决定投稿与否的因素之一。参加一次在国外举办的 AI 顶级国际会议的费用较为昂贵，所有费用加起来，按照人民币计算，一个人的花费都是以万元计。如果在国内，一个人的花费也要接近 1 万元人民币。

◆ **会议的检索类型**

会议录用后将在哪里发表，也是投稿者考虑的重要因素之一。一般来说发表在被 EI 检索的数据库上居多，也有一些论文直接被发表在会议网站上供下载和阅读，而不被任何数据库检索。对于会议论文的检索情况，在官网一般都有明确说明，建议认真阅读。

7.4.2 期刊论文的投稿技巧

◆ **期刊主题**

期刊收录的论文须聚焦于期刊的主题。作者在投稿之前需要去期刊的官网阅读期刊介绍，仔细了解期刊的主题，确保自己论文的主题包含在期刊的主题里，然后才能投稿。如果自己论文的主题与期刊主题不符，则会直接被编辑拒稿而不被送审。

◆ **期刊的检索类型**

一篇期刊论文经录用后将被什么数据库检索，这就是期刊的检索类型。期刊的检索类型主要包括 SCI 检索、SSCI 检索、EI 检索、CPCI 检索（原 ISTP 检索）、北大中文核心期刊数据库检索、中国科学引文数据库（CSCD）检索等。

（1）判断一篇论文是否被 SCI 检索。一篇论文是否被 SCI 检索，是指通过登录 Web of Science 网站，在首页数据库选择中选定 Web of Science Core Collection，在更多设置中选择 Science Citation Index Expanded (SCI-EXPANDED) 数据库，点击检索按钮后，如果能够检索到该论文，同时可以查到其 Accession number（WOS 号）等关键信息，则该论文被 SCI 检索。

（2）判断一篇论文是否被 SSCI 检索。登录 Web of Science 网站，在首页数据库选择中选定 Web of Science Core Collection，在更多设置中选择 Social Sciences Citation Index（SSCI）数据库，如果能查询到该论文，同时可以查到其 Accession number 等关键信息，则该论文被 SSCI 检索。

（3）判断一篇论文是否被 EI 检索。通过登录 Engineering Village 网站，在首页的选择数据库中选择 Compendex 数据库，然后查询相关论文，如果能够查询到该论文，同时可以查到其 Accession number 等关键信息，则该论文能够被 EI 检索。

（4）判断一篇论文是否被 CPCI 检索。一篇论文是否被 CPCI 检索，是指通过登录 Web of Science 网站，在首页数据库选择中选定 Web of Science Core Collection，在更多设置中选择 Conference Proceedings Citation Index-Science（CPCI-S）数据库，如果点击检索按钮后能够查询到该论文，同时可以查到其 Accession number 等关键信息，则该论文被 CPCI 检索。

（5）判断一篇论文是否被北大中文核心期刊数据库检索或 CSCD 检索。通过登录中国知网网站，然后检索要查询的论文，在检索结果列表中点击该论文所在的期刊链接，在弹出的期刊信息页面中，期刊名字的右边会显示该期刊被检索的数据库信息，如果能够看到核心期刊或 CSCD 字样，则证明查询的论文被北大中文核心期刊数据库检索或 CSCD 检索。

◆ **期刊影响因子**

期刊的影响因子也是选择投稿期刊的重要参考依据。一般情形下影响因子越高，证明该期刊质量越好，对投稿论文的质量要求也越高，录用难度也越大。投稿时需要在期刊质量与录用难度之间做一平衡，实事求是地做出选择。

◆ **期刊审稿周期**

期刊的审稿周期是指论文从投稿到录用的时间跨度。论文投稿后往往要经历一审、二审等多次审稿，周期跨度从一个月到一年不等。不同的期刊审稿周期差异较大，投稿时需要慎重选择。怎么查询期刊的审稿周期呢？一是有些期刊官网会明确说明审稿周期；二是可以通过一些期刊点评网站查询；三是可以从期刊官网下载该期刊已经发表的论文，上面详细记载了期刊从投稿到录用的各个时间节点信息，例如收到投稿的日期、修改返回的日期、录用的日期，这样就可以计算出审稿周期。在其他条件满足的情况下，尽量选择审稿周期短的期刊进行投稿。

◆ **期刊录用率**

期刊录用率也是决定是否投稿的重要因素之一。期刊录用率可以在一些期刊的点评网站查询，不过这些都是基于别人的投稿经验分享而得出的估计值，不一定准确。另外，一些期刊会对以往的论文录用情况做一些统计分析，其中也会有关于录用率的介绍。

◆ **期刊版面费**

不同的期刊，其版面费差异巨大。一般来说 SCI 期刊大部分不收费，除非你选择付费发表（Open Access），选择 Open Access 发表的费用非常昂贵，有些期刊可以达到每篇几万元人民币。中文期刊的版面费差异较大，从几百元到几千元不等。

7.5 提升论文影响力的方法

论文发表后，还有一些重要的工作去做，那就是去积极宣传和推广自己的论文，提高自己论文的影响力。这类似于一部电影上映后，演职人员还得去做宣传一样，要想办法推销自己的作品。本节将关注提升论文影响力的方法。

7.5.1　开源数据

如果作者对论文的实验数据拥有完整的所有权和使用权，那么选择将实验数据进行开源是一个提升自己论文影响力的非常有力的手段。

开源自己的数据必须保证数据的准确性，以免因为数据的问题浪费其他使用者的宝贵时间。同时，还要保证数据的质量，优质的数据才能吸引更多的使用者。此外，还应该对数据的采集方式、采集设备、采集时间、数据格式、使用方法等做出说明，形成关于数据的规范文档。特别重要的是，还要对数据的用途和应当遵守的协议做出说明，从而保证数据被使用合理，避免有违数据隐私和技术伦理。在 AI 领域，数据的隐私保护和伦理规范是一个非常重要的问题，必须引起足够重视。

开源数据不是指简单地直接将数据挂到网上。数据文档、数据使用许可等这些配套的工作必须认真去做。数据被开源后，随着使用者的不断增加，会促进论文引用率的提升和曝光度的增加，从而显著提升论文影响力。

7.5.2　开源代码

论文有无与之配套的开源代码，是增加论文引用率的关键因素之一。因此，如条件允许，应当尽量开源自己论文的代码。一些顶级实验室或者研究人员的课题组，甚至要求所有发表的论文都必须开源论文的代码，这也是学术自信的表现。开源自己论文的代码意味着论文的可重复性是经得起检验的。

将代码进行开源要求所写的代码质量较高，而且必须非常规范且易于使用，这对代码编写者的水平有较高要求。此外，代码的操作文档必须认真撰写，并详细介绍代码的使用方式，文档的写作必须规范和易于阅读。同时，对代码的使用许可文件也必须撰写，规定好开源代码的使用范围，避免被用于非法目的。

代码的开源工作量较大。在代码发布后，必须有渠道接收用户的反馈，以便不断地改进和优化代码。一份高质量的开源代码，是提高论文影响力的催化剂，将加速论文的推广。

7.5.3　制作 demo

为自己的论文制作一个 demo（样例）来直观地展示论文所解决的问题和用途，也是提高论文影响力的有效手段。可以通过视频、动画、网页、公众号、头条号等形式来展示 demo，让更多的人看到自己的研究成果。

demo 的制作要美观大方、形象生动，让人易于理解。实际上 demo 可以在投稿之前就制作完成，提交到投稿网站，以便编辑和审稿人查阅后加深对你论文的了解。等论文录用后，可以选择公开此 demo，以便更多读者观看。

7.5.4　与读者互动

与读者形成良性的互动可以极大地提升论文的影响力。可以通过微博、抖音、头条号、视频号、微信群、QQ 群、读者分享会、邮件等形式与读者互动，增进与读者的沟通和交流，形成个人品牌效应，这些将会显著提高自己论文的影响力。

参考文献

［1］ 王兴辉. 图象文件格式辨析［J］. 广西教育学院学报，2001（5）：19-21.

［2］ 童国伦，程丽华，张楷焄. EndNote & Word 文献管理与论文写作［M］.2 版. 北京：化学工业出版社，2014.

［3］ Shustek L. Interview Donald Knuth: a life's work interrupted［J］.Communications of the ACM, 2008, 51(8): 31-35.

［4］ 刘海洋.LaTeX 入门［M］.北京：电子工业出版社，2013.

［5］ ilogic. LaTeX 作图工具介绍［EB/OL］.https://www.cnblogs.com/ilogic/archive/2011/03/28/2624473.html, 2012-06-10.

［6］ 李平.LaTeX 2e 及常用宏包使用指南［M］.北京：清华大学出版社，2004.

II 常用网站及论坛索引（按书中出现先后顺序）

I 主流软件索引（按书中出现先后顺序）

索　引